高等职业教育（本科）机电类专业系列教材

S7-1200 PLC 原理及应用基础

主　编　路泽永
副主编　李长久　赵亚丽
参　编　卢平平　孙善川
主　审　蔡文轩

机械工业出版社

本书从高等职业教育（本科）的教学特点和要求出发，以西门子 S7-1200 PLC 为对象，介绍了 PLC 的组成结构、工作原理、硬件配置和软件组态、数据结构与指令、程序结构及编程方法，并在此基础上通过大量的实例来增强读者对 PLC 的理解。为提高读者的 PLC 工程应用能力，书中结合企业岗位实际，设计了 8 个职业技能训练任务。本书内容架构清晰，知识结构衔接科学、循序渐进，通过实例分析、技能训练任务和巩固练习等环节帮助读者在分析和解决问题过程中，提升工程应用能力和实践创新能力。本书实例全部在 TIA 博途 V18 环境下进行过测试。

本书可作为高等职业本科院校和应用型本科院校自动化类相关专业的教材，也可作为工程人员的培训教材或相关技术人员的参考书。

图书在版编目（CIP）数据

S7-1200 PLC 原理及应用基础 / 路泽永主编．
北京：机械工业出版社，2024.12. --（高等职业教育（本科）机电类专业系列教材）. -- ISBN 978-7-111
-77341-2

Ⅰ. TM571.61

中国国家版本馆 CIP 数据核字第 2025BD7432 号

机械工业出版社（北京市百万庄大街 22 号　邮政编码 100037）
策划编辑：王宗锋　　　　　　责任编辑：王宗锋　王　荣
责任校对：樊钟英　刘雅娜　　封面设计：马精明
责任印制：单爱军
北京虎彩文化传播有限公司印刷
2025 年 4 月第 1 版第 1 次印刷
184mm×260mm・16 印张・386 千字
标准书号：ISBN 978-7-111-77341-2
定价：49.00 元

电话服务　　　　　　　　　网络服务
客服电话：010-88361066　　机　工　官　网：www.cmpbook.com
　　　　　010-88379833　　机　工　官　博：weibo.com/cmp1952
　　　　　010-68326294　　金　书　网：www.golden-book.com
封底无防伪标均为盗版　机工教育服务网：www.cmpedu.com

前言 PREFACE

PLC 作为一种可编程的智能控制器广泛应用在冶金、化工、机械制造等领域，主要用于工业自动化控制。PLC 是新一轮科技革命中控制部分的核心产品，是智能工厂中的关键环节。发展和应用 PLC 能更好地促进我国工业转型升级，实现工业化和信息化的深度融合。

本书从新时代智能制造领域相关工作岗位的需求出发，以适应新时代发展为要求，以创新驱动为引领，坚持问题导向，精选 PLC 实例和职业技能训练任务，并加入素质素养目标，突出综合职业能力培养，以满足读者未来职业生涯发展的需要。

S7-1200 PLC 设计紧凑、组态灵活而且指令功能强大，用户易于上手。用户可根据项目工艺要求使用 S7-1200 PLC 设计出理想的控制逻辑，来满足控制需求。作者结合多年的 PLC 教学和工程应用经验，与行业专家合作，根据当前高等职业本科层次教学特点和企业岗位需求并参照相关国家职业标准及有关行业职业技能鉴定规范编写了本书，帮助读者构建 PLC 应用的职业能力。

全书从 PLC 的学习规律出发，由浅入深、循序渐进地安排了共 7 章内容，第 1 章为 S7-1200 PLC 入门基础，第 2 章为 S7-1200 PLC 程序设计基础，第 3 章为 S7-1200 PLC 指令和应用，第 4 章为 S7-1200 PLC 用户程序结构，第 5 章为 S7-1200 PLC 的模拟量处理，第 6 章为 S7-1200 PLC 以太网通信与应用，第 7 章为 S7-1200 PLC 在运动控制中的应用。本书设计了 8 个职业技能训练任务，任务实施过程均符合岗位工作施工标准。

为鼓励读者进行独立思考，部分实训任务的图样、程序未完全给出，需要读者根据所学知识自行设计并验证，便于激发学习热情。为了巩固、提高和检验读者对所学知识的理解和应用能力，每章均配有知识技能巩固练习。具有一定实验实训条件的院校，可以按照本书编排的顺序进行教学，也可以对教学内容进行筛选。

本书由河北石油职业技术大学路泽永副教授担任主编，"PLC 应用技术"省级精品课程负责人李长久教授及工业训练中心赵亚丽副教授任副主编。参加编写的有卢平平、孙善川。全书由路泽永统稿。

本书由河北石油职业技术大学蔡文轩教授主审。本书在编写过程中得到了河北石油职业技术大学校领导、电气与电子系领导的关心和支持，也得到了无锡职业技术学院向晓汉教授的帮助和指导，在此表示衷心的感谢！

由于编者水平有限，书中不妥之处在所难免，恳请广大读者批评指正。

编　者

二维码索引 QR CODE INDEX

名称	二维码	页码	名称	二维码	页码
视频1-1 PLC在恒压供水系统中的应用		3	视频2-1 梯形图程序的执行过程		38
视频1-2 S7-1200硬件模块介绍		12	视频2-2 梯形图程序的逻辑解算		39
视频1-3 PLC控制原理图设计		18	视频2-3 PLC编程地址的概念		41
视频1-4 TIA博途V18软件组态		21	视频2-4 西门子S7-1200 PLC数据的存取		43
视频1-5 建立TIA博途与PLC的连接		25	视频2-5 双线圈输出冲突与解决		45
视频1-6 程序编辑与下载测试		26	视频2-6 TIA博途编程界面介绍		52
视频1-7 复位PLC为出厂设置操作		29	视频2-7 变量表的使用		53
视频1-8 PLC安装线路的检查方法		34	视频2-8 在FC中编写灯控程序		55

（续）

名称	二维码	页码	名称	二维码	页码
视频 2-9　上传 PLC 站点程序和组态信息		62	视频 3-11　减计数器指令讲解		93
视频 3-1　触点与线圈指令讲解		75	视频 3-12　加减计数器指令讲解		94
视频 3-2　置位与复位指令讲解		79	视频 3-13　大小比较指令讲解		96
视频 3-3　边沿检测指令讲解		80	视频 3-14　转换值指令讲解		98
视频 3-4　边沿检测线圈指令讲解		82	视频 3-15　MOVE 指令讲解		100
视频 3-5　P_TRIG N_TRIG 指令讲解		83	视频 3-16　SWAP 指令讲解		100
视频 3-6　接通延时定时器 TON 讲解		84	视频 3-17　MOVEBLK 指令讲解		100
视频 3-7　断电延时定时器指令讲解		86	视频 3-18　移位指令讲解		102
视频 3-8　时间累加器定时器指令讲解		87	视频 3-19　四则运算指令讲解		105
视频 3-9　脉冲定时器指令讲解		88	视频 3-20　计算指令讲解		105
视频 3-10　加计数器指令讲解		93	视频 3-21　字逻辑运算指令讲解		108

（续）

名称	二维码	页码	名称	二维码	页码
视频 3-22 时间指令讲解		110	视频 4-8 硬件中断组织块的使用		152
视频 3-23 G120C 变频器整体介绍		115	视频 5-1 模拟量输入信号的处理		167
视频 3-24 G120C 变频器快速调试		117	视频 5-2 模拟量输出信号的处理 –1		169
视频 3-25 PLC 开关量控制变频器		118	视频 5-3 模拟量输出信号的处理 –2		170
视频 4-1 用 FC 实现电动机起保停控制 – 形参		129	视频 5-4 模拟量控制参数设置		174
视频 4-2 专有技术保护		132	视频 5-5 模拟量控制设备调试		174
视频 4-3 用 FB 实现电动机及冷却风扇控制		133	视频 6-1 不同项目中 S7-1200 间的 S7 通信举例（单端组态）		181
视频 4-4 多重背景数据块的使用		145	视频 6-2 相同项目中 S7-1200 间的 S7 通信举例（双端组态）		186
视频 4-5 循环 OB 的使用		149	视频 6-3 S7-1200 CPU 之间的 PROFINET IO 通信（相同项目下）		195
视频 4-6 启动组织块的使用		149	视频 6-4 S7-1200 CPU 之间的 PROFINET IO 通信（不同项目下）		196
视频 4-7 循环中断 OB 的使用		151	视频 6-5 PLC 侧程序编写		201

（续）

名称	二维码	页码	名称	二维码	页码
视频 6-6 设置 MCGS 的 IP 地址		201	视频 7-2 工艺对象轴组态过程		222
视频 6-7 MCGS 变量创建和画面设计		202	视频 7-3 轴调试面板的使用		229
视频 6-8 MCGS 变量连接与通信测试		205	视频 7-4 步进电动机控制程序的编写		241
视频 7-1 步进电动机工作原理简介		217	视频 7-5 步进电动机控制 HMI 设计与调试		242

目录 CONTENTS

前言
二维码索引

第1章　S7-1200 PLC 入门基础　　001

1.1　PLC 的产生和基本原理　　001
　　1.1.1　PLC 的产生和发展　　002
　　1.1.2　PLC 的定义和特点　　002
　　1.1.3　PLC 的应用领域　　003
　　1.1.4　PLC 基本组成　　004
　　1.1.5　PLC 工作原理　　009
　　1.1.6　CPU 的工作模式　　011

1.2　S7-1200 PLC 硬件基础　　012
　　1.2.1　S7-1200 PLC 常用模块及接线　　012
　　1.2.2　S7-1200 PLC 控制原理图设计　　018

1.3　TIA 博途软件使用入门　　019
　　1.3.1　TIA 博途 V18 软件安装　　020
　　1.3.2　TIA 博途 V18 软件组态和初步调试　　021

1.4　职业技能训练 1：星-三角降压起动控制电路的设计与安装　　030

1.5　知识技能巩固练习　　034

第2章　S7-1200 PLC 程序设计基础　　037

2.1　PLC 的编程语言　　038
　　2.1.1　梯形图（LAD）　　038
　　2.1.2　功能块图（FBD）　　040
　　2.1.3　结构化控制语言（SCL）　　040

2.2　S7-1200 PLC 的存储区与寻址　　041
　　2.2.1　PLC 编程地址的概念　　041
　　2.2.2　S7-1200 PLC 的存储区　　041

  2.2.3 S7-1200 PLC 的寻址   043
 2.3 数据类型   046
  2.3.1 基本数据类型   046
  2.3.2 复杂数据类型   048
  2.3.3 其他数据类型   049
  2.3.4 数据类型转换   051
 2.4 PLC 编程界面和操作   052
  2.4.1 编程界面   052
  2.4.2 使用变量表   053
  2.4.3 编写用户程序   055
  2.4.4 下载与调试   057
 2.5 用 STEP 7 调试程序   057
  2.5.1 用程序状态监视功能调试程序   057
  2.5.2 用监控表监控变量   058
  2.5.3 用强制表强制变量   061
 2.6 上传程序和组态信息   062
 2.7 PLC 模块的属性设置   064
  2.7.1 CPU 参数属性设置   064
  2.7.2 扩展模块属性设置   071
 2.8 知识技能巩固练习   072

第 3 章 S7-1200 PLC 指令和应用 074

 3.1 位逻辑指令   075
  3.1.1 触点及线圈指令   075
  3.1.2 置位 / 复位指令   079
  3.1.3 上升沿 / 下降沿指令   080
 3.2 定时器指令与计数器指令   084
  3.2.1 定时器指令   084
  3.2.2 计数器指令   092
 3.3 数据处理指令   095
  3.3.1 比较指令   095
  3.3.2 转换操作指令   098
  3.3.3 移动操作指令   100
  3.3.4 移位指令与循环移位指令   102
 3.4 运算指令   104
  3.4.1 数学函数指令   104
  3.4.2 逻辑运算指令   108
 3.5 程序控制指令   109

3.6 扩展指令 110
　　3.6.1 日期和时间指令 110
　　3.6.2 字符串与字符指令 113
3.7 职业技能训练2：PLC以开关量方式控制变频器 115
3.8 职业技能训练3：PLC控制电动机星 – 三角降压起动 120
3.9 知识技能巩固练习 123

第4章 S7-1200 PLC用户程序结构 125

4.1 程序结构简介 126
　　4.1.1 块的类型 126
　　4.1.2 用户程序结构组织 127
4.2 函数与函数块 128
　　4.2.1 函数（FC）及其应用 128
　　4.2.2 函数块（FB）及其应用 133
4.3 数据块 137
　　4.3.1 数据块（DB）简介 137
　　4.3.2 全局数据块及其应用 137
　　4.3.3 多重背景数据块 145
4.4 组织块 147
　　4.4.1 事件与组织块 147
　　4.4.2 程序循环OB 149
　　4.4.3 启动OB 149
　　4.4.4 延时中断OB 151
　　4.4.5 循环中断OB 151
　　4.4.6 硬件中断OB 152
　　4.4.7 时间错误中断OB 153
　　4.4.8 诊断错误OB 153
4.5 交叉引用表与程序信息 153
　　4.5.1 交叉引用表 153
　　4.5.2 程序信息 155
4.6 职业技能训练4：PLC控制感应式冲水器 157
4.7 知识技能巩固练习 160

第5章 S7-1200 PLC的模拟量处理 162

5.1 模拟量与变送器 163
　　5.1.1 工业生产中的模拟量 163
　　5.1.2 传感器与变送器 163
5.2 PLC处理模拟量的过程 164
　　5.2.1 模拟量的处理过程 164

	5.2.2 模拟量与数字量的转换	165
5.3	S7-1200 PLC 的模拟量输入模块与应用	166
	5.3.1 模拟量输入模块的接线	166
	5.3.2 模拟量输入信号的处理	167
5.4	S7-1200 PLC 的模拟量输出模块与应用	168
	5.4.1 模拟量输出模块的应用要点	168
	5.4.2 模拟量输出模块的接线	168
	5.4.3 模拟量输出信号的处理	169
5.5	职业技能训练 5：基于 PLC 的温度检测系统设计	170
5.6	职业技能训练 6：PLC 以模拟量方式控制变频器	172
5.7	知识技能巩固练习	175

第 6 章　S7-1200 PLC 以太网通信与应用　　177

6.1	S7-1200 PLC 支持的通信类型	178
6.2	S7-1200 PLC 以太网通信	178
	6.2.1 S7-1200 PLC 以太网通信概述	178
	6.2.2 S7-1200 CPU 以太网通信功能和连接资源	179
	6.2.3 S7-1200 CPU 的 S7 通信	181
	6.2.4 S7-1200 CPU 的 OUC	188
6.3	S7-1200 PROFINET IO 通信	193
	6.3.1 PROFINET IO 通信简介	193
	6.3.2 PROFINET IO 的主要特点	194
	6.3.3 PROFINET IO 通信应用实例	194
6.4	S7-1200 PLC 与 HMI 间的通信	199
	6.4.1 HMI 简介	199
	6.4.2 S7-1200 PLC 与 MCGS 触摸屏通信	200
6.5	职业技能训练 7：S7-1200 PLC 间的通信组态与调试	207
6.6	知识技能巩固练习	209

第 7 章　S7-1200 PLC 在运动控制中的应用　　211

7.1	S7-1200 PLC 运动控制功能	212
	7.1.1 运动控制系统及组成	212
	7.1.2 S7-1200 PLC 的运动控制功能	213
7.2	步进电动机及驱动器	217
	7.2.1 步进电动机	217
	7.2.2 步进电动机驱动器	219
7.3	工艺对象"轴"的组态与调试	222
	7.3.1 工艺对象"轴"组态	222
	7.3.2 轴调试面板的使用	229

7.4　S7-1200 PLC 运动控制指令　　230
　　7.4.1　运动控制指令的操作说明　　231
　　7.4.2　运动控制指令简介　　233
　　7.4.3　运动控制指令的选择应用　　239
7.5　职业技能训练 8：S7-1200 PLC 通过 PTO 方式控制步进电动机　　239
7.6　知识技能巩固练习　　243

参考文献　　244

第1章　S7-1200 PLC 入门基础

可编程序控制器简称 PLC，与机器人、CAD/CAM（计算机辅助设计/计算机辅助制造）并称为工业生产自动化的三大支柱，是现代工业自动化控制领域的首选产品。在我国实施制造强国战略背景下的产业转型升级过程中，PLC 作为工业控制系统的底层控制器，其应用无处不在，掌握其应用对于从事工业自动化控制与维护的技术人员来说极其重要。

本章主要介绍 PLC 的工作原理、硬件组成和接线，PLC 控制原理图的设计方法以及编程软件的使用，使读者初步了解 PLC 工作原理及开发方法，为后续内容的学习打下基础。

通过本章的学习和实践，应努力达到如下目标：

知识目标

① 了解 PLC 的硬件和软件系统组成。
② 掌握西门子 S7-1200 PLC 输入、输出模块结构和接线方法。
③ 掌握西门子 S7-1200 PLC 的工作原理和工作过程。
④ 了解和掌握 TIA Portal（博途）的安装、项目创建、组态、编程与调试方法。

能力目标

① 会通过查阅资料和手册，了解 PLC 的主要技术指标。
② 能够根据工艺要求设计 PLC 接线图和电气原理图。
③ 能依据 PLC 控制系统原理图进行安装和接线。
④ 会安装编程软件，能使用编程软件编制梯形图程序，会编译、下载和调试程序。

素养目标

① 培养学习新知识时勇于创新、不惧困难、敬业乐业的职业精神。
② 培养在分析和解决问题时学以致用、独立思考的基本素养。
③ 在动手实践过程中，培养规范操作、质量意识、安全作业的职业素养。

1.1　PLC 的产生和基本原理

PLC 最初称为可编程序逻辑控制器（Programmable Logic Controller）。PLC 出现前，在工业电气控制领域中，继电器-接触器控制占主导地位，其主要作用是控制电动机来实现生产任务。虽然继电器控制系统成本低，实现简单，但是由于其体积大、可靠性低、查找和排除故障困难等缺点，特别是其接线复杂、不易更改，很难应对生产工艺的升级要求。作为工业控制的新核心，PLC基本取代了原先的继电器-接触器控制系统，极大地促进了工业自动化的发展进程。随着技术的发展，使用这种微型计算机技术的工业控制装置具有超过逻辑控制范围的功能，现在被称为可编程序控制器（Programmable Controller，PC）。但是，为了避免与个人计算机（Personal Computer）的简称PC混淆，因此仍将可编程序控制器简称为PLC。经过几十年的发展，PLC技术日新月异，产品类型也不断丰富。

1.1.1 PLC的产生和发展

PLC产生于20世纪60年代末期。随着汽车供求市场的变化，美国汽车制造业工业出现了激烈的竞争。为了适应生产工艺不断更新的需求，美国GM（通用汽车）公司公开招标：开发一种以计算机为基础的、采用程序代替硬件接线方式的、可以进行大规模生产线流程控制的系统。1969年，美国数字设备公司根据以上要求，研制出世界上第一台可编程序逻辑控制器（PLC），并在GM公司汽车生产线上首次应用成功，实现了生产的自动控制，从此开辟了PLC的新纪元。

这一新型工业控制器的出现受到了其他国家的高度重视。同年，莫迪康（Modicon）公司也开发出Modicon 084控制器，1971年，日本从美国引进了这项新技术并开始生产，1973～1974年，德国和法国也开始研制PLC。到现在，世界各国的著名电气公司几乎都有自己的PLC产品，国际品牌有西门子、A-B（罗克韦尔自动化旗下品牌）、ABB、莫迪康（施耐德电气旗下品牌）、三菱、欧姆龙等。由于我国引入该技术比较晚，因此市场占有率较低，但随着市场需求的多样化和技术进步，国内多家企业已相继推出众多PLC产品，受到用户的一致好评。常见的国内品牌有汇川、和利时、台达、永宏、信捷等。上述国产PLC知名品牌在PLC国产化的进程中起到了领导性作用，为其他PLC新品牌建立了信心，打下了基础。可见，市场的需求推动着技术的进步，也启发着我们要实现强国目标需顺应时代发展，积极探索、不断创新。

1.1.2 PLC的定义和特点

1. PLC的定义

简单来说，PLC是专用于工业控制的计算机，可供专业人员编程使用。国际电工委员会（IEC）曾于1982年11月颁发了PLC标准草案第一稿，1985年1月又颁发了第二稿，1987年2月颁发了第三稿。第三稿中对PLC的定义为：PLC是一种数字运算操作的电子系统，专为在工业环境下的应用而设计。它采用了可编程序的存储器，用来在其内部存储执行逻辑运算、顺序控制、定时、计数和算术运算等操作的指令，并通过数字式和模拟式的输入和输出，控制各种类型的机械或生产过程。而有关的外围设备（简称外设），都应按易于与工业系统联成一个整体、易于扩充其功能的原则设计。

2. PLC的主要特点

（1）高可靠性 PLC一般应用于工业生产中，要求有极低的故障率或者零故障。在保障运行环境前提下，一台 PLC 运行几年、十几年乃至几十年都应是稳定的。PLC 依靠哪些技术来保证其高可靠性呢？首先，所有的 I/O 接口（输入/输出接口）均采用了光电隔离技术，使工业现场的外围电路与 PLC 内部电路形成电气隔离；其次，信号的输入端采用了滤波器以及屏蔽措施以防止电磁干扰；再次，良好的诊断功能加持，让 PLC 发生异常后能够立即采取有效措施。

（2）采用模块化结构设计　除一些整体式 PLC 外，一般 PLC 都具有可扩展性。PLC 厂商结合生产需求提供了丰富的功能模块，如 I/O 扩展模块、通信模块、温度模块、运动模块等。用户可以根据工艺需求对 PLC 的功能模块进行组合，这就使 PLC 的应用更加灵活。

（3）编程简单易学　PLC 依靠程序才能工作和运行，因此需要使用者或开发者必须掌握 PLC 编程技术。虽然 PLC 编程语言和方式有多种，但是梯形图编程是学习和使用 PLC 的首选编程方式。梯形图编程语言采用图形化设计，易于接受和学习，很容易被一般工程技术人员所理解和掌握。

（4）安装方便、维护简单　PLC 不需要专门的机房，可以在各种工业环境下直接运行，使用时只需将现场的各种设备与 PLC 的 I/O 端口相连接即可投入运行。此外，PLC 模块上有运行和故障指示灯，用户可实时了解 PLC 的工作状态。比如，某模块一旦出现故障，就会有红灯指示，方便工程人员进行调试。另外在编程环境中提供了在线诊断功能，能够迅速定位和排除故障。

1.1.3　PLC 的应用领域

1. 开关逻辑和顺序控制

这是 PLC 最基本、最广泛的应用。在开关量逻辑控制中，它取代传统的继电器 – 接触器控制系统，实现逻辑控制、顺序控制，例如机床电气控制、电梯运行控制、冶金系统的高炉上料、汽车装配线、啤酒灌装生产线等。

2. 过程控制领域

PLC 通过模拟量 I/O 模块，可对温度、流量、压力等连续变化的模拟量进行检测和控制。大中型 PLC 都具有 PID（比例积分微分）闭环控制功能并已广泛地用于电力、化工、机械、冶金等行业，其控制效果可以和专门的 DCS（集散控制系统）相媲美。

3. 运动控制领域

目前，很多 PLC 提供了拖动步进电动机或伺服电动机的单轴或多轴位置控制模块，即把描述目标位置的数据传送给模块，移动一轴或多轴到目标位置。当每个轴运动时，位置控制模块保持适当的速度和加速度，确保运动平滑。PLC 通过对直线运动或圆周运动的控制，可用于数控机床、机器人、金属加工、电梯控制等场合。

4. 数据处理领域

现代 PLC 都具有数学运算、数据传送、转换、排序和查表等功能，可进行数据的采集、分析和处理，同时可通过通信接口将这些数据传送给其他智能装置进行处理，如计算机数控（CNC）设备等。

5. 通信联网领域

在"中国制造2025"和"工业4.0"大背景下，工厂网络从封闭的局域网，逐步走向与外部网络互联互通，那么也要求PLC具备比较完备的通信联网功能。PLC可以通过PROFINET、CC-Link、DeviceNet等网络协议组成更加复杂的网络控制系统；通过各种通信模块，PLC也能与智能工厂中的条码扫描器、RFID（射频识别）阅读器、传感器、工业相机等设备相连接。PLC与智能设备通信联网，为实现智能制造的全面数字化提供了强大的硬件基础。

1.1.4 PLC 基本组成

PLC从本质上来说是一台专用的计算机，其组成结构也同计算机相似。图1-1为西门子S7-1200 PLC的基本组成，点画线框内部是PLC的内部组成结构，包括CPU（中央处理单元）模块、电源模块、存储区、输入信号处理单元、输出信号处理单元、通信接口（RJ45）及扩展模块接口电路等。点画线框外部包括有输入接线端子、输出接线端子以及PLC和编程计算机的连接电路。

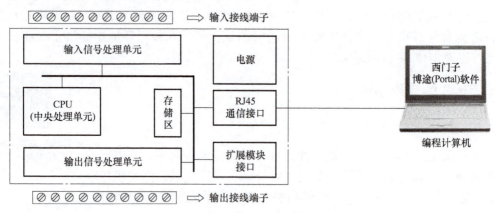

图 1-1　西门子 S7-1200 PLC 基本组成

1. CPU 模块

与通用计算机一样，CPU是PLC的核心部件，它的主要作用是控制整个系统协调一致地运行。它负责解释并执行用户及系统程序，并通过运行用户及系统程序完成所有控制、数据处理、通信以及所赋予的其他功能。通常来说，PLC的性能（处理速度、存储规模）主要由CPU模块的性能决定，如西门子CPU 1214C的布尔操作执行时间为0.08μs/指令，具有150KB集成程序/数据存储器或2MB的装载存储器。

2. 电源模块

PLC的电源模块将外部提供的交流或直流电转换成供CPU、存储器以及所有扩展模块使用的不同电压等级的直流电。接入PLC的电源一般采用高质量的开关电源，其工作稳定性好，抗干扰能力比较强。如果PLC所带的扩展模块比较多，一般还对电源的容量有所要求。电源模块的选择和使用应先计算所有模块消耗电流的总和，核实电源的负载能力；选择电源模块时，还需留有适当的裕量。

3. 输入/输出模块

输入/输出模块（I/O 模块）负责与现场设备进行直接信号交互，如图 1-2 所示。用户需要将现场设备与之相连，PLC 才能正常工作。其中，输入部分可接收现场的各种输入信号，如按钮、光电开关、行程开关、热电阻或热电偶等。输出部分是 PLC 与生产过程相连接的输出通道，用于执行程序的输出结果，将其转换为开关信号或被控设备所需的电压、电流信号，以驱动设备动作，如指示灯、接触器线圈、电磁阀、阀门定位器等。

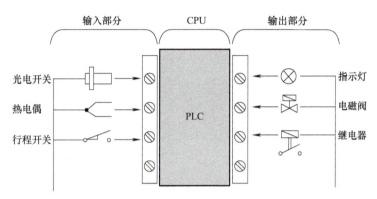

图 1-2　PLC 输入/输出端子设备连接示意图

常见的现场信号类型包括数字量、模拟量和脉冲量等，PLC 均有与之相对应的模块。

（1）数字量输入模块　数字量输入模块用于接收数字量信号，常见设备有按钮、选择开关、光电开关、接近开关等，此类设备发送给 PLC "0" 和 "1" 信号，用于程序处理，也称为开关量设备。输入模块的类型有直流输入模块和交流输入模块（较少使用）。

直流输入模块电路如图 1-3 所示，点画线框内为模块内部电路。

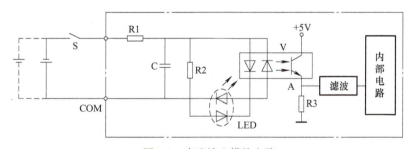

图 1-3　直流输入模块电路

图中，V 为一个光电耦合器，将发光二极管和光电晶体管封装在一个管壳中。R1 和 C 构成低通滤波电路，可滤除输入信号中的高频干扰。由于采用了两个反向并联的二极管，因此供电电源（一般为 DC 24V）正接反接均可。当外部开关 S 闭合后，整个电路开始工作（形成了电流回路）。电流流经 R1 和 R2 构成的分压电路，由于 R1 阻值大、R2 阻值小，保证了与 R2 并联的二极管正常工作。当 S 闭合后，电流流过光电耦合器的发光二极管，则光电晶体管导通，5V 内部电压降落在 A 点，A 点电压为 5V（高电平），内部电路采集的结果为 1；反之为 0。LED 显示该输入点状态，当开关闭合后，LED 指示灯亮，否则灭。

> ❖ **注意**：对于每一个输入点，都有一套这样的电路。请思考，接入这个电路需要两个接入点，那如果有N个开关，则需要接入N个电源吗？答案是否定的。对于多个输入，采用的是公共端的方式来共用电源。

PLC的输入电路可分为汇点式、分组式、隔离式三种。输入单元只有一个公共端子（COM）的称为汇点式，外部输入的元器件均有一个端子与COM相接（见图1-4）；分组式是指将输入端子分为若干组，每组分别共用一个公共端子；隔离式是指具有公共端子的各组输入点之间互相隔离，可各自使用独立的电源。

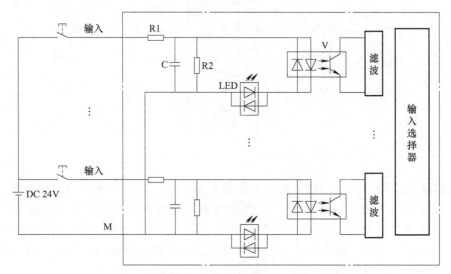

图1-4 直流汇点式输入电路

【扩展知识】 源型（Source）输入和漏型（Sink）输入

PLC的数字量输入模块有两种不同的接线方式：源型输入方式和漏型输入方式，接线区别如图1-5所示。

源型和漏型一般是针对晶体管电路而言的。两种不同的接线方式是根据信号的流入或是流出来判断的，那么就需要有一个参考点，判断电流是从这个参考点流入还是流出的，不同品牌的PLC对于使用的这个参考点的规定是不一样的。

例如，三菱PLC的信号输入的接线过程中是以输入点X作为参考点，以信号从这个输入点（X点）的流入还是流出来判断是源型输入还是漏型输入。信号从X点流入称为源型输入，信号从X点流出称为漏型输入。

而在西门子PLC中，以输入端的公共端M作为参考点，以信号从输入信号端的公共端（M点）流入称为源型输入，以信号从输入信号端的公共端（M点）流出称为漏型输入。

因此，这也是会出现在三菱PLC中称为源型输入，但却在西门子PLC里面却是称为漏型输入的原因。图1-5所示为西门子PLC数字量输入的两种接法。

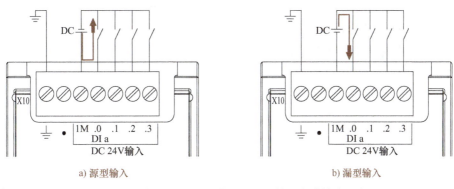

a) 源型输入　　　　　　　　　　　　　b) 漏型输入

图 1-5　西门子 PLC 源型输入和漏型输入电路接线示意

有些 PLC 的数字量模块只支持漏型输入或者源型输入中的一种。使用这样的模块，必须根据模块的类型来接线。比如，三菱 QX40 DC 只支持源型输入方式，而 QX80 DC 只支持漏型输入方式，如图 1-6 所示。

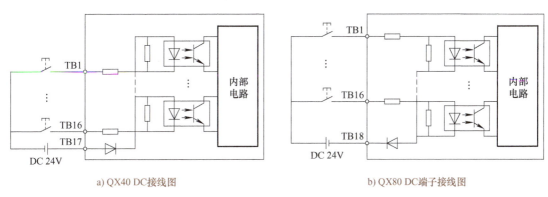

a) QX40 DC 接线图　　　　　　　　　　b) QX80 DC 端子接线图

图 1-6　三菱 QX40 和 QX80 输入接线图

（2）数字量输出模块　数字量输出模块的作用是将内部电路输出的信号转换为外部电路的开关状态。按负载使用电源的不同，可分为直流输出、交流输出和交直流输出三种；按输出电路所用的开关器件不同，可分为继电器输出、晶体管输出和晶闸管输出（较少使用）。三者驱动的负载类型、负载的大小和响应时间是不一样的。

1）继电器输出型。如图 1-7 所示，继电器输出模块通过内部的继电器线圈通断来控制其触点开闭，属于无源触点输出方式，主要用于接通或断开开关频率较低的交直流负载电路。图中，K 为一小型继电器，当输出锁存器的对应位为 1 时，LED 点亮，表示该输出点状态为 1。K 线圈得电，其常开触点闭合，负载得电，形成电流回路；当输出锁存器的对应位为 0 时，K 线圈失电，其常开触点断开，负载失电，LED 熄灭，表示该输出点状态为 0。继电器输出型电路带负载能力比较强，一般在 2A 左右。

与输入电路相似，每一个输出点都要有一套控制电路，因此对于多个输出点，一般采用"公共端"的方式接线。有公共端的继电器型输出结构外接各种负载（汇点式），接线如图 1-8 所示。对于 COM1，所接入的设备均为交流负载，不可接入直流设备；对于 COM2，所接入的设备均为直流负载。这两组输出保持电气隔离。

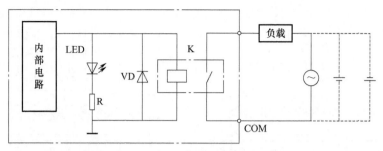

图 1-7 继电器输出型电路结构

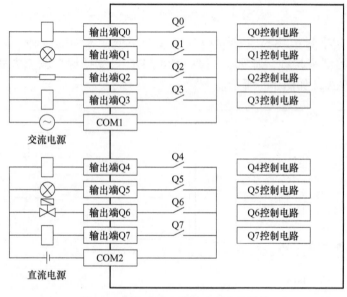

图 1-8 汇点式继电器输出型电路接线

❖ **注意**：继电器输出型电路不能应用于高频场合，如输出高速脉冲。为什么？

2）晶体管输出型。图 1-9 所示为 NPN 输出型接口电路，该电路的特点是通过晶体管 VT 的导通和截止来实现开关状态的输出。

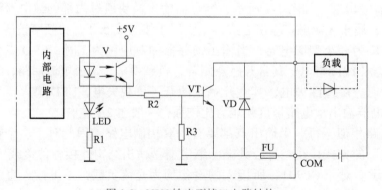

图 1-9 NPN 输出型接口电路结构

当输出锁存器的对应位为 1 时（程序运算后输出 1 信号），通过内部电路使光电耦合器 V 导通，从而使晶体管 VT 饱和导通，使负载得电，同时点亮 LED，以表示该路输出点状态为 1。当输出锁存器的对应位为 0 时，光电耦合器 V 不导通，晶体管 VT 截止，使负载失电，此时 LED 不亮，表示该输出点状态为 0。如果负载是感性的，则须给负载并接续流二极管，使负载关断时，可通过续流二极管释放能量，保护输出晶体管 VT 免受高电压的冲击。

晶体管输出型电路带负载能力较弱，如直流 5～24V/0.5A；动作时间较快速，适合高速、小功率直流负载，如输出高速脉冲信号控制步进或伺服电动机。

可见，输出模块类型不同，所应用的场合、产生的控制效果也不同；就像我们每个人在工作岗位上的职责是不同的，但是只要认真履行职责，就能体现自身的价值。

（3）模拟量输入模块　模拟量输入模块是把模拟信号转换成 CPU 可以接收的数字量。模拟量输入模块又称 A–D（模 – 数）转换模块。模拟量输入模块把模拟信号（如 4～20mA）转换成数字信号，一般为 10 位以上二进制数，数字量位数越多，分辨率就越高。

（4）模拟量输出模块　模拟量输出模块是把 CPU 要输出的数字量信号转换成外围设备可以接收的模拟量（电压或电流）信号。模拟量输出模块又称 D–A（数 – 模）转换模块，一般输出的模拟信号都为标准的传感器信号，比如 4～20mA 电流信号、0～10V 电压信号等。

4. 通信接口模块

PLC 提供了丰富的通信接口模块，来满足通信联网需要以及和现场智能设备的连接。S7-1200 PLC 的通信模块包括通信模块（CM）和通信处理器（CP）模块。通信模块主要用于小数据量通信场合，而通信处理器模块主要用于大数据量的通信场合。

通信模块按照通信协议分，主要有 PROFIBUS 模块（如 CM1242-5）、点对点连接串行通信模块（如 CM1241）、以太网通信模块（如 CP1243-1）和 GPRS（通用分组无线业务）通信模块（如 CP1242-7）。

5. 其他模块

（1）电源模块（PM1207）　电源模块 PM1207 是 S7-1200 PLC 系统中的一员，为 S7-1200 PLC 提供稳定电源，输入为交流 120/230V（自动调整输入电压范围），输出为 DC 24V/2.5A。

（2）存储卡　存储卡可用于程序存储、传送和固件更新。

1.1.5　PLC 工作原理

PLC 是一种专用的工业控制计算机，按照用户编写的程序来运行。PLC 采用周期循环扫描的工作方式，CPU 从上至下连续、周期性地执行用户程序。

PLC 扫描过程主要分三个阶段，即输入采样阶段、程序执行阶段和输出刷新阶段。

（1）输入采样阶段　在输入采样阶段，PLC 以扫描方式读入所有输入状态和数据，并将它们存入 I/O 映像区中的相应单元内。如图 1-10 所示，当 SB1 和 SB2 均未按下时，输入映像寄存器中的值为 0；当 SB2 被按下后，对应的输入映像寄存器中的值由 0 变为 1。输入采样结束后，转入程序执行和输出刷新阶段。

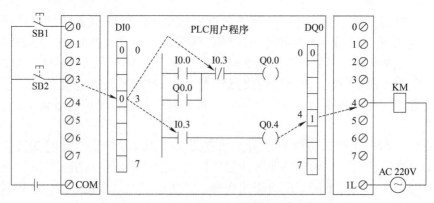

图 1-10　PLC 输入采样、程序执行和输出刷新

> ❖ **注意**：在输入采样和程序执行阶段，即使输入状态和数据发生变化，I/O 映像区中相应单元的状态和数据也不会改变。因此，如果输入的是脉冲信号，则该脉冲信号的宽度必须大于一个扫描周期。

（2）程序执行阶段　在用户程序执行阶段，PLC 总是按由上而下的顺序依次扫描用户程序。程序根据逻辑运算的结果，刷新该输出线圈在 I/O 映像区中对应位的状态，或者确定是否要执行该梯形图所规定的特殊功能指令。如图 1-10 所示，当 SB2 被按下后，I0.3 的值为 1，根据程序逻辑关系，Q0.4 的状态变为 1。

（3）输出刷新阶段　当用户程序扫描结束后，PLC 就进入输出刷新阶段。在此期间，CPU 按照 I/O 映像区内对应的状态和数据刷新所有的输出锁存电路，再经输出电路驱动相应的外围设备。这时，才是 PLC 的真正输出。Q0.4 的状态（Q0.4=1）在输出刷新阶段被输出，外部电路导通，KM 线圈得电运行，如图 1-11 所示。

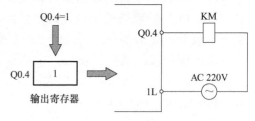

图 1-11　PLC 对输出状态的改写

简而言之，PLC 通过输入接口采集输入信号（包括开关信号、位置信号或温度、压力、流量等模拟量信号），存储在输入映像寄存器中；程序执行阶段，调用存储器中变量参与程序解算，然后将运算结果存储在输出映像寄存器中；在输出刷新阶段将运算结果统一输出。PLC 的信号传递过程如图 1-12 所示。

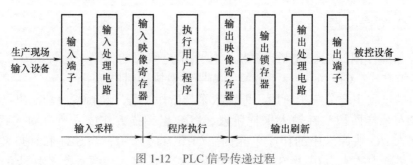

图 1-12　PLC 信号传递过程

1.1.6 CPU 的工作模式

S7-1200 CPU 有 3 种工作模式：STOP、STARTUP、RUN，其含义见表 1-1。

表 1-1 CPU 的工作模式

工作模式	描述
STOP	不执行用户程序，可以下载项目，可以强制变量
STARTUP	执行一次启动 OB（组织块，如果存在）及其他相关任务
RUN	CPU 重复执行程序循环 OB，响应中断事件

CPU 启动和运行的机制如图 1-13 所示。

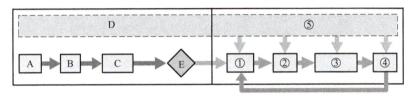

图 1-13 CPU 启动和运行机制

1. CPU 的启动操作

CPU 从 STOP 切换到 RUN 时，初始化过程映像，执行启动 OB（组织块）及其相关任务。如图 1-13 所示，CPU 在启动过程中执行以下操作：

A：将物理输入的状态复制到 I 存储器。

B：将 Q 输出（映像）存储区初始化为零、上一个值或组态的替换值，将 PB、PN 和 AS-i 输出设为零。

C：将非保持性 M 存储器和数据块初始化为其初始值，并启用组态的循环中断事件和时钟事件。

D：将所有中断事件存储到要在进入 RUN 模式后处理的队列中。

E：启用 Q 存储器到物理输出的写入操作。

需要注意的是：在启动过程中，不更新过程映像，可以直接访问模块的物理输入，但不能访问物理输出，可以更改高速计数器（HSC）、脉冲串输出（PTO）以及点对点通信模块的组态。

2. 在 RUN 模式下处理扫描周期

执行完启动 OB 后，CPU 进入 RUN 模式。CPU 周而复始地执行一系列任务，任务循环执行一次为一个扫描周期。如图 1-13 所示，CPU 在 RUN 模式时执行以下任务：

① 将过程映像 Q 区写入物理输出。

② 将物理输入的状态复制到过程映像 I 区。

③ 执行用户程序逻辑。

④ 执行自检诊断。

⑤ 在扫描周期的任何阶段，处理中断和通信。

1.2 S7-1200 PLC 硬件基础

S7-1200 PLC 的硬件主要包括 CPU 模块、信号模块（SM）、信号板（SB）、通信板（CB）和通信模块（CM）。S7-1200 PLC 最多可以扩展 8 个信号模块和 3 个通信模块，最大本地数字 I/O 点数为 284 个，最大本地模拟 I/O 通道为 69 个。S7-1200 PLC 外形（含扩展模块）如图 1-14 所示。

图 1-14　S7-1200 PLC 及扩展模块外形

通信模块安装在 CPU 模块的左侧，信号模块安装在 CPU 模块右侧，信号板或通信板安装在 CPU 模块之上。

1.2.1　S7-1200 PLC 常用模块及接线

1. CPU 模块

（1）CPU 模块及外形　S7-1200 现有 CPU 1211C、CPU 1212C、CPU 1214C、CPU 1215C 和 CPU 1217C 五种不同配置的 CPU 模块，此外还有故障安全性 CPU。每种 CPU 又分为三种配置规格：DC/DC/DC、DC/DC/Rly 和 AC/DC/Rly，其含义如图 1-15 所示。

S7-1200 硬件模块介绍

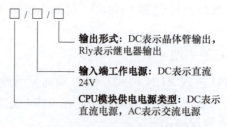

图 1-15　CPU 配置规格的含义

例如，AC/DC/Rly 是指 CPU 模块是交流供电，电压范围为 AC 120～240V；输入电路类型是直流，电压范围为 DC 20.4～28.8V；输出形式为继电器。

CPU 模块的外部结构大体相同，以 CPU 1215C 为例，外部结构如图 1-16 所示。

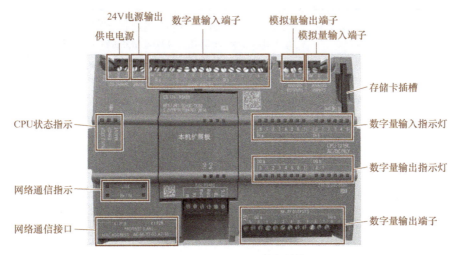

图 1-16　CPU 1215C 外部结构

模块上面左侧 X10 端子是 PLC 供电电源、传感器电源和数字量输入 DI。数字量输入的状态由一排 LED 指示灯显示，正常工作时对应指示灯被点亮。上面右侧 X11 端子是模拟量输入 AI 和模拟量输出 AQ（1211、1212、1214 无模拟量输出）。右上角 X50 为存储卡插槽。模块下面左侧是 PROFINET（LAN）接口的 RJ45 连接器，网络状态由 LINK 和 Rx/Tx 共两个 LED 指示灯显示。下面右侧端子 X12 是数字量输出 DQ，数字量输出的状态由一排 LED 指示灯显示，正常工作时对应指示灯被点亮。

位于模块中部左侧的 3 个 LED 指示灯 RUN/STOP、ERROR、MAINT 用于显示 CPU 所处的工作状态。

（2）CPU 模块技术指标　不同型号 CPU 单元主要技术参数见表 1-2。

表 1-2　不同型号 CPU 单元主要技术参数

特性	CPU1211C	CPU1212C	CPU1214C	CPU1215C	CPU1217C
物理尺寸 $\left(\dfrac{长}{mm} \times \dfrac{宽}{mm} \times \dfrac{深}{mm}\right)$	90×100×75	110×100×75	130×100×75	150×100×75	
本机数字量 I/O 点数	6入/4出	8入/6出	14入/10出		
本机模拟量 I/O 点数	2入		2入/2出		
工作存储器	75KB	100KB	150KB	200KB	250KB
装载存储器	1MB	2MB	4MB		
掉电保持存储器	14KB				
位存储器（M）	4096B		8192B		
过程映像大小	1024B 输入（I）和 1024B 输出（Q）				
信号模块（SM）扩展数量	无	2个	8个		
信号板（SB）、通信板（CB）或电池板（BB）扩展数量	1个				
通信模块（CM）扩展数量	3个				

（续）

特性	CPU1211C	CPU1212C	CPU1214C	CPU1215C	CPU1217C
高速计数器	最多可以组态 6 个使用任意内置或信号板输入的高速计数器				
脉冲输出	最多 4 路，CPU 本体 100kHz，通过信号板可输出 200kHz（CPU1217 最多支持 1MHz）				
PROFINET 以太网通信口	1 个			2 个	
布尔指令执行时间	0.08μs/ 指令				
实数指令执行时间	2.3μs/ 指令				
上升沿 / 下降沿中断点数	6/6	8/8	12/12		
脉冲捕捉输入点数	6	8	14		
DC 24V 传感器电源	300mA		400 mA		
DC 5V SM/CM 总线电源	750 mA	1000 mA	1600 mA		

（3）CPU 模块的接线　S7-1200 PLC 的 CPU 的类型虽多，但是接线方式类似，本书以 CPU 1215C 为例进行介绍。

1）CPU 1215C（AC/DC/Rly）输入端接线。如图 1-17 所示，CPU 供电电源为交流供电，接入"L1"和"N"，箭头方向向下，表示为 PLC 内部供电；"L+"和"M"是内部的 24V 电源，注意箭头向上，表示可向外围设备提供电源；"1M"是输入端子的公共端，外部输入的开关器件要接入 PLC 输入端，需要直流供电（DC 24V），图中电源的负极"–"接到了"1M"上，属于漏型接法（PNP 型接法）；也可以将正极"+"与"1M"连接，形成源型接法（NPN 型接法）。图中，X11 处的 AQ 为模拟量输出接线，AI 为模拟量输入接线。

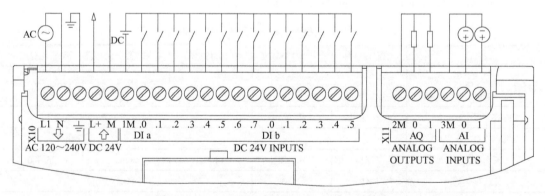

图 1-17　CPU 1215C（AC/DC/Rly）输入端接线

2）CPU 1215C（DC/DC/DC）输入端接线。如图 1-18 所示，CPU 供电电源为直流 24V 供电（绝对不可以接入交流电，否则损坏 CPU 模块），接入左侧第一组"L+"和"M"；输入端子公共端 1M 采用了"共阴极"接法，即漏型接法，输入开关的接入方法与 AC/DC/Rly 接法相同。

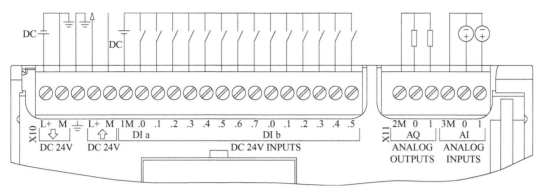

图 1-18 CPU 1215C（DC/DC/DC）输入端接线

❖ **注意**：在图 1-18 中，有两组"L+"和"M"，要注意区分其意义，箭头向下表示给 CPU 供电；箭头向上，表示向外输出电源。切记，两个"L+"不能短接在一起，否则容易烧毁 CPU 模块内部的电源。因此，向外输出的 24V 电源一般不推荐使用。

3）CPU 1215C（AC/DC/Rly）数字量输出端接线。CPU 1215C 输出端的接线（继电器输出）如图 1-19 所示。输出端子分为两组（公共端分别为 1L 和 2L），两组输出是电气隔离的。每组输出的公共电源既可以是交流电源也可以是直流电源，使用比较灵活。

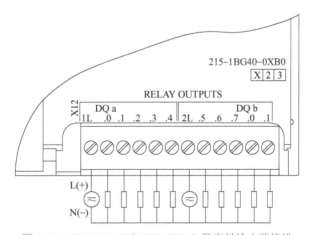

图 1-19 CPU 1215C（AC/DC/Rly）数字量输出端接线

4）CPU 1215C（DC/DC/DC）数字量输出端接线。目前 24V 直流输出只有一种形式，即 PNP 型输出，也就是常说的高电平输出。这一点与三菱 FX 系列 PLC 不同，三菱 FX 系列 PLC 一般为 NPN 型输出，也就是低电平输出。在使用 PLC 输出高速脉冲控制步进电动机时，需要考虑这一点，因为如果是低电平输出，有可能无法正常驱动步进电动机。

CPU 1215C 输出端接线（晶体管输出）如图 1-20 所示，负载电源只能接直流电源，而且是高电平信号有效（程序输出"1"时，输出端为高电平），"4L+"必须接电源正极，"4M"必须接电源负极，这点一定要注意。

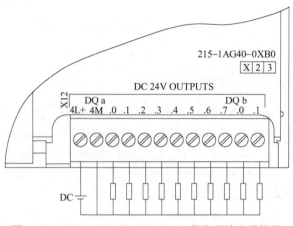

图 1-20　CPU 1215C（DC/DC/DC）数字量输出端接线

5）CPU 1215C 模拟量输入/输出端接线。CPU 1215C 集成了两路模拟量输入通道和两路模拟量输出通道。模拟量输入通道的量程范围为 0～10V（不可更改），模拟量输出通道的量程范围是 0～20mA（不可更改）。由于信号类型不可更改，也就限定了输入和输出设备的信号类型。CPU 1215C 模拟量输入/输出端接线如图 1-17 或图 1-18 中 X11 处所示。

模拟量输出（AQ）上方的方框表示模拟量输出负载，一般为变频器模拟量输入端或者各种可调节阀门。模拟量输入（AI）上方的圆圈表示各类模拟量传感器或变送器，如温度变送器、压力变送器等。圆框中的"+""-"表示该变送器的正负信号端子，实际使用中变送器往往需要 DC 24V 供电才能接到模拟量输入端子上。模拟量模块的具体使用和接线方法参考第 5 章。

❖ **注意**：建议应将未使用的模拟量输入通道短路。

2. 信号模块和信号板

用户可将 S7-1200 信号模块连接到 CPU 的右侧，以扩展其数字量或模拟量 I/O 的点数，并且在 CPU 模块上都可以增加一块信号板，以扩展少量数字量或模拟量 I/O。

（1）信号板（SB）　用户如果想要扩展少量 I/O 点数（数字量或模拟量 I/O 点数），可以选择安装信号板，其价格低、性价比较高。安装时将信号板直接插入 S7-1200 CPU 正面的插槽内即可，且不会增加安装的空间，如图 1-21 所示。

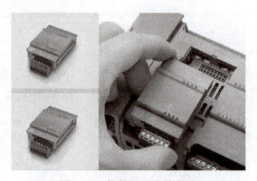

图 1-21　信号板及安装方法

信号板有数字量输入、数字量输出、数字量输入/输出、模拟量输入、模拟量输出等5种类型，其接线方法与CPU本体模块接线方法类似，用户也可以参考官方文档。

（2）信号模块（SM） 信号模块是为解决CPU本机集成的数字量或模拟量输入/输出点不足而选用的。数字量输入/输出（DI/DO）模块和模拟量输入/输出（AI/AO）模块统称为信号模块。用户可以选用8点、16点和32点的数字量输入/输出模块来满足不同的控制需要。

信号模块的安装比较简单，只需要将模块平行插入左侧模块的凹槽中即可，如图1-22所示。

图1-22 信号模块的安装

3. 通信模块

在S7-1200上采用集成PROFINET接口可以实现与其他制造商生产的设备之间的无缝集成。此外，S7-1200的CPU模块左侧还可以增加最多3个通信模块，如图1-23所示。

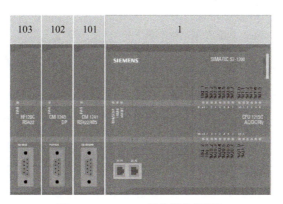

图1-23 S7-1200通信模块的添加

串行通信模块RS485和RS232为点对点（P2P）的串行通信提供连接STEP 7 Basic工程组态系统提供了扩展指令或库功能、USS（通用串行接口）驱动协议、Modbus RTU（远程终端单元）主站协议和Modbus RTU从站协议，用于串行通信的组态和编程。此外还有PROFINET模块和PROFIBUS主站/从站模块。

1.2.2　S7-1200 PLC 控制原理图设计

PLC 控制原理图又称为 PLC 硬件接线图，就是将 PLC 的输入、输出端与控制系统中的按钮、开关、指示灯、继电器线圈以及其他输入、输出设备的连接形式以图样的形式绘制出来。PLC 硬件接线图是现场施工接线和维护的重要依据，而按图施工也是职业素养的基本要求。

PLC 控制原理图设计

1. PLC 的电源和 I/O 接线

PLC 的接线可以分两部分，一是电源接线，一是 I/O 接线。在进行电源接线时首先要确认 PLC 的供电规格。市面上的 PLC 一般有两种规格的供电，即 DC 24V 和 AC 220V。接线施工前，一定要确认 PLC 的电源，按图接线。

I/O 接线也就是 PLC 的输入/输出接线，主要包括数字量接线和模拟量接线。在设计绘制 I/O 接线图时，要参考 PLC 硬件手册进行设计。尤其要注意的是 PLC 输出形式（继电器输出或晶体管输出），合理设计输出控制电路。

2. PLC 控制原理图设计实例

下面以三相异步电动机的"起保停"控制为例介绍 PLC 原理图的设计、绘制过程。

（1）控制要求分析　使用 S7-1200 PLC 实现三相异步电动机的连续运行控制，即按下起动按钮，电动机起动并保持单向运行，按下停止按钮，电动机停止运行。该电路必须要有短路保护和过载保护功能，完成的控制系统必须兼顾安全性和可靠性。

（2）I/O 分配表设计　具体来说，就是将输入/输出设备与 PLC 输入/输出地址对应起来。I/O 分配看似简单，却十分重要。在这一步要做到从繁杂琐碎信息中剥离出有效信息，确认控制系统的输入、输出。怎样确定有哪些有效的输入/输出设备，我们需要根据工艺要求进行选择。

根据工艺要求，本例的 I/O 分配表见表 1-3，其中输入和输出继电器如 I0.0、Q0.0 等，是 PLC 输入映像寄存器、输出映像寄存器的地址，后续章节中将详细介绍。

表 1-3　"起保停"控制 I/O 分配表

输入		输出	
输入地址	说明及符号	输出地址	说明及符号
I0.0	起动按钮 SB1	Q0.0	接触器线圈 KM1
I0.1	停止按钮 SB2		
I0.2	热继电器 FR		

（3）原理图的设计　在原理图的设计中，首先要设计被控设备的驱动电路即主电路图；其次根据驱动要求设计 PLC 控制电路图。主电路图中要体现被控设备的驱动方式和控制形式，控制电路图中主要是 PLC 输入/输出设备接线和供电电源的连接。图 1-24 所示为电动机控制的主电路图，图 1-25 为控制电路图。

图 1-25 中，上下方框中表示对应行元件的文字注释，如"起动按钮"等标明其功能；输入、输出元件旁边的标识为其文字符号，如 SB1、KM1 等，与 I/O 分配表中一致。

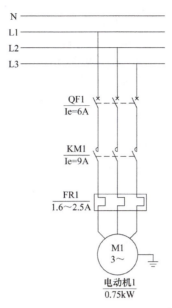

图 1-24 三相异步电动机控制主电路图

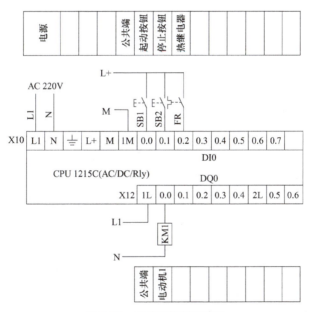

图 1-25 电动机控制电路图

需要注意的是,在实际绘图中,常常用 L+ 和 M 表示直流 24V 电源;用 L、N 表示交流 220V 电源,如图 1-25 中的 L+、M,表示直流 24V 供电;L1 和 N 表示交流 220V 供电。

1.3 TIA 博途软件使用入门

西门子 PLC 的编程组态软件为 STEP 7 系列。早期的 S7-300/400 PLC 使用的编程软件名称为 STEP7 V5.x(经典 STEP 7),之后西门子公司推出了新型控制器 S7-1200

系列和 S7-1500 系列，相应的编程软件也称为 STEP 7，不过它集成在了 TIA（Totally Integrated Automation）博途软件中，是 TIA 软件的其中一个组件。TIA 博途软件不仅适用于 S7-1200/1500 PLC，也适用于 S7-300/400 PLC。

使用 TIA 博途软件不仅可以组态应用于控制器及外围设备程序编辑的 STEP 7、组态应用于安全控制器的 Safety，也可以组态应用于设备可视化的 WinCC，同时 TIA 博途软件还集成了应用于驱动装置的 Startdrive、应用于运动控制的 SCOUT 等，提高了项目管理的一致性和集成性，是一款对使用者非常友好的软件，如图 1-26 所示。

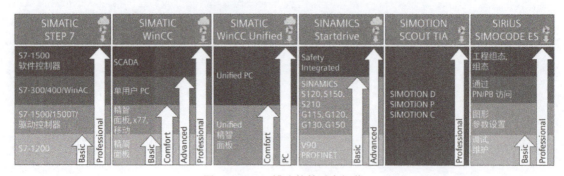

图 1-26　TIA 博途软件平台概览

1.3.1　TIA 博途 V18 软件安装

1. 计算机硬件要求

安装 TIA 博途 V18 的计算机推荐如下配置：

1）处理器：Intel® Core™ i5-8400H 或更高（不低于 Intel® Core™ i3-6100U）。
2）内存：16GB（最小 8GB，对于大型项目，为 32GB）。
3）硬盘：最好 SSD（固态硬盘），配备至少 50GB 的存储空间。
4）显示器：15.6in（1in=25.4mm）全高清显示器（1920×1080 像素或更高）。

2. 操作系统要求

TIA 博途 V18 可以安装于以下操作系统：

（1）Windows 10（64 位）

1）Windows 10 Professional Version 21H1。
2）Windows 10 Professional 21H2。
3）Windows 10 Enterprise Version 2009/20H2。
4）Windows 10 Enterprise Version 21H1。
5）Windows 10 Enterprise 21H2。
6）Windows 10 Enterprise 2016 LTSB。
7）Windows 10 Enterprise 2019 LTSC。
8）Windows 10 Enterprise 2021 LTSC。

（2）Windows 11（64 位）

1）Windows 11 Home 21H2。

2）Windows 11 Professional 21H2。
3）Windows 11 Enterprise 21H2。
（3）Windows Server（64 位）
1）Windows Server 2016 Standard（完全安装）。
2）Windows Server 2019 Standard（完全安装）。
3）Windows Server 2022 Standard（完全安装）。

3. 软件推荐安装顺序

1）安装 STEP7 Professional V18。
2）安装 WinCC Professional V18。
3）安装 S7-PLCSIM V18（仿真软件）。
4）授权工具授权。
5）Startdrive V18（选择安装）。

4. 软件安装常见问题及处理

（1）安装前一定要关闭杀毒软件 除西门子软件兼容性列表中兼容的病毒扫描软件外，切记不能打开杀毒软件，否则无法保证安装成功，或者安装完成后能正常使用。

（2）TIA 博途安装提示需要 .net 3.5 用户可以打开系统的控制面板，在"控制面板"中找到"程序和功能"，选择"启用或关闭 Windows 功能"。在弹出的对话框中，找到".NET Framework 3.5（包括 .NET2.0 和 .NET3.0）"，选中其前面的复选框。单击"确定"按钮后，选择"让 Windows 更新为你下载文件"，开始更新。按照以上步骤完成系统更新后，就可以正常安装 TIA 博途了。

（3）TIA 博途安装反复要求重新启动计算机问题 在安装西门子软件的时候，经常提示要重启，而且重启之后依然提示重启。此时用户可在 Windows 操作系统下，按下组合键 <WIN+R>，在弹出的"运行"对话框的"打开"列表框中输入"regedit"，单击"确定"按钮打开注册表编辑器，找到 HKEY_LOCAL_MACHINE\SYSTEM\CurrentControlSet\Control\Session Manager\ 路径下的 PendingFileRenameOperations 键，右击删除该键值，即可不需要重新启动，继续软件安装。

1.3.2 TIA 博途 V18 软件组态和初步调试

TIA 博途是西门子发布的一款全集成自动化软件，它是采用统一的工程组态和软件项目环境的自动化软件。TIA 博途可对西门子全集成自动化中所涉及的所有自动化和驱动产品进行组态、编程和调试。在 TIA 博途项目中，系统存储了用户创建的自动化解决方案所生成的数据和程序。

1. 新建项目和硬件组态

（1）新建项目 在计算机桌面上，双击"TIA Portal V18"图标，启动软件，软件界面包括 Portal 视图和项目视图，两个视图界面都可以新建项目。

在 Portal 视图中，单击"创建新项目"，并输入项目名称、路径和

TIA 博途 V18
软件组态

作者等信息,如图 1-27 所示,然后单击"创建"按钮,即可生成新项目,并跳转到"新手上路",如图 1-28 所示。

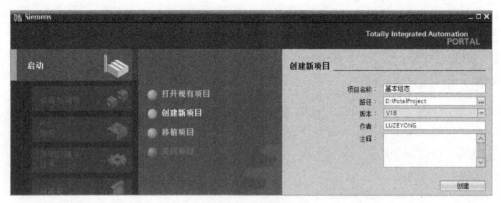

图 1-27 创建新项目

在项目视图中创建新项目,只需在"项目"菜单中选择"新建"命令后,"创建新项目"对话框随即弹出,之后创建过程与 Portal 视图中创建新项目一致。

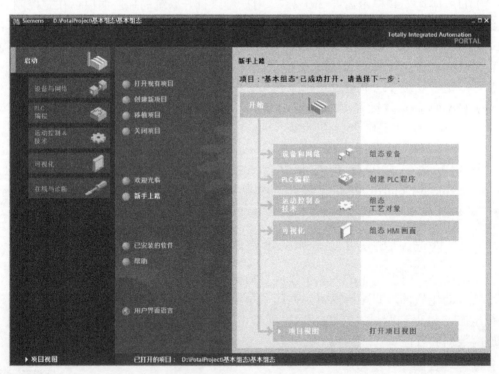

图 1-28 TIA 新手上路

(2)组态硬件设备 S7-1200 PLC 自动化系统需要对各硬件进行组态、参数设置和通信互联。项目中的组态要与实际系统一致,系统启动时,CPU 会自动监测软件的预设组态与系统实际组态是否一致,如果不一致会报错,此时 CPU 能否启动取决于启动设置。

下面将介绍在 Portal 视图中如何进行项目硬件组态，单击图 1-28 中的"组态设备"，软件弹出"显示所有设备"界面，如图 1-29 所示。

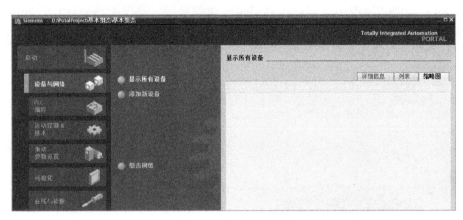

图 1-29　显示所有设备

单击"添加新设备"，弹出"添加新设备"界面，选择控制器，如图 1-30 所示。选择 SIMATIC S7-1200 CPU，如 6ES7 215-1BG40-0XB0，选择 CPU 的版本 V4.2（版本号的选择要根据模块的具体版本号；如不清楚版本号，可先选择较低版本号，之后在设备在线时进行更新即可），设置设备名称，如 PLC_1，单击"添加"按钮，完成新设备添加。

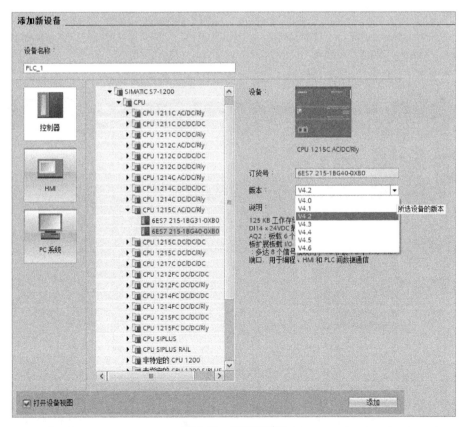

图 1-30　选择控制器

在添加完新设备后,与该设备匹配的机架(Rack_0)也会随之生成。S7-1200 PLC 的所有通信模块都配置在 CPU 左侧,最多 3 块,而所有信号模块都配置在 CPU 的右侧,最多 8 块,在 CPU 本体上可以配置最多一块信号板、通信板或电池板。如图 1-31 所示,图中 CPU 本体上配置了一块 CB1241,左侧配置一块 CM1241,右侧配置一块 DI16/DQ16×24VDC 信号模块。

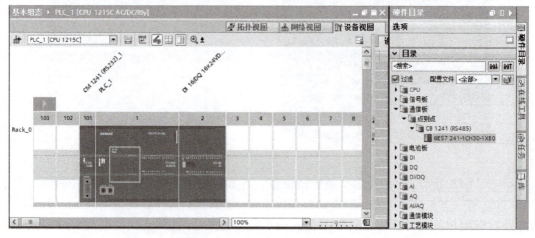

图 1-31　S7-1200 PLC 硬件组态

为了调试方便,可以先将硬件配置好,然后再将模块"拔出",如图 1-32 所示。单击 按钮选择显示/隐藏"拔出的模块"。这种情况一般是调试程序时,有时硬件只有 CPU,缺少其他扩展模块。若按工程实际下载,硬件配置与实际不符,CPU 报错。拔出的模块再重新插回插槽后,组态信息不变。

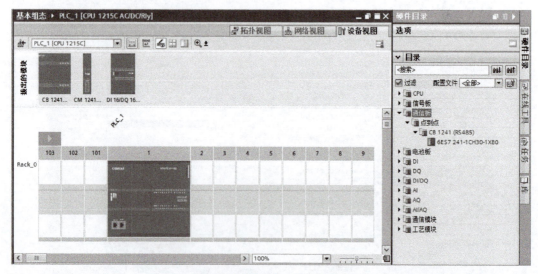

图 1-32　硬件组态:拔出的模块

2. 建立 TIA 博途 STEP 7 与 PLC 的连接

TIA 博途 STEP 7 与 PLC 之间的在线连接可用于对 S7-1200 PLC 下载或上传组态数

据、用户程序及如下其他操作：调试用户程序、显示和改变 PLC 工作模式、显示和改变 PLC 时钟、重置为出厂设置、比较在线和离线程序块、诊断硬件、更新固件等。

（1）用网线连接计算机和 PLC　S7-1200/1500 系列 PLC 均支持以太网通信，计算机、PLC、HMI（人机界面）等的一对一通信时不需要交换机，当两台以上的设备进行通信时，需要使用交换机实现网络连接（CPU 1215C 和 CPU 1217C 内置双端口交换机），既可以使用直连也可以使用交叉网线。图 1-33 所示为用网线将通信双方直接连接在一起。

建立 TIA 博途与 PLC 的连接

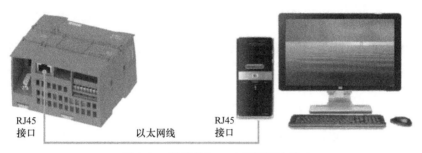

图 1-33　计算机与 PLC 的网线连接

（2）设置 IP 地址　要实现编程计算机和 PLC 的通信连接，需要双方的 IP（互联网协议）地址在同一网段内。S7-1200 PLC 在软件组态时默认的 IP 地址是 192.168.0.1，计算机的 IP 地址也应该在同一网段内，如设置为 192.168.0.10。由于我们是通过计算机的网卡和 PLC 通信的，因此要将计算机网卡的 IP 地址进行修改，如图 1-34 所示。

图 1-34　设置计算机的 IP 地址

❖ **计算机 IP 地址设置方法**：以 Windows10 系统为例，单击桌面左下角的开始按钮，找到"设置"图标，在弹出的"Windows 设置"窗口中单击"网络和 Internet"，项目树下有"以太网"选项，单击"以太网"，然后单击"更改适配器选项"，右击本机的网卡，单击"属性"，在弹出的"以太网属性"对话框中找到"Internet 协议版本 4（TCP/IPv4）"，按图 1-34 所示设置 IP 地址即可。

❖ **注意**：有的计算机有多块以太网卡，例如笔记本计算机一般有一块有线网卡和一块无线网卡，用"PG/PC 接口"下拉列表选择实际连接到 PLC 的网卡。

PLC 的 IP 地址设置在博途软件中完成。如图 1-35 所示，在硬件组态界面，单击 PLC 网卡，下方则出现"属性"界面，在"以太网地址"中修改 IP 地址为 192.168.0.5。

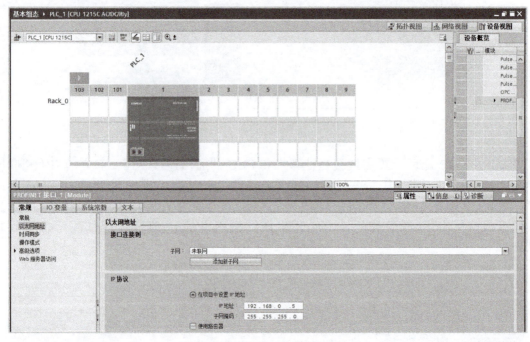

图 1-35　设置 PLC 的 IP 地址

3. 下载项目到 PLC

（1）编写测试程序　打开项目树中的"程序块"，双击打开"Main[OB1]"，在右侧"程序段 1"处输入一段简单的测试程序，即用开关 I0.0 控制输出 Q0.0，如图 1-36 所示。

程序编辑与下载测试

测试程序输入完成后，单击工具栏中的编译按钮 ![] 对程序进行编译，编译结果在编程界面的下方，如图 1-37 所示。

（2）下载 PLC 硬件组态和程序　组态好硬件和编写软件完毕后，可以尝试将硬件组态结果和程序下载到 PLC 中进行初步调试。首先接通 PLC 电源，在博途软件中单击项目树中的"PLC_1"，然后单击工具栏中的下载按钮 ![]，弹出"扩展下载到设备"对话框，如图 1-38 所示。"扩展下载到设备"的含义是带通信路径组态功能的下载方式。

在弹出的对话框中，可以选择下载的方式，如"PG/PC 接口"。这里我们选择计算机的有线网卡 1219-V。

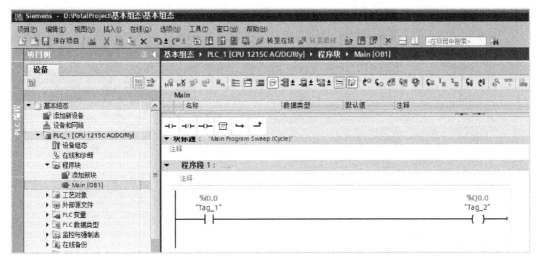

图 1-36　编写 PLC 测试程序

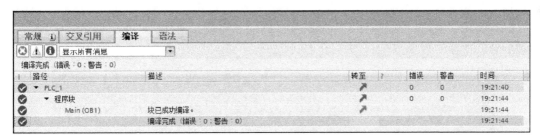

图 1-37　测试程序编译结果

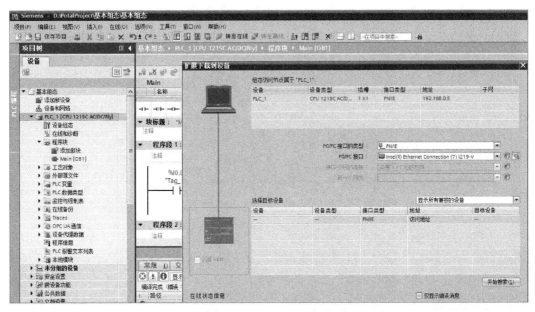

图 1-38　扩展下载到设备界面

单击"开始搜索"按钮,计算机会自动寻找 PLC 等兼容设备。如图 1-39 所示,已经找到了地址为 192.168.0.1 的 S7-1200 PLC。然后单击"下载"按钮,就可以执行下载操作了。

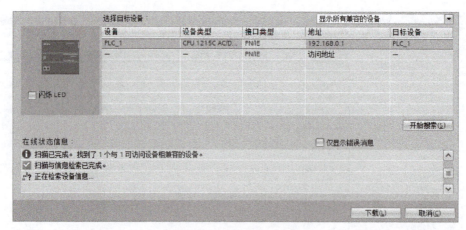

图 1-39　程序下载界面

如果该 PLC 之前被组态编辑过,那么在程序下载时,会提示是否删除原程序和组态,可选择"全部删除",然后单击"装载"按钮。下载结束后,弹出"下载结果"对话框,如图 1-40 所示,选择"启动模块"选择框,单击"完成"按钮,CPU 切换到 RUN 模式,RUN/STOP LED 灯变为绿色。

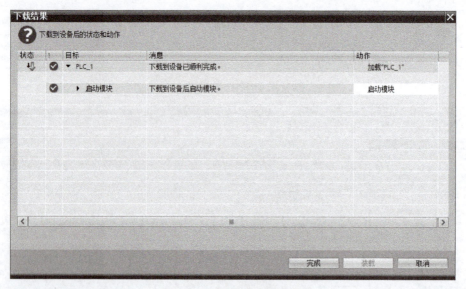

图 1-40　程序下载完成界面

❖ **注意**:如果 PLC 在之前用其他版本编辑过,比如博途 V17、V16 等,那么用 V18 下载时需要"升级目标设备"(下载时在弹出的对话框中勾选);一旦升级,该 PLC 就不能直接使用低版本软件对 CPU 进行编辑操作。此时,用户可在低版本博途软件(如 V17)中通过在线访问的方式对出厂设置进行"复位"操作,如图 1-41 所示。

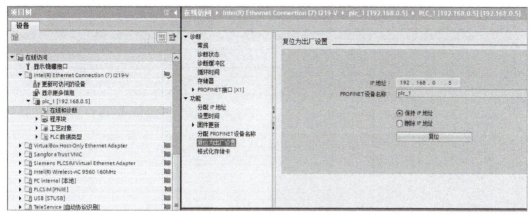

图 1-41　CPU 复位为出厂设置

4. 程序初步调试

假设我们已经完成了硬件接线，即按钮 SB1 接到 I0.0，灯 HL1 接到 Q0.0。接下来，通过博途软件的程序监视功能对 PLC 进行初步调试。首先在软件项目树中，重新双击打开"Main[OB1]"，单击工具栏中的在线监视按钮，监视程序的运行状况，如图 1-42 所示。

复位 PLC 为出厂设置操作

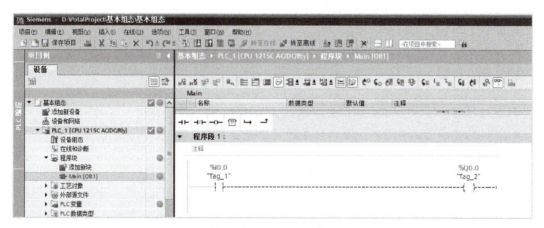

图 1-42　程序状态监控 1

程序段 1 中，实线部分（软件中为绿色）表示"能量流"导通，而虚线部分表示没有"能量流"。此时我们按下按钮 SB1，会发现程序的"I0.0"部分变为绿色导通状态，同时"Q0.0"输出也变成绿色导通状态，如图 1-43 所示。观察外接的灯泡 HL1 也亮了，这表示程序初步调试成功。

❖ **注意**：导致无法正常下载 PLC 程序的原因很多，比如硬件连接问题、IP 地址设置问题、组态固件版本与实际不一致、操作系统问题等，有时重新启动计算机就能够解决，有时需要根据提示信息进行排查。因此，我们在遇到问题和困难时不能轻易放弃，要有坚持不懈、勇于探索的工匠精神。

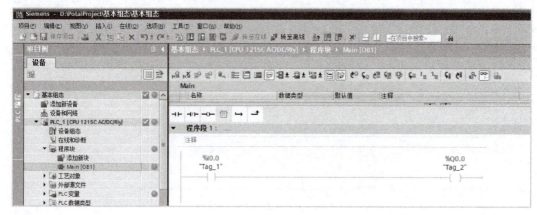

图 1-43　程序状态监控 2

1.4　职业技能训练 1：星 – 三角降压起动控制电路的设计与安装

专业知识目标
- 掌握 PLC 原理图设计的基本要点。
- 掌握 I/O 分配表的设计方法。
- 掌握星 – 三角降压起动 PLC 原理图设计方法。

职业能力目标
- 能根据工艺要求设计 PLC 接线图和 I/O 分配表。
- 能根据图样要求现场安装由数字量组成的单机控制系统。
- 能校验现场开关量输入 / 输出信号的连接是否正确。

素质素养目标
- 规范操作、注重质量和安全的职业素养。
- 一丝不苟、精益专注的匠心精神。

1. 任务要求

本训练任务要求设计电动机星 – 三角（丫– △）降压起动控制的 PLC 控制原理图及进行线路安装，即使用 S7-1200 PLC 实现三相异步电动机的丫– △降压起动控制。要求：按下起动按钮，电动机星形（丫）起动；起动结束后，电动机自动切换成三角形（△）运行；按下停止按钮，电动机停止运行。起动和运行时有相应的指示灯，并有保护措施。

2. 任务分析

三相异步电动机的丫– △降压起动控制是电气控制课程中的一项重点内容。容量较大的异步电动机起动时会产生较大的起动电流，因此需要采取降压起动的方式对起动电流进行限制，而丫– △降压起动是一种较为常用的起动方法。图 1-44 所示为丫– △降压起动的电气原理图。

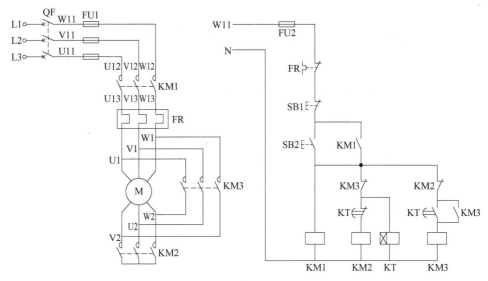

图 1-44 Y-△降压起动电气原理图

我们来回顾一下Y-△降压起动的基本原理：

首先要将主电路和控制电路分开分析。我们看主电路，当 KM1 与 KM2 闭合的时候电动机为星形联结，当 KM1 与 KM3 闭合的时候为三角形联结。所以可得知 KM1 接触器为主接触器、KM2 为星形接触器、KM3 为三角形接触器。

控制电路的分析如下：SB2 为起动按钮、SB1 为停止按钮、KT 为时间继电器。当按下 SB2 时，KM1 交流接触器线圈、KM2 交流接触器线圈与 KT 时间继电器线圈同时得电，那么此时电动机为星形降压起动。当延时一段时间后，时间继电器常闭触头断开，切断 KM2 交流接触器线圈的同时，触发接通 KM3 交流接触器线圈，此时电动机为三角形全压运行。

3. 任务实施

经过任务分析，我们理清了该电路的工作原理，接下来要对以上电气控制电路进行"改造"。主电路保持不变，需要将控制电路部分修改为 PLC 控制方式。首先需要将控制系统的输入、输出元件进行整理，即设计 I/O 分配表。其次将输入、输出元件接入 PLC 端子，完成 PLC 接线图的绘制。

（1）I/O 分配表设计　根据任务分析，控制系统的输入元件包括起动按钮 SB2、停止按钮 SB1 和热继电器输入 FR；输出元件包括主接触器 KM1、星形接触器 KM2 和三角形接触器 KM3。

下面请读者在表 1-4 中设计补充完成本训练任务的 I/O 分配表。

表 1-4 Y-△降压起动控制 I/O 分配表

输入		输出	
输入地址	说明及符号	输出地址	说明及符号
I0.0		Q0.0	
I0.1		Q0.1	

(续)

输入		输出	
输入地址	说明及符号	输出地址	说明及符号
I0.2	热继电器 FR	Q0.2	
		Q0.5	星形起动指示
		Q0.6	三角形起动指示

（2）PLC 控制原理图设计　根据控制电路图、任务控制要求及表 1-4 所示的 I/O 分配表，请读者在图 1-45 中设计补全 PLC 控制原理图，注意 PLC 数字量输出端加入硬件互锁。

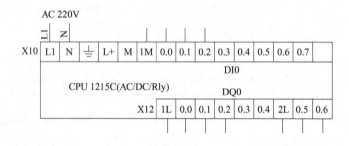

图 1-45　Y-△降压起动 PLC 控制原理图（需补全）

（3）安装接线　PLC 的正确接线是 PLC 发挥控制功能的前提条件，熟练地掌握 PLC 输入端口和输出端口的接线是每一个电气作业人员必须掌握的职业技能。PLC 安装接线完成后为以后的程序控制奠定硬件基础。PLC 安装接线的要求如下：

① 接线图的要求：接线图应能准确、完整、清晰地反映系统中所有电气元器件之间的连接关系，正确指导和规范现场生产和施工，为系统的安装、调试和维护提供帮助。

② 线号的要求：施工接线前，为每根电缆、电线两端装配线号管，上面注明线缆的标号，以利于之后检查和排查故障。

③ 控制柜内部连接要求：首先应按图施工，其次 PLC 连接线的布局必须合理、规范，以减少和消除线路中的干扰，提高可靠性。不同电压、不同类型的信号线，或电源线和信号线，应尽量避免连接在同一端子板和同一连接器上；当不可避免时，应通过备用端子和备用引脚进行隔离，以防止连接线之间短路，减少线路之间的相互干扰。系统的接地系统必须完整、规范、合理，连接线应有足够的线径，设备各控制部分应采用独立的接地方式，不能使用公共接地线。

④ 控制柜外部连接要求：电气柜与设备之间的连接电缆、导管和线槽必须用安装螺

钉、软管接头、管夹等部件固定好。出柜电缆不能裸露,应安装电缆螺旋接头予以保护。

4. 任务评价

在强化知识和技能的基础上,任务评价以 PLC 职业资格能力要求为依据,帮助读者建立 PLC 控制系统设计的基本概念和工程意识。设计安装完成后,由各组间互评并由教师给予总评。

(1)检查内容

1)检查 PLC 原理图、I/O 分配表等是否齐全。

2)检查原理图的设计是否正确、规范。

3)检查线路安装情况,是否存在错误或安全隐患。

(2)评价标准(见表 1-5)

表 1-5 PLC 原理图设计与安装任务评价表

评价内容	评价点	评分标准	分数	得分
原理图设计	图样符合电气规范且完整	设计不完整、不规范,每处扣 2 分 图样存在设计错误,每处扣 5 分	30	
I/O 分配表	准确、完整,与原理图一致	分配表不完整,每处扣 2 分	10	
标记线号	每根线缆均装配有线号管	标记线号漏标、错标,每处扣 2 分	10	
线路安装	线路安装符合规范	未按图施工接线,每处扣 5 分	20	
线路布局	线路布局美观,符合接线要求	线路不走线槽、不美观,每处扣 5 分	10	
线路质量	线路质量安全可靠	接点松动、螺钉紧固较松,每处扣 2 分 损伤导线绝缘,每处扣 5 分	10	
职业素质素养	团队合作、创新意识、安全等	过程性评价、综合评估	10	
合计			100	

5. 拓展任务

实训完成后,分组总结实训中要注意的操作规范、安全规范、6S 管理等,并上网搜索我国制造业大国工匠李刚的事迹,学习其精益求精、认真负责的工匠态度。

【扩展知识】 PLC 线路安装连接与通电前检测

1. 线路安装连接原则

在进行 PLC 线路安装接线时,要注意以下几个方面:

1)严格按照 PLC 原理图进行安装接线操作和合理布线。

2)在线槽内走线,线槽外的布线要合理美观,横平竖直,避免交叉。

3)布线时,电线电缆不可损伤绝缘层,导线和接线端子连接时注意压紧,避免露铜。

4)用于连接的导线需套线号管,编号时线号管上文字方向保持一致。

2. PLC 控制柜柜内电线颜色通用建议标准

1)交流 380V 电源的相线符号分别为 L1、L2 和 L3,对应颜色为黄、绿、红,中性线 N 为淡蓝色,中性保护导体 PEN 为绿/黄双色线。

2）交流220V电源的相线L通常为红色线，零线N通常为黑色线。

3）直流24V电源的正极L+通常为棕色线，负极M通常为蓝色线。

4）控制导线的颜色可以由施工方按自己的规定来确定，一般PLC的I/O信号线建议用黑色线，或者输入信号线采用绿色线，输出信号线采用黄色线。

5）采用直流24V供电的三线制变送器一般规定棕色线为正极，蓝色线为负极，黑色线为信号线；两线制变送器则采用棕色线代表供电电源正极，蓝色线代表信号线，具体可查阅变送器的说明书。

3. 控制（台）柜安装配线部分检查的主要内容和步骤

系统电气控制台（柜）安装配线完成后，首先必须进行通电前的检查工作。

PLC安装线路的检查方法

1）检查布线。根据电气原理图、接线图等检查是否存在掉线、错线，是否漏编、错编线号，接线是否牢固等。

2）电源的检查。以"职业技能训练1：星-三角降压起动控制电路的设计与安装"为例，此电路有三种电压等级：AC 380V、AC 220V、DC 24V。所以首先用万用表的高阻档检查三相之间、相与N之间、相与L+之间、相与M之间阻值是否在合理范围内。用万用表检查PLC的供电电源之间及PLC输出电源的L+与M之间的阻值是否合理。

3）输入、输出电路检查。按照电气原理图从主电路到控制电路，用万用表低阻档依次检查各个线号连接是否正确。

4）同线号是否并联到一起，比如N、L+、M等。

通电前的检查对于系统的调试运行非常重要，要求我们在通电前要确保电路安全，尤其是不能出现短路故障。在进行检查时，我们要树立安全意识、规则意识，一丝不苟地完成各项通电前的准备工作。

1.5 知识技能巩固练习

一、简答题

1. PLC控制与继电器-接触器控制比较，有哪些优点？
2. 简述PLC的扫描工作过程。
3. S7-1200的硬件主要由哪些部件组成？
4. 计算机与S7-1200通信时，怎样设置网卡的IP地址和子网掩码？

二、绘图题

1. PLC接线图绘制练习：接近开关是现场常用的输入设备，如图1-46所示。现场有两只PNP型接近开关要接入CPU 1215C（AC/DC/Rly）数字量输入端，一只接近开关为二线制，另一只为三线制，请问如何接线？请在图1-47中补全接线图（图中，BK为黑色线，BN为棕色线，BU为蓝色线）。

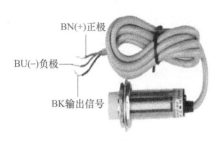

图 1-46 三线制接近开关

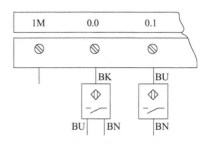

图 1-47 接近开关与 PLC 的连接

2. PLC 接线图绘制练习：将三相异步电动机多地控制电路（见图 1-48）修改为 PLC 控制方式，绘制 PLC 接线图。要求：1）制作 I/O 分配表。2）绘制 PLC 接线图。注：PLC 选型为 CPU 1215C AC/DC/Rly。

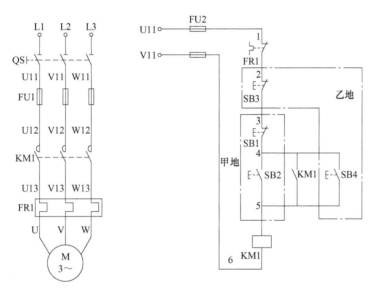

图 1-48 电动机多地控制电气原理图

3. 参照系统手册中的 SB1223 2DI/2DO 信号板接线图，将 1 个按钮、1 个行程开关和 2 个 DC 24V 灯泡接入该模块，绘制接线图。

三、上机练习题

1. TIA 博途软件硬件组态练习：使用博途软件，创建名称为"硬件组态"的项目，PLC 硬件选型为 CPU 1215C DC/DC/DC（订货号为 6ES7 215-1AG40-0XB0）。IP 地址设置为 192.168.1.21。在"设备组态"窗口为 PLC 添加 3 个通信模块：

1) CM 1241（RS422/485），订货号为 6ES7 241-1CH32-0XB0。

2) CM 1243-5，订货号为 6GK7 243-5DX30-0XE0。

3) 标识系统 RF120C，订货号为 6GT2 002-0LA00。

再为 PLC 添加 2 个信号模块：

1) SM 1223 DI8×120VAC/DQ8×继电器，订货号为 8×120VAC/DQ 8×Relay。

2) SM 1234 AI4/AQ2，订货号为 6ES7 234-4HE32-0XB0。

组态完成后的结果如图 1-49 所示。

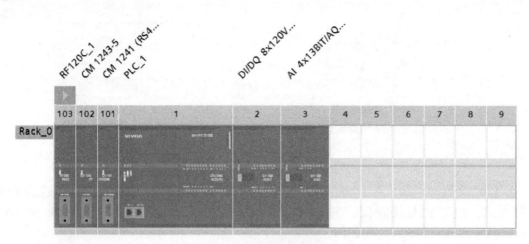

图 1-49　硬件组态练习

2. 使用 TIA 博途软件，创建名称为"组态练习"的项目，PLC 硬件选型为 CPU 1214C DC/DC/Rly（订货号为 6ES7 214-1HG40-0XB0）。在"Main[OB1]"中输入用户程序，参考图 1-36。

3. 使用 TIA 博途软件的在线与诊断功能将 PLC 复位为出厂设置，并删除 IP 地址。

第 2 章　S7-1200 PLC 程序设计基础

工业场景应用需求驱动 PLC 技术持续迭代升级，而 PLC 编程语言经过标准化使得所有 PLC 使用相同的概念，平台程序可以互相移植，从而整体降低了自动控制系统的维护成本。

PLC 编程语言不同于高级语言和汇编语言，必须满足易于编写和调试的要求。可以说，"编程"是 PLC 课程的重点，也是课程的难点。我们在学习 PLC 编程的过程中要不断养成迎难而上、敢于挑战的品格，才能掌握 PLC 程序设计的关键技术和能力。

本章是 PLC 程序设计的基础部分，主要介绍西门子 S7-1200 PLC 的编程语言类型、数据类型、数据存储区、用户程序的编写与调试、模块属性的设置等。通过本章的学习和实践，应努力达到如下目标：

知识目标

① 了解 PLC 编程语言的国际标准和类型。
② 理解常开、常闭触点，线圈等概念以及 PLC 程序逻辑解算过程。
③ 理解和掌握西门子 S7-1200 PLC 存储区与寻址相关规定。
④ 掌握西门子 S7-1200 PLC 常见的数据类型和基本应用。
⑤ 掌握西门子 S7-1200 PLC 用户程序编写和调试的基本过程。

能力目标

① 能够区分 PLC 各种编程语言，并合理选择编程语言。
② 能够根据程序设计要求选择正确的数据类型。
③ 能够使用 PLC 编程软件进行硬件组态和程序设计。
④ 能用 STEP 7 软件进行程序的调试。
⑤ 能正确设置 PLC 模块的相关属性参数。

素养目标

① 培养攻坚克难、勇于挑战、不断进取的精神。
② 养成严谨、细致、乐于探索实践的职业习惯。
③ 养成打牢基础、谨慎思维的职业素养。
④ 从被动学习状态转变到主动探索学习中，不断进步。

2.1 PLC 的编程语言

PLC 的编程语言与一般计算机语言相比具有明显的特点，它既不同于一般高级语言，也不同于一般汇编语言，它既要易于编写又要易于调试。目前，PLC 为用户提供了多种编程语言，以适应用户编写程序的需要。

IEC 61131 标准是 IEC（国际电工委员会）制定的 PLC 标准，第三部分 IEC 61131-3 是关于 PLC 编程语言的标准。IEC 61131-3 标准详细说明了句法、语义和五种编程语言，包括图形化编程语言和文本化编程语言。

图形化编程语言包括梯形图（Ladder Diagram，LAD）、功能块图（Function Block Diagram，FBD）、顺序功能图（Sequential Function Chart，SFC）。

文本化编程语言包括指令表（Instruction List，IL）和结构化文本（Structured Text，ST）。

在 PLC 控制系统设计中，不同的 PLC 编程软件对以上五种编程语言的支持种类是不同的。S7-1200 PLC 主要使用梯形图（LAD）、功能块图（FBD）和结构化控制语言（SCL）⊖ 这三种编程语言。

2.1.1 梯形图（LAD）

梯形图语言是 PLC 程序设计普遍采用的编程语言。梯形图语言是从继电器控制系统电气原理图的基础上演变而来，与继电器控制系统设计思想是一致的，只是在使用符号和表达方式上有一定区别。图 2-1 所示是一个电动机"起保停"控制的梯形图程序，与图 2-2 所示继电器控制电路相呼应。

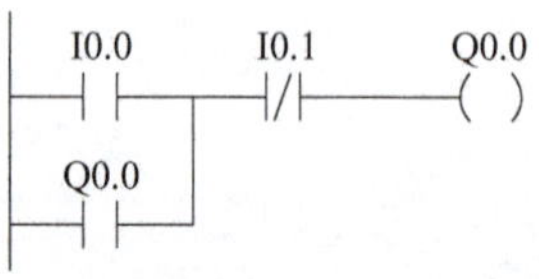

图 2-1　电动机"起保停"控制的梯形图 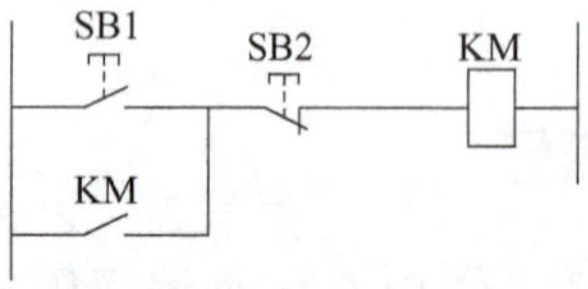　　图 2-2　电动机"起保停"继电器控制电路

由图 2-1 和图 2-2 可见，两者的结构形式非常相似，控制功能相同，但它们的表达方式有一定区别。PLC 的梯形图在编程环境中创建，使用的是内部编程元件，如内部继电器、定时器、计数器以及很多程序功能块，使用方便、修改灵活，这些特点是继电器电路硬接线无法比拟的。

1. 梯形图的格式

梯形图最初是 PLC 用软元件逻辑连接的形式来模拟继电器控制系统的编程方法，这也是从长期实践过程中总结出的一种创新形式，易于工程人员接受。梯形图主要由触点、线圈或程序功能块等构成，如图 2-3

梯形图程序的执行过程

⊖ 结构化控制语言（SCL）属于结构化文本（ST）。

所示。梯形图左、右垂直线类似于继电器控制系统的左、右电源线，被称为左母线和右母线（TIA 博途中省略了右母线）。梯形图程序结构上分段且呈梯级形式。

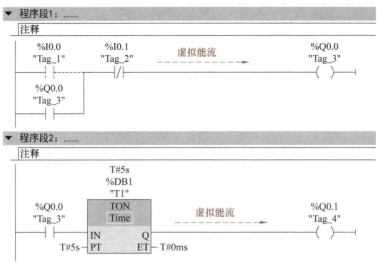

图 2-3　PLC 梯形图编程案例

左母线可视为提供"能量"的母线。触点闭合后，对应的元件可使能量流过，直到下一个元件；触点断开，则会阻止能量流过。这种能量流，可称为"虚拟能流"或"能流"。读者可参考第 1 章中的图 1-42 和图 1-43 进行对比。

2. 梯形图的逻辑解算

分析和编写梯形图程序的关键是梯形图的逻辑解算。逻辑解算是根据梯形图中各触点的状态和逻辑关系，推导出与图中各线圈对应的编程元件的状态。梯形图中逻辑解算是按从左至右、从上到下的顺序进行的。解算的结果，马上可以被后面的逻辑解算所利用。逻辑解算是根据输入映像寄存器中的值，而不是根据解算瞬时外部输入触点的状态来进行的。

梯形图程序的逻辑解算

【**实例 2-1**】当图 2-4 中 I 点都为"1"时，Q0.2 和 Q1.2 各为何值？

【**解**】解算时，假想一个"能流"可以通过被激励（ON）的常开触点和未被激励（OFF）的常闭触点自左向右流。"能流"在任何时候都不会通过触点自右向左流。

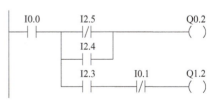

图 2-4　梯形图解算实例

常开触点 ─┤├─ 上面地址为"1"时，该点导通；而常闭触点 ─┤/├─ 是对其上方地址状态的取反。本实例中，当所有 I 点都是 1 时，"能流"经过 I0.0 和 I2.4 使 Q0.2 导通（Q0.2=1）；而由于当 I0.1 为 1 时，取反后为 0，因此 Q1.2 不会导通（Q1.2=0）。因程序中无跳转指令，则程序执行到最后，下一次扫描循环又从头重新开始执行。

程序的逻辑解算蕴涵朴素辩证逻辑思想，如黑格尔的有、无、变三段式，"有"是规定性的纯有，"无"是没有内容没有规定的纯无，而"变"则是两者的结合，恰如逻辑解算中的 1、0 变化。梯形图的逻辑解算是有严密的数学演变规律，这种演变规律就是科学的数学推演法。我们在学习过程中要细细体会、深入理解和思考。

2.1.2 功能块图（FBD）

功能块图是一种类似于数字逻辑门电路的编程语言。该编程语言用类似于"与门""或门"的方框来表示逻辑运算关系。方框的左侧为逻辑运算的输入变量，右侧为输出变量，输入、输出端的小圆圈表示"非"运算，方框被"导线"连接在一起，信号自左向右流动。图 2-5 所示为功能块图示例，它与图 2-1 所示梯形图的控制逻辑相同。

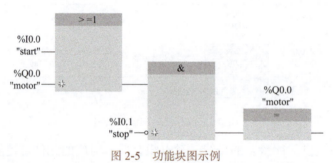

图 2-5 功能块图示例

2.1.3 结构化控制语言（SCL）

结构化控制语言（SCL）是一种基于 PASCAL 的高级编程语言，语言编程结构和 C 语言相似，特别适合习惯于使用高级语言编程人员使用。SCL 符合国际标准 IEC 61131-3。SCL 除了包含 PLC 的典型元素（例如输入、输出、定时器或存储器）外，还包含高级编程语言中的表达式、赋值运算和运算符，如图 2-6 所示。SCL 提供了简便的指令进行程序控制，例如创建程序分支、循环或跳转等。SCL 尤其适用于复杂运算功能、数据管理、过程优化、配方管理和数学计算、统计等应用领域。

```
        IF... CASE... FOR... WHILE... (*...*) REGION
           OF... TO DO... DO...

 1  IF #UNIT_START_SIG THEN
 2       #KV_KM := 1;
 3  END_IF;
 4  #T1(IN := #UNIT_START_SIG,
 5       PT := T#5S);
 6  IF #T1.Q THEN
 7       #COOL_PUMP := 1;
 8       #COOL_TOWER := 1;
 9  END_IF;
10  #T2(IN := #UNIT_START_SIG ,
11       PT := T#10s);
12  IF NOT #T2.Q THEN
13       #KV_KM := 0;
14       #COOL_PUMP := 0;
15       #COOL_TOWER := 0;
16  END_IF;
```

图 2-6 SCL 程序语句示例

2.2 S7-1200 PLC 的存储区与寻址

2.2.1 PLC 编程地址的概念

前文中，我们通过 TIA 博途软件编写了几段简单的 PLC 程序，其中使用到了一些编程元件和地址，如"I0.0""I0.1""Q0.0"等。在梯形图中，地址往往出现在编程元件的上方，是程序运算和解算的"元素"；程序运算执行依据的就是地址当前的值。

PLC 编程地址的概念

如图 2-7 所示，按钮 SB1 接到 PLC 的输入端 I0.0 上；I0.0 就是一个输入地址，这个地址直接参与程序中的运算。I0.0 的状态有"1"和"0"，完全由按钮 SB1 接通或断开来决定。"SB1"可以称为"符号"，对应的地址是 I0.0。同理，图中 Q0.0 是一个输出地址，连接到接触器线圈 KM1 上，而 Q0.0 的状态决定了 KM1 接通或者断开。

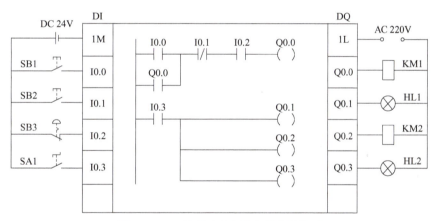

图 2-7 PLC 编程地址与输入输出的关系

PLC 的地址是用来指定用户访问数据的目的地，此目的地通常以<u>存储区域+编号</u>的形式出现，掌握存储区类型、访问方式及地址的分配规则后才能熟练应用编程地址进行用户程序的设计。PLC 的寻址访问方式也间接地启发我们，做任何事情都要树立目标意识、规则意识，才能更好地为实现目标而服务。

本例中出现的地址存储区域有输入"I 区"和输出"Q 区"，都属于<u>系统存储区</u>。此外 S7-1200 PLC 常用的地址存储区域还有位存储"M 区"、数据块（DB）以及本地或临时存储器 L 等，在之后的章节中会详细介绍。

2.2.2 S7-1200 PLC 的存储区

1. 物理存储器

S7-1200 CPU 提供了以下用于存储用户程序、数据和组态的存储区：

（1）装载存储器　装载存储器用于保存逻辑块、数据块和系统数据。下载程序时，用户程序下载到装载存储器。在PLC上电时，CPU把装载存储器中的可执行部分复制到工作存储器。而PLC断电时，需要保存的数据自动保存在装载存储器中。

（2）工作存储器　工作存储器是易失性存储器，用于在执行用户程序时存储用户项目的特定数据。CPU会将这些数据从装载存储器复制到工作存储器中。该易失性存储区将在断电后丢失，而在恢复供电时由CPU恢复。

（3）保持性存储器　具有断电保持功能的保持性存储器用来防止在PLC电源关断时丢失数据，暖启动后保持性存储器中的数据保持不变，存储器复位时，其值被清除。例如，CPU 1214C集成了2048B的保持性存储器。断电时组态的工作存储器的值被复制到保持性存储器。电源恢复后，系统将保持性存储器保存的断电前工作存储器的数据，恢复到原来的存储单元。

> ❖ 注：西门子S7-1200系列CPU由于内置了装载存储器，因此可以在没有SIMATIC存储卡的情况下运行；而S7-1500系列CPU没有内置装载存储器，因此必须插入SIMATIC存储卡才能运行。

2. 系统存储区

系统存储区是CPU为用户提供的存储组件，用于存储用户程序的操作数据。CPU提供了以下几个选项，用于在执行用户程序期间存储数据：

1）全局存储区：CPU提供了多种专用存储区（即全局存储区），其中包括输入（I）、输出（Q）和位存储器（M）。所有代码块可以无限制地访问这些存储区。

2）PLC变量表：在PLC变量表中，可以输入特定存储单元的符号名称。这些变量在STEP 7程序中为全局变量，并允许用户使用应用程序中有具体含义的名称对其命名。

3）数据块（DB）：用户可以创建数据块（DB）以存储代码块的数据。从相关代码块开始执行一直到结束，存储的数据始终存在。全局DB存储所有代码块均可使用的数据，而背景DB存储特定函数块（FB）的数据并且由FB的参数进行构造。

4）临时存储器：只要调用代码块，CPU的操作系统就会分配要在执行块期间使用的临时或本地存储器（L）。代码块执行完成后，CPU将重新分配本地存储器，以用于执行其他代码块。

CPU系统存储区的划分见表2-1。

表2-1　CPU系统存储区的划分

存储区	描述	强制[①]	保持[②]
过程映像输入I	在扫描循环开始时，从物理输入复制到过程映像输入表	×	×
物理输入I_:P	立即读取CPU、SB和SM上的物理输入点	√	×
过程映像输出Q	在扫描循环开始时，将过程映像输出中的值复制到物理输出	×	×
物理输出Q_:P	立即写入CPU、SB和SM上的物理输出点	√	×

(续)

存储区	描述	强制[1]	保持[2]
位存储器 M	用于存储用户程序的中间运算结果或标志位	×	√
临时局部存储器 L	块的临时局部数据，只能供块内部使用	×	×
数据块 DB	数据存储器，同时作为 FB 的参数存储器	×	√

[1] 强制：可在软件中强行改变变量的状态，而不需要外部动作触发，如外设输入和外设输出。
[2] 保持：当 PLC 断电或重启时，这些数据将会被保存在保持性存储区中，从而在下次上电时能够恢复到断电前的状态。

2.2.3 S7-1200 PLC 的寻址

1. S7-1200 PLC 存储数据的方式

西门子 S7-1200 PLC
数据的存取

在学习 PLC 寻址方式之前，我们先了解一下 S7-1200 PLC 具体如何存储数据。

PLC 从本质上讲是一台小型计算机。在计算机内部，数据都是以"0""1"二进制形式存储的，最小的存储单元是一个字节（Byte），如图 2-8 所示。1 个字节由 8 个 bit（位）组成，1bit 就是 1 个存储元，也是最小的存储单位。存储元内部结构是由门电路构成的锁存器或触发器，存储元为高电平（如 +5V）时，存储状态为"1"；存储元为低电平（如 0V）时，存储状态为"0"。

bit7	bit6	bit5	bit4	bit3	bit2	bit1	bit0
1	0	1	1	0	1	0	1

图 2-8　一个字节存储单元

S7-1200 PLC 的存储区（如 I 区、Q 区和 M 区等）以字节为基本单位，连续两个字节构成一个字（Word），两个字构成一个双字（Dword）。存储区的结构如图 2-9 所示。

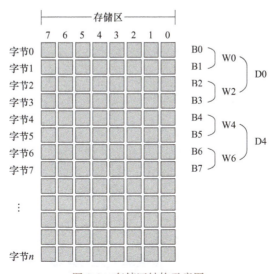

图 2-9　存储区结构示意图

PLC 中每个存储单元都有唯一的地址（绝对地址）。用户程序利用这些地址访问存储单元中的信息。绝对地址的编址由三部分构成：

[存储区标识符]+[要访问的数据区大小]+[数据的起始地址]

1）存储区标识符：如 I、Q 或 M。
2）要访问的数据区大小："B"表示字节，"W"表示字，"D"表示双字。
3）数据的起始地址：如字节 0。

例如地址 IB2，代表存取的是 I 区，访问编号为"2"的 1 个字节数据；又如 MD4，代表存取的是 M 区，访问从编号"4"开始的连续 4 个字节，即 1 个双字的区域。相似的地址表示方式有 IB0、QW2、MW4、MD100 等；而访问布尔值地址中的位时，不要输入数据区大小，仅需输入数据的存储区、字节位置和位位置（如 I0.0、Q0.1 或 M3.4）。

❖ **注意**：使用绝对地址存取数据时，访问的地址要独立不要"重叠"。如程序 1 读写了数据区 MD0，使用下一个地址的时候不能使用 MD1、MD2 和 MD3；因为 MD0 包括了从 MB0 开始的连续 4 个字节：MB0、MB1、MB2、MB3；如果下一个地址使用了 MD1，虽然程序不会报错，但是 MD1 这个地址包括了 MB1、MB2、MB3、MB4，这样 MD1 和 MD0 有 3 个字节是重叠的，访问时会造成读写错误。

【实例 2-2】理解 PLC 的数据存储：如果 MD0=16#1F，那么，MB0、MB1、MB2、MB3，以及 M0.0 和 M3.0 中的数值分别是多少？

【解】S7-1200 CPU 数据区 MD0 由 MB0、MB1、MB2 和 MB3 四个字节组成，MB0 为高字节，而 MB3 为低字节；字节、字和双字的起始地址和构成如图 2-10 所示。

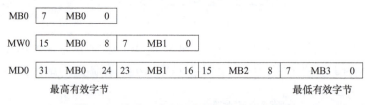

图 2-10　字节、字和双字的起始地址与构成

由图 2-10 可知，如果 MD0=16#1F，则四个字节对应存储数据为 MB0=0，MB1=0，MB2=0，MB3=1F；而 M0.0=0，M3.0=1。西门子 PLC 的这种存储结构不同于三菱 PLC，读者遇到使用三菱 PLC 的情况可自行学习，并注意区分和使用。

2. 系统存储区的寻址

（1）输入过程映像存储器 I　在 PLC 每次扫描周期开始的时候，CPU 对物理输入点进行采样，并将采样值写入输入过程映像存储器。可以用位（bit）、字节（Byte）、字（Word）、双字（Dword）来存取输入区 I 中的数据，如 I0.0、IB0、IW0、ID0。在地址或变量后面加上"：P"后，就可以立即访问外设输入。

❖ **注**：输入 I 区还可以在联网通信时作为本机接收数据区域使用，如使用 IW300 接收另外一台 PLC 发送的数据。使用时，区域编号要避开物理输入点所占用的地址。

（2）输出过程映像存储器 Q 在 PLC 每次扫描周期结束的时候，CPU 将输出过程映像存储器中的数值复制到物理输出点上。可以用位（bit）、字节（Byte）、字（Word）、双字（Dword）来存取输出区 Q 中的数据。尤其注意的是，在使用输出 Q 的时候需要注意避免双线圈输出的情况（见实例 2-3）。

通过给输出点的地址附加":P"，如 Q0.1:P 或者"run:P"，可以立即写 CPU、信号板和信号模块的数字量输出和模拟输出。因为数据被立即写入目标点，而不是从最后一次刷新的过程映像存储器输出传送给目标地址，因此这种访问被称为"立即写"访问。

> ❖ 注：输出 Q 区还可以在联网通信时作为本机向外发送数据区域使用，如使用 QW500 向另外一台 PLC 发送数据。使用时，区域编号要避开物理输出点所占用的地址。

（3）位存储区 M 位存储区 M 既不能接收外部输入信号，也不能驱动外部负载，它是属于内部的软元件。位存储区主要用来存储程序运算的中间操作状态或数据，可以按位、字节、字、双字的形式进行访问。M 区的数据可以在全局范围内进行访问，不会因为数据块调用结束而被系统收回。但要注意的是，默认情况下 M 区的数据在断电后无法保存，若需要保存该数据，需将该数据设置成断电保持。

【实例 2-3】使用位存储区解决双线圈输出问题：假如两个驱动条件都要驱动 Q0.0，如图 2-11 所示，程序中出现两个 Q0.0 输出线圈，运行时 Q0.0 只按最后一条的输出状态进行输出。

【解】为了避免这种情况，我们可以分别引入两个位存储器地址 M3.0 和 M3.1，然后将这两个位存储器并联再输出 Q0.0，就可以避免双线圈的问题了，如图 2-12 所示。

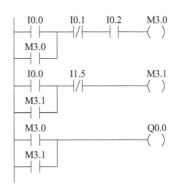

双线圈输出冲突与解决

图 2-11　双线圈输出程序示例　　图 2-12　用位存储区解决双线圈输出问题

（4）数据块（DB） DB 存储器用于存储各种类型的数据，其中包括操作的中间状态或 FB 的其他控制信息参数，以及许多指令（如定时器和计数器）所需的数据结构。可以按位、字节、字或双字访问数据块存储器。

DB 位访问格式为：DB[数据块编号].DBX[字节地址].[位地址]，例如 DB1.DBX3.5。

DB 字节、字、双字访问格式为：DB[数据块编号].DB[区域大小][起始地址]，例如DB1.DBB2、DB1.DBW4或DB1.DBD10。

（5）临时存储器L　临时存储器L用于存储代码块被处理时使用的临时数据。临时存储器L类似于位存储器M，区别在于M存储器是全局的，L存储器是局部的。也就是说在OB、FC、FB的接口区生成的临时变量只能在生成它的代码块中使用，不能与其他代码块共享。临时存储器只能通过符号寻址。

2.3 数据类型

数据类型（Data type）是数据在PLC（计算机）中的组织形式，它包含了数据的长度及数据所支持的操作方式（支持哪些指令）。编程时给变量指定数据类型后，编译器会给该变量分配一定长度的内存并明确该变量的操作方式。

S7-1200 PLC的数据类型主要包括基本数据类型、复杂数据类型、PLC数据类型（UDT）、VARIANT、系统数据类型、硬件数据类型。此外，当指令要求的数据类型与实际操作数的数据类型不同时，还可以根据数据类型的转换功能来实现操作数的正确输入。

2.3.1 基本数据类型

不同厂商的PLC对数据类型的支持可能会略有不同，但是基本数据类型几乎相同；不仅仅是PLC编程，在计算机高级语言编程中，基本数据类型也基本相同。

1. 位和位序列

位数据类型为Bool（布尔）型，位序列数据包括字节型（Byte）、字型（Word）和双字型（Dword）。TIA博途软件的位和位序列数据类型见表2-2。

表2-2　位和位序列数据类型

变量类型	符号	位数	取值范围	说明
位	Bool	1	1, 0	位变量，I0.1, DB1.DBX2.2
位序列	Byte	8	16#00 ~ 16#FF	占1字节，16#12, MB0, DB1.DBB2
	Word	16	16#0000 ~ 16#FFFF	16#ABCD, MW0, DB1.DBW2
	DWord	32	16#00000000 ~ 16#FFFFFFFF	16#02468ACE, DB1.DBD2

位数据类型长度为1位，两个取值True/False（真/假），对应二进制数中的"1"和"0"，用来表示数字量（开关量）的两种不同的状态，如触点的接通和断开，线圈的通电和断电等。

位序列数据类型占用内存空间大小不同，其常数通常用十六进制数表示；程序中可对位序列类型数据进行移位、取反或其他逻辑运算，如按位与、或、异或等。

2. 整数

整数（Int）数据类型长度有8、16、32位，又可分为带符号整数和无符号整数两种。S7-1200 PLC有6种整数数据类型供用户使用，见表2-3。带有U标识的为无符号整数，不带U的均为有符号整数。有符号整数最高位为符号位，1代表负数，0代表正数，有符号整数用补码表示，正数的补码是其本身，将一个正数对应的二进制位的各位数求反码后加 1，可以得到绝对值与它相同的负数的补码。

表 2-3 整数数据类型

变量类型	符号	位数	取值范围	说明
整数	SInt	8	−128 ~ 127	占 1B
	Int	16	−32768 ~ 32767	占 2B
	DInt	32	−2147483648 ~ 2147483647	占 4B
	USInt	8	0 ~ 255	占 1B
	UInt	16	0 ~ 65535	占 2B
	UDInt	32	0 ~ 4294967295	占 4B

3. 浮点数

在 PLC 领域，浮点数（Float）又可称为实数（Real），分为 32 位和 64 位。在程序设计时，如有浮点数参加运算，其他数据类型往往先要转换成浮点数才能进行运算。浮点数的运算速度要比整数运算慢一些；受浮点数存储原理限制，某些运算结果会有一些误差。

在编程软件中，用十进制小数来表示浮点数，例如 30 是整数，30.0 为浮点数。浮点数数据类型和取值范围见表 2-4。

表 2-4 浮点数数据类型和取值范围

变量类型	符号	位数	取值范围	说明
浮点数	Real	32	$\pm 1.175495 \times 10^{-38}$ ~ $\pm 3.402823 \times 10^{38}$	占 4B，有 6 个有效数字
	LReal	64	$\pm 2.2250738585072020 \times 10^{-308}$ ~ $\pm 1.7976931348623157 \times 10^{308}$	占 8B，最多有 15 个有效数字

4. 字符

字符数据类型有 Char 和 WChar，数据类型 Char 的操作数长度为 8 位，在存储器中占用 1B。Char 数据类型以 ASCII（美国信息交换标准码）格式存储单个字符。

数据类型 WChar 的操作数长度为 16 位，在存储器中占用 2B，以 Unicode 格式存储，支持汉字。TIA 博途软件的字符数据类型见表 2-5。

表 2-5 字符数据类型

变量类型	符号	位数	取值范围	说明
字符	Char	8	ASCII 编码 16#00 ~ 16#FF	占 1B，'A'、't'、'@'
	WChar	16	Unicode 编码 16#0000 ~ 16#FFFF	占 2B，支持汉字，'中'

5. 时间和日期

工业生产的数据统计需要准确的日期和时间信息，另外，PLC 程序中的定时器也需要输入定时时间信息，因此 PLC 须具有处理日期和时间的功能。

时间和日期数据类型包括 Time、Date、Time_Of_day 这三种。S7-200/200SMART 不支持这几种数据类型，而 S7-1200 PLC 可以支持这几种数据类型，见表 2-6。

Time 数据作为有符号双整数存储，基本单位为毫秒（ms）。可以选择性使用日期（d）、小时（h）、分钟（m）、秒（s）和毫秒（ms）作为单位。

Date 数据将日期作为无符号整数保存，用于获取指定日期。

TOD（Time_Of_day）数据作为无符号双整数数值存储，为自指定日期的凌晨 00:00.000 算起的毫秒数。

表 2-6 时间和日期数据类型

变量类型	符号	位数	取值范围	说明
时间和日期	Time	32	t#-24d20h31m23s648ms ～ t#24d20h31m23s648ms	占 4B，为毫秒表示的有符号双整数时间
	Date	16	0～65535 对应 D#1990-01-01～D#2168-12-31	占 2B，将日期作为无符号整数保存
	TOD（Time_Of_day）	32	TOD#0：0：0.0～ TOD#23：59：59.999	占 4B，从指定日期 00:00:00.000 开始的毫秒数

注：时间 Time 为负数时，实际只为增加数据的范围。

2.3.2 复杂数据类型

1. 数组

数组类型（Array）是由固定数目的同一种数据类型元素组成的数据结构。可以创建包含多个相同数据类型元素的数组，可为数组命名并选择数据类型 "Array [lo..hi] of type"。lo 为数组的起始（最低）下标；hi 为数组的结束（最高）下标；type 为数据类型之一，例如 Bool、SInt、UDInt。允许使用除 Array、Variant 类型之外的所有数据类型作为数组的元素，数组维数最多为 6 维。数组元素通过下标进行寻址。

示例：数组声明

Array[1..20] of Real 一维，20 个实数元素
Array[-5..5] of Int 一维，11 个整数元素
Array[1..2，3..4] of Char 二维，4 个字符元素

图 2-13 给出了一个名为"电动机电流"的二维数组 Array[1..2，1..3] of Byte 的内部结构，它一共有 6 个字节型元素，第一维的下标 1、2 是电动机编号，第二维的编号 1、2、3 是三相电流的序号。如数组元素"电动机电流 [1, 2]"是 1 号电动机的第 2 相电流。

在用户程序中，可以用符号地址 "数据块_1".电动机电流 [1, 2] 进行访问。关于数据块在后续章节进行介绍。

2. 字符串

字符串型（String）是由字符组成的一维数组，每个字节存放 1 个字符。第 1 个字节是字符串的最大字符长度，第 2 个字节是字符串当前有效字符的个数，字符从第 3 个字节

开始存放，一个字符串最多有 254 个字符。用单引号表示字符串常数，如'ASDFGHJ'是有 7 个字符的字符串常数。

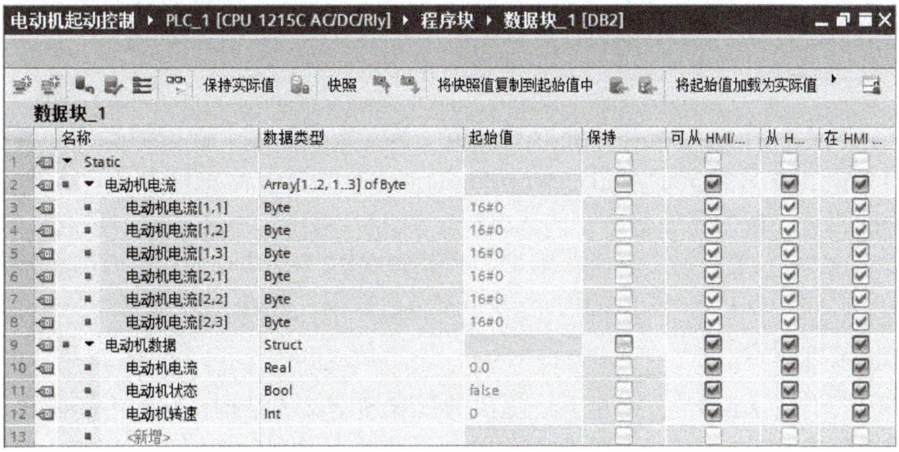

图 2-13 数据块中创建二维数组及结构

数据类型 WString（宽字符串）存放多个数据类型为 WChar 的 Unicode 字符（长度为 16 位的宽字符，包括汉字）；宽字符前面需加前缀 WString#，在西门子编程环境中自动添加，例如 WString#'西门子'。

3. 日期时间

日期时间（DTL）表示由日期和时间定义的时间点，它由 12B 组成，可以在全局数据块或块的接口区中定义。12 个字节分别为年（占 2B）、月、日、星期代码、小时、分、秒（各占 1B）和纳秒（4B），均为 BCD 码。星期日～星期六代码为 1～7。日期时间最小值为 DTL#1970-01-01-00：00：00.0，最大值为 DTL#2254-12-31-23：59：59.999999999，该格式中不包括星期。

4. 结构

结构（Struct）是由固定数目的不同的数据类型的元素组成的数据结构。结构的元素可以是数组和结构，嵌套深度限制为 8 级（与 CPU 型号相关）。用户可以把过程控制中有关的数据统一组织在一个结构中，作为一个数据单元来使用，为统一的调用和处理提供了方便。

在图 2-13 中，数据块_1 的第 9 行创建了一个名为"电动机数据"的结构，数据类型为 Struct。在第 10～12 行依次生成了 3 个数据元素（电动机电流、电动机状态、电动机转速）。PLC 程序中引用该数据结构元素方式为："数据块_1".电动机数据.电动机状态。

2.3.3 其他数据类型

1. PLC 数据类型

PLC 数据类型属于用户自定义数据类型（User Defined Type，UDT），是一种自定义的数据结构，用户可以根据具体需求定义一种包含多个不同数据类型的数据类型。从 TIA

博途 V11 开始，S7-1200 PLC 支持 UDT 数据类型。

理论上来说，UDT 是 Struct 类型的升级替代，功能基本完全兼容 Struct 类型。用户可以通过打开项目树的"PLC 数据类型"文件夹，双击"添加新的数据类型"来创建 PLC 数据类型。定义好 UDT 以后，可以在用户程序中作为数据类型使用。

2. Variant 指针

在 S7-1200 PLC 中，Variant 数据类型用于传送数据区域。此数据类型为指针，可以指定不同数据和参数类型的变量。关于 Variant 指针的更多信息可参考 TIA 博途在线帮助。Variant 指针一般用于通信指令的实参中，如 TSEND_C、TRCV_C 等。

当 Variant 类型的实参指向形如 P# DB1.DBX0.0 BYTE 10 时，指令内部将判断该形参指向为从地址 DB1.DBX0.0 开始的连续 10 个字节的数据，并且 DB1 块必须是非优化的。

3. 系统数据类型

系统数据类型见表 2-7，是由系统提供的具有预定义的结构，结构由固定数目的具有各种数据类型的元素构成，不能更改该结构。系统数据类型只能用于特定指令。表中的部分数据类型还可以在新建 DB 时，直接创建系统数据类型的 DB。

表 2-7 系统数据类型

系统数据类型	字节数	说明
IEC_TIMER	16	用于定时器指令的定时器结构
IEC_SCOUNTER	3	用于数据类型为 SInt 计数器指令的计数器结构
IEC_USCOUNTER	3	用于数据类型为 USInt 计数器指令的计数器结构
IEC_COUNTER	6	用于数据类型为 Int 计数器指令的计数器结构
IEC_UCOUNTER	6	用于数据类型为 UInt 计数器指令的计数器结构
IEC_DCOUNTER	12	用于数据类型为 DInt 计数器指令的计数器结构
IEC_UDCOUNTER	12	用于数据类型为 UDInt 计数器指令的计数器结构
ERROR_STRUCT	28	编程错误信息或 I/O 访问错误信息的结构。用于"GET_ERROR"指令
CREF	8	数据类型 ERROR_STRUCT 的组成，在其中保存有关块地址的信息
NREF	8	数据类型 ERROR_STRUCT 的组成，在其中保存有关操作数的信息
VREF	12	用于存储 Variant 指针。此数据类型用在运动控制工艺对象块中
CONDITIONS	52	定义启动和结束数据接收的条件，用于"RCV_CFG"指令
TCON_Param	64	用于指定存放 PROFINET 开放用户通信的连接说明的数据块结构
HSC_Period	12	用扩展的高速计数器，指定时间段测量的数据块结构

4. 硬件数据类型

硬件数据类型由 CPU 提供，并在硬件组态时存储特定硬件数据类型的常量。在用户程序中插入用于控制或激活已组态模块的指令时，用硬件数据类型的常数来作指令的参数。PLC 变量表的"系统变量"选项卡列出了 PLC 已组态模块的硬件数据类型变量的值，即硬件组件的标识符。表 2-8 列出了部分硬件数据类型及用途。

表 2-8 部分硬件数据类型及用途

硬件数据类型	基本数据类型	用途说明
REMOTE	ANY	用于指定远程 CPU 的地址。例如，此数据类型用于"PUT"和"GET"指令
HW_ANY	WORD	任何硬件组件（如模块）的标识符
HW_DEVICE	HW_ANY	DP 从站 /PROFINET IO 设备的标识符

2.3.4 数据类型转换

如果在一个指令中链接多个操作数，必须确保这些数据类型是兼容的。这一点也适用于分配或提供块参数。如果操作数不是同一数据类型，则必须执行转换。转换方式分为显式转换和隐式转换。显式转换指在执行实际指令之前使用显式转换指令，图 2-14 给出了 STEP 7（TIA 博途）编程软件中常用的显式转换功能指令概览。

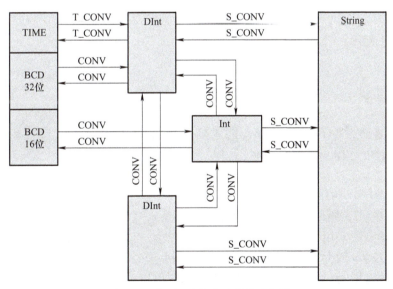

图 2-14 常用显式转换功能指令概览

1. CONV 转换指令

转换指令中最常用的是 CONV 指令。CONV 指令可以用于 Int、DInt、Real 和 BCD 数据类型之间的转换。其中，如要实现数据类型 Byte 到 SInt 或从 Byte 到 USInt 的转换，CONV 指令需要手动设置 input 和 output 数据类型为 SInt 或 USInt。

2. 转换为 TIME 数据类型

当在触摸屏上设置设备运行时间时，需要使用高级指令 T_CONV 将整数类型的数据转换为一个时间值（TIME）和进行反向转换。T_CONV 指令在块编辑器的"扩展指令→日期和时间"指令卡中。

3. 硬件数据类型 HW_IO 的转换

硬件数据类型 HW_IO 是 STEP 7（TIA 博途）访问模板信息时用来识别硬件模板的。这个识别码是自动分配的，在创建设备时保存在设备的硬件配置中。模块名作为系统常量放在"PLC variables"表中。在相应功能块中通过模块名可以直接使用该模块。

隐式转换是执行指令时，当指令形参与实参的数据类型不同时，程序自动进行的转换。如果形参与实参的数据类型是兼容的，则自动执行隐式转换。可根据调用指令的 FC、FB、OB 是否使能 IEC 检查，决定隐式转换条件是否严格。

【实例 2-4】请指出以下数据的含义：73.5；16#1ACD；DINT#80；t#5h45m10s；P#M0.0 Byte 20。

【解】① 73.5：表示浮点数 73.5。
② 16#1ACD：表示十六进制数 1ACD。
③ DINT#80：表示双整数 80。
④ t#5h45m10s：表示 IEC 定时器中定时时间为 5h45m10s。
⑤ P#M0.0 Byte 20：表示指针指向从 MB0 开始的 20 个字节。

2.4 PLC 编程界面和操作

TIA 博途编程界面介绍

2.4.1 编程界面

打开 TIA 博途编程环境，选择"创建新项目"，项目名称为"灯控程序"。在"组态设备"选项卡中选择"添加新设备"，添加控制器"CPU 1215C AC/DC/Rly"，版本为 V4.2。

在项目视图项目树中，双击打开程序块下的"Main[OB1]"，打开主程序视图，如图 2-15 所示，在程序编辑器中创建用户程序。

程序编辑器画面采用分区显示，各个区域可以通过鼠标拖拽调整大小，也可以单击相应的按钮完成浮动、最大/最小化、关闭、隐藏等操作。

标号为①的区域为设备项目树，在该区域用户可以完成设备的组态、程序编制、块的操作等，因此此区域为项目的导航区，双击任意目录，右侧将展示目录内容的工作区域。整个项目的设计主要围绕本区域进行。

标号为②的区域为详细视图，单击①区域中的选项，则②区域展示相应的详细视图，如单击"默认变量表"，则详细视图中显示该变量表中的详细变量信息。

标号为③的区域为代码块的接口区，可通过鼠标将分隔条向上拉动将本区域隐藏。

标号为④的区域为程序编辑区，用户程序主要在此区域编辑生成。

标号为⑤的区域是打开的程序块的巡视窗口，可以查看属性、信息和诊断。比如单击"程序段 1"后，在巡视窗口"属性"中改变编程语言。

第 2 章　S7-1200 PLC 程序设计基础

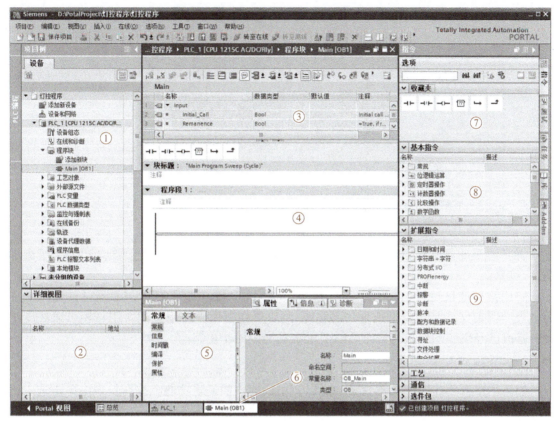

图 2-15　程序编辑器视图

标号为⑥的选项按钮对应已经打开的窗口，鼠标单击该选项按钮跳转至相应的界面。

标号为⑦的区域是指令的收藏夹，用于快速访问常用的编程指令。

标号为⑧的区域是任务卡中的基本指令列表，可以将指令列表中常用指令拖拽至收藏夹，在收藏夹中可以通过单击鼠标右键删除指令。

标号为⑨的区域是任务卡中的扩展指令列表，如日期和时间、中断、报警等指令。

2.4.2　使用变量表

变量表用来声明和修改变量。PLC 变量表包含整个 CPU 范围有效的变量和符号常量的定义。系统会为项目中使用的每个 CPU 自动创建一个"PLC 变量"文件夹，包含"显示所有变量""添加新变量表""默认变量表"等。可以根据要求为每个 CPU 创建多个用户自定义变量表，从而给变量分组。可以对用户定义的变量表重命名、整理合并为组或删除。

变量表的使用

1. 在 PLC 变量表中声明变量

打开项目树中的"PLC 变量"文件夹，双击选择"添加新变量表"，并重命名为"IO 变量表"，双击打开"IO 变量表"编辑器，在有"添加"字样的空白行处双击，根据电气原理图声明变量名称、数据类型、地址、注释，如图 2-16 所示。

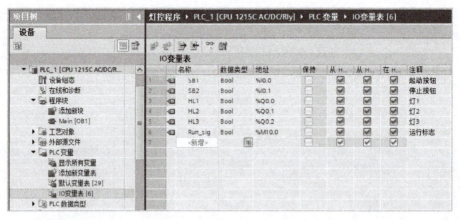

图 2-16　新建变量表声明变量

需要注意的是，在"地址"列输入绝对地址时，按照 IEC 标准，将自动为变量添加"%"符号。

使用符号地址可以增加程序的可读性，如 SB1、HL1 等。用户在编程时首先用 PLC 变量表声明定义变量的符号地址（名称），然后再在程序中使用它们。用户还可以在变量表中修改已经创建的变量，修改后的变量在程序中同步更新。

2. 快速声明变量

如果用户要创建同类型的变量，可以使用快速声明变量功能。在变量表中单击选中已有的变量"SB1"，用鼠标按住右下角的蓝色小正方形不放，向下拖动鼠标，选择"新增变量"，则在空白行可声明新的变量，新的变量将继承上一行变量的属性，新增变量地址也是继承递增的。

3. 设置变量的断电保持性

单击工具栏上的按钮，可以用打开的对话框设置 M 区从 MB0 开始的具有断电保持功能的字节数，如图 2-17 所示。设置后有保持功能的 M 区的变量的"保持"列选择框中出现"√"。将项目下载到 CPU 后，M 区的保持功能起作用。

图 2-17　设置保持性存储器

4. 变量表中的变量排序

变量表中的变量可以按照名称、数据类型或者地址进行排序，如单击变量表中的"地址",该单元则出现向上的三角形,各变量按地址的第一个字母升序排序(A 到 Z)。再单击一次,三角形向下,变量按名称第一个字母降序排序。可以用同样的方法根据名称和数据类型进行排序。

5. 全局变量与局部变量

在 PLC 变量表中定义的变量可用于整个 PLC 中所有的代码块,具有相同的意义和唯一的名称。在变量表中,可将输入 I、输出 Q 和位存储器 M 的位、字节、双字等定义为全局变量。全局变量在程序中被自动地添加双引号标识,如"SB1"。

局部变量只能在它被定义的块中使用,而且只能通过符号寻址访问,同一个变量的名称可以在不同的块中分别使用一次。可以在块的接口区定义块的输入/输出参数(Input、Output 和 Inout 参数)和临时数据(Temp),以及定义 FB 的静态变量(Static)。在程序中,局部变量被自动添 # 号,如"# 起动按钮"。

6. 使用帮助

TIA 博途软件提供了帮助系统,帮助被称为信息系统,可以通过菜单命令"帮助"中的"显示帮助",或者选中某个对象,按 <F1> 键打开。另外,可以通过目录查找到感兴趣的帮助信息。

2.4.3 编写用户程序

1. 模块化编程

模块化编程将复杂的自动化任务划分为对应于生产过程的技术功能的较小的子任务,每个子任务对应于一个称为"块"的子程序,可以通过块与块之间的相互调用来组织程序。这样的程序易于修改、查错和调试。

S7-1200 PLC 支持以下类型的代码块:组织块(OB)、功能(FC)、功能块(FB)、数据块(DB);其中,OB、FC、FB 中均可创建用户程序,称为代码块,数据块(DB)仅可创建数据。

本书在介绍编程指令或编写用户程序时均采用模块化结构,即程序在 FB 或 FC 中编写,然后在 OB1 中进行调用执行。

> ❖ 注:OB1 是程序循环组织块,也是用户程序中的默认主程序 Main,CPU 循环执行操作系统程序,在每一次循环中,操作系统程序调用一次 OB1。

关于用户程序结构中的 OB、FB、FC、DB 在后续章节将做详细介绍。

2. 在 FC 中编写用户程序

首先在项目树中 PLC_1 下新建一个程序块 FC:在"程序块"下双击"添加新块",选择 FC,并给块命名为"灯控程序",如图 2-18 所示。

接下来双击新建的"灯控程序 [FC1]",在右侧程序编辑区输入用户程序,如图 2-19 所示。

在 FC 中编写灯控程序

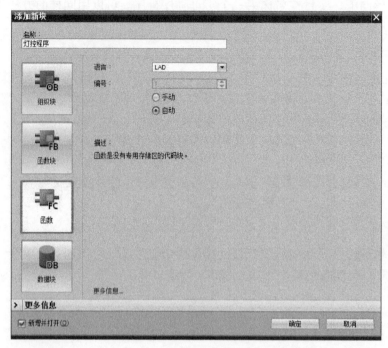

图 2-18 新建"灯控程序"FC

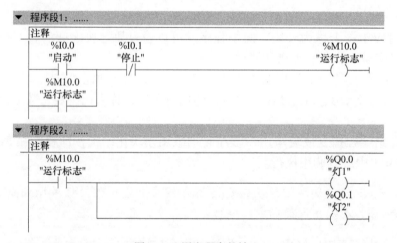

图 2-19 用户程序的输入

输入用户程序时,首先选择程序段 1 中的水平线,依次单击程序段 1 上方的常用编程元件按钮┤├、┤/├和( ),则水平线上出现从左至右串联的常开触点、常闭触点和线圈,然后选中左母线(最左边垂直的线),依次单击按钮→、┤├和↑,完成自锁程序。在选择编程元件的时候,可以在<??.?>处输入元件的地址,或直接选择变量表中的变量。程序输入方法要反复练习直至熟练。

如图 2-20 所示,将在 FC 中编辑的用户程序"灯控程序",用鼠标拖动到 Main[OB1] 中的程序段中,即完成了块的调用。

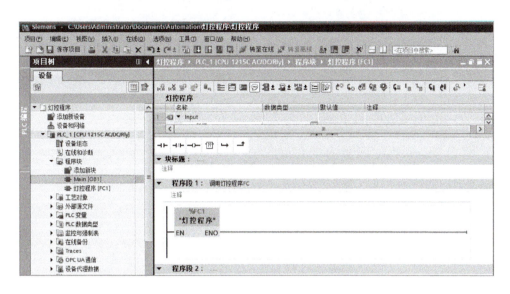

图 2-20　在 OB1 中调用 FC1

2.4.4　下载与调试

用户程序编写完毕后，及时保存项目，并单击编译按钮 对程序进行编译，或通过菜单栏"编辑"下的"编译"命令，对程序进行编译操作。编译完成后，将 PLC 项目下载至 CPU。下载完成后，单击程序编辑器工具栏上的启用 / 禁用监视按钮 ，启动程序状态监视。更详细内容参照第 2.5 节。

2.5　用 STEP 7 调试程序

在 TIA 博途环境中，程序的调试可以采用硬件的实物调试，也可以使用仿真调试方式。两种调试方式都可以采用 STEP 7 的程序状态监视、监控与强制表调试程序。

2.5.1　用程序状态监视功能调试程序

1. 启动程序状态监视

与 PLC 建立好在线连接后，打开需要监视的代码块，单击程序编辑器工具栏上的"启用 / 禁用监视"按钮 ，启动程序状态监视，程序编辑器最上面的标题栏由黑色变为橘黄色，如图 2-21 所示。如果在线（CPU 中的）程序与离线（计算机中的）程序不一致，项目树中的项目、站点、程序块和有问题的代码块的右边均会出现表示故障的符号。需要重新上载或下载有问题的块，使在线、离线的程序一致。

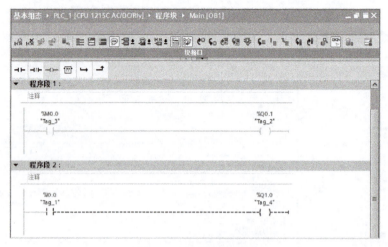

图 2-21 程序状态监视

❖ **注意**：树立安全意识，确保测试程序时不会对人员或设备造成严重损害。

2. 程序状态显示

启动程序状态监视后，梯形图用绿色连续线表示状态满足，即有"能流"流过，如图 2-21 中的程序段 1；用蓝色虚线表示状态不满足，没有能流流过，如程序段 2 的 %I0.0 右侧。用灰色连续线表示状态未知或程序没有执行，黑色表示没有连接。

Bool 变量为 0 状态或 1 状态时，它们的常开触点和线圈分别用蓝色虚线和绿色连续线来表示，常闭触点的显示与变量状态的关系相反。

进入程序状态监视之前，梯形图中的线和元件显示为黑色。启动程序状态监视后，梯形图左侧垂直的"电源"线以及与它连接的水平线均为绿色连续线，表示能流从"电源"线流出。有能流流过的处于闭合状态的触点、指令方框、线圈和"导线"均用绿色连续线表示。

3. 用程序状态监视修改变量的值

用鼠标右键单击程序状态监视中的某个变量，执行弹出的快捷菜单中的某个命令，可以修改该变量的值。对于 Bool 变量，执行命令"修改"→"修改为 1"或"修改"→"修改为 0"；对于其他数据类型的变量，执行命令"修改"→"修改操作数"。执行命令"显示格式"，可以修改变量的显示格式。图 2-22 所示为用程序状态监视修改 %M0.0 的值。

不能修改连接外部硬件输入电路的过程映像输入（I）的值。如果被修改的变量同时受到程序的控制（例如受线圈控制的 Bool 变量），则程序控制的作用优先。

2.5.2 用监控表监控变量

使用监控与强制表可以在工作区同时监视、修改和强制用户感兴趣的全部变量。一个项目可以生成多个监控与强制表，以满足不同的调试要求。

监控与强制表可以赋值或显示的变量包括过程映像（I 和 Q）、外设输入（I_:P）、外设输出（Q_:P）、位存储器（M）和数据块（DB）内的存储单元。

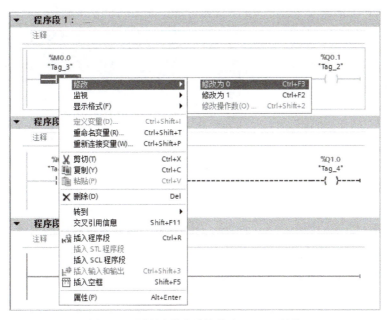

图 2-22 用程序状态监视修改 %M0.0 的值

1. 监控表的功能

（1）监视变量　在计算机上显示用户程序或变量的当前值。

（2）修改变量　将固定值分配给用户程序或变量。

（3）对外设输出赋值　允许在 STOP 模式下将固定值赋给外设输出点，这一功能可用于硬件调试时检查接线。

2. 新建监控表并输入变量

打开项目树中 PLC 的"监控与强制表"文件夹，双击其中的"添加新监控表"，生成一个名为"监控表_1"的新的监控表，并在工作区自动打开它。根据需求，可以为一台 PLC 生成多个监控表。为调试方便，一般给监控表取一个能表达其内容或功能的名称，并将有关联的变量放在同一个监控表内。

输入变量时可以直接填入变量地址，或者在"名称"栏进行选择。也可以复制"PLC 变量表"中的变量名称，然后将它们粘贴到监控表的"名称"列，快速生成监控表中的变量。

3. 监控变量

CPU 在线后，单击工具栏上的 ![] 按钮，启动监视功能，将在"监视值"列连续显示变量的动态实际值。再次单击该按钮，将关闭监视功能。单击工具栏上的"立即一次性监视所有变量"按钮 ![]，即使没有启动监控，将立即读取一次变量值，"监视值"列变为橙色背景表示在线，几秒后，变为灰色表示离线。

位变量为 TRUE（1 状态）时，监视值列的方形指示灯为绿色；位变量为 FALSE（0 状态）时，方形指示灯为灰色，如图 2-23 所示。

	i	名称	地址	显示格式	监视值	修改值		注释
1		"Tag_1"	%I0.0	布尔型	FALSE	FALSE		
2		"Tag_2"	%Q0.1	布尔型	TRUE			
3		"Tag_4"	%Q1.0	布尔型	FALSE			
4		"Tag_3"	%M0.0	布尔型	TRUE	FALSE	!	
5			%QB0	二进制	2#0000_0010			
6			<添加>					

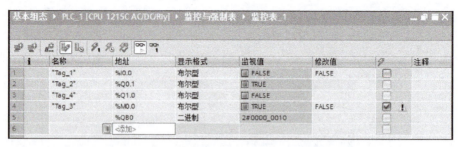

图 2-23　在监控表中监视变量

4. 修改变量

单击“显示 / 隐藏所有修改列”按钮，出现隐藏的“修改值”列，在“修改值”列输入变量的新值，并勾选要修改的变量的“修改值”列右边的复选框。输入 Bool 变量的修改值为 0 或 1 后，单击监控表其他地方，它们将自动变为“FALSE”（假）或“TRUE”（真）。单击工具栏上的“立即一次性修改所有选定值”按钮，复选框打钩的“修改值”被立即送入指定的地址。

> ❖ **注意：**假设用户程序运行的结果使 Q0.0 的线圈断电，用监控表不可能将 Q0.0 修改和保持为 TRUE。在 RUN 模式不能改变 I 区分配给硬件的数字量输入点的状态，因为它们的状态取决于外部输入电路的通 / 断状态。

5. 在 STOP 模式改变外设输出的状态

在调试设备时，这一功能可以用来检查输出点连接的过程设备的接线是否正确。以 Q1.0 为例，如图 2-24 所示，操作的步骤如下：

	i	名称	地址	显示格式	监视值	使用触发器监视	使用触发器进行修改	修改值		注释
1		"Tag_1"	%I0.0	布尔型	FALSE	永久	永久			
2		"Tag_2"	%Q0.1	布尔型	FALSE	永久	永久			
3		"Tag_4":P	%Q1.0:P	布尔型		永久	永久	TRUE	!	
4		"Tag_3"	%M0.0	布尔型	FALSE	永久	永久			
5			%QB0	二进制	2#0000_0000	永久	永久			
6			<添加>							

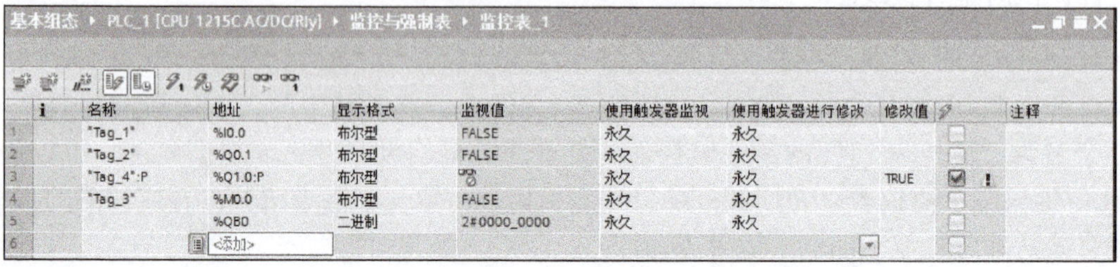

图 2-24　在 STOP 模式改变外设输出的状态

1）在监控表中输入外设输出点 Q1.0：P，勾选该行“修改值”列右边的复选框。

2）将 CPU 切换到 STOP 模式。

3）单击监控表工具栏上的“显示 / 隐藏扩展模式列”按钮，切换到扩展模式，出现与“触发器”有关的两列，如图 2-24 所示。

4）单击工具栏上的“全部监视”按钮，启动监视功能。

5）单击工具栏上的“启用外围设备输出”按钮，弹出“启用外围设备输出”对话框，如图 2-25 所示，单击“是”按钮确认。

6）用鼠标右键单击 Q0.0：P 所在的行，

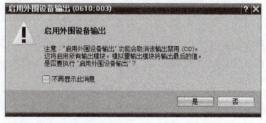

图 2-25　“启用外围设备输出”对话框

执行弹出的快捷菜单中的"修改"→"修改为 1"或"修改"→"修改为 0"命令，CPU 上 Q1.0 对应的 LED 点亮或熄灭。

CPU 切换到 RUN 模式后，工具栏上的 按钮变为灰色，该功能被禁止，Q1.0 受用户程序的控制。如果有输入点或输出点被强制，则不能使用这一功能。为了在 STOP 模式下允许外设输出，应取消强制功能。

因为 CPU 只能改写，不能读取外设输出变量 Q1.0：P 的值，符号 表示无法监视外围设备输出。

6. 定义监控表的触发器

触发器用来设置扫描循环的哪一点来监视或修改选中的变量。可以选择在扫描循环开始、扫描循环结束或从 RUN 模式切换到 STOP 模式时监视或修改某个变量。

2.5.3 用强制表强制变量

1. 强制的基本概念

可以用强制表给用户程序中的单个变量指定固定的值，这一功能被称为强制（Force），强制应在与 CPU 建立了在线连接时进行。

S7-1200 PLC 只能强制外设输入和外设输出，例如强制 I0.0：P。变量被强制的值不会因为用户程序的执行而改变。被强制的变量只能读取，不能用写访问来改变其强制值。

> ❖ **注意**：输入、输出点被强制后，即使编程软件被关闭，或编程计算机与 CPU 的在线连接断开，或 CPU 断电，强制值都被保持在 CPU 中，直到在线时用强制表停止强制功能。
>
> ❖ 用存储卡将带有强制点的程序装载到别的 CPU 时，将继续程序中的强制功能。应确保强制时不会对人员或设备造成损害。

2. 强制变量

双击打开项目树中的强制表，输入 I0.0 和 Q1.0，它们后面被自动添加表示外设输入/输出的"：P"，如图 2-26 所示。只有在扩展模式才能监视外设输入的强制监视值，单击工具栏上的"显示/隐藏扩展模式列"按钮 ，切换到扩展模式。同时显示和 %I0.0、%Q1.0 相关的程序段和强制表，单击程序编辑器工具栏上的按钮 ，启动程序状态监视功能。

图 2-26 用强制表强制外设输入和外设输出点

用鼠标右键单击强制表的第一行，执行快捷菜单命令，将 I0.0：P 强制为 TRUE。单击弹出的"强制为 1"对话框中的"是"按钮确认。强制表第一行"i"列出现表示被强制的符号，"F"列的复选框自动打钩。PLC 面板上 I0.0 对应的 LED 不亮，梯形图中 I0.0 的常开触点接通，上面出现被强制的符号，由于 PLC 程序的作用，梯形图中 Q1.0 的线圈通电，PLC 状态指示灯"MAINT"亮，面板上 Q1.0 对应的 LED 灯亮。

用鼠标右键单击强制表的第二行，执行快捷菜单命令，将 Q1.0：P 强制为 FALSE。单击弹出的"强制为 0"对话框中的"是"按钮确认。强制表第二行出现表示被强制的符号。梯形图中 Q1.0 线圈上面出现表示被强制的符号，PLC 面板上 Q1.0 对应的 LED 熄灭。

3. 停止强制

单击强制表工具栏上的按钮，停止对所有地址的强制。被强制的变量最左边和输入点的"监视值"列红色的小方框消失，表示强制被停止，PLC 状态指示灯"MAINT"灭。

2.6 上传程序和组态信息

TIA 博途软件为用户提供了上载 PLC 站点程序的功能。只要满足 CPU 固件版本 V4.0 及以上和 TIA 博途 V13 及以上版本，就可以使用"上传设备作为新站（硬件和软件）"功能，将 PLC 硬件配置和程序一起上传，并在项目中使用这些数据创建一个新站。

上传 PLC 站点程序和组态信息

1. 创建空项目

首先生成一个新项目（无需组态硬件），选中项目树中的项目名称，执行菜单命令"在线"→"将设备作为新站上传（硬件和软件）"，如图 2-27 所示，打开"将设备上传至 PG/PC"对话框。

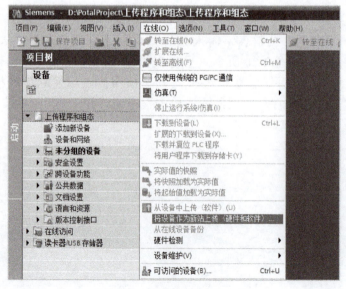

图 2-27　将设备作为新站上传

2. 将设备上传到 PG/PC

PG/PC 接口的类型选择"PN/IE",接口选择本计算机网卡,然后单击"开始搜索"按钮,选择搜索到的设备,单击"从设备上传"按钮,如图 2-28 所示。

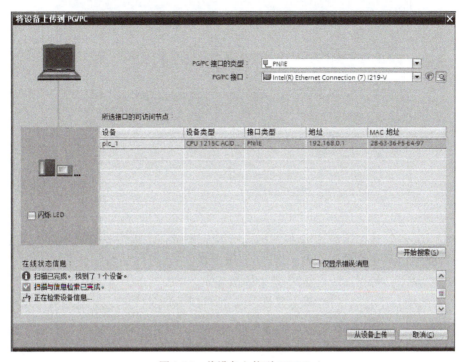

图 2-28　将设备上传到 PG/PC

3. 获取完整的 CPU 硬件配置和软件

上传成功后,可以获得 PLC 完整的硬件配置和用户程序。

与 S7-300/400 PLC 不同,S7-1200 PLC 上传后得到的软件部分包含:包含注释的程序、包含注释与符号名的 DB、工艺对象配置、包含注释的 PLC 变量表、PLC 数据类型、文本列表等。这些信息对于程序的阅读非常有用。

4. 上传操作要点

1)要上传的硬件配置和软件必须与 TIA 博途软件版本兼容。如果设备上的数据是由之前版本程序或不同的组态软件创建的,则需确保它们是兼容的。

2)执行将设备作为新站上传时报错,需确认离线项目中没有配置与在线 PLC 相同名称的站点,否则上传失败,如图 2-29 所示。

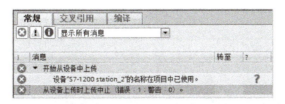

图 2-29　将设备作为新站上传错误

首先修改 PLC 站名称，然后单击网络视图，选中本地已组态的 PLC，修改图 2-29 中"S7-1200 station_2"为"S7-1200 station_1"，使之与上传设备站名称不同，如图 2-30 所示。

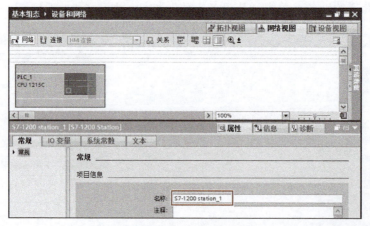

图 2-30 修改 PLC 站名称

对于初学者，尤其在现场修改调试已运行的系统时，依据安全规范要求，最好首先新建一个项目，然后利用"将设备作为新站上传（硬件和软件）"功能，获得 PLC 完整的硬件配置和用户程序，备份后，在此基础上修改完善。

3）上传的项目中含有 TIA 博途软件没有的 HSP（硬件支持包）或 GSD（设备描述文件），则无法正确上传和下载。

2.7 PLC 模块的属性设置

在西门子 S7-1200 PLC 的编程软件 STEP 7 中，可以对所有带参数的模块进行属性的查看和设置，可以根据需要对模块的默认属性进行修改。

2.7.1 CPU 参数属性设置

CPU 的属性对系统行为有着决定性意义。在 CPU 属性中可以设置接口、输入/输出、高速计数器、脉冲发生器、启动特性、保护等级、系统位存储器和时钟存储器、循环时间以及通信负载等。

需要注意的是，对初学者而言，一般只需设置 CPU 的 PROFINET 接口 IP 地址、系统和时钟存储器，其他采用默认设置，今后需要时再深入学习即可。

下面以 CPU 1215C 为例，介绍常用参数属性设置，其他属性设置请查阅官方手册。

1. 常规

在项目视图中双击设备和网络，打开设备视图，单击任何一个硬件，则在软件的中下部显示所选对象的属性，如单击 CPU 模块，在"常规"项中显示"项目信息"和"目录信息"等属性，如图 2-31 所示。

1）"项目信息"可以编辑设备名称、作者及注释等信息。

2)"目录信息"查看 CPU 短名称、描述、订货号、固件版本。

3)"标识与维护"用于编辑工厂标识、位置标识、安装日期等信息。

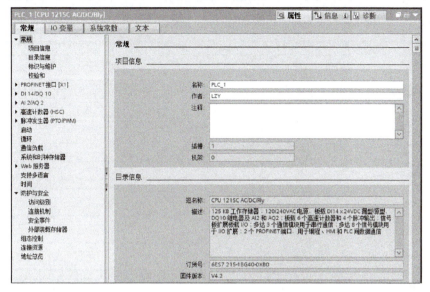

图 2-31 CPU 模块属性设置

4)"校验和"在编译过程中,系统将通过唯一的校验和来自动识别 PLC 程序。基于该校验和,可快速识别用户程序并判断两个 PLC 程序是否相同。

2. PROFINET 接口

IP 设置中提供了有关子网中 IP 地址、子网掩码以及 IP 路由器的使用信息,如图 2-32 所示。如果使用 IP 路由器,则需要有关 IP 路由器的 IP 地址信息。在"高级选项"中包含了以太网的接口名称、端口和注释,可以修改。

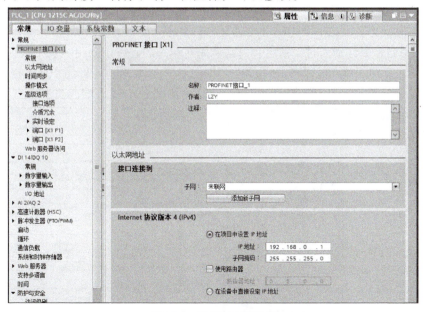

图 2-32 设置以太网地址

3. 数字量输入（DI）/ 数字量输出（DO）

DI14 和 DO10 中分别描述了常规信息、数字量输入 / 输出通道的设置及 I/O 地址等。

（1）"数字量输入"设置（见图 2-33）

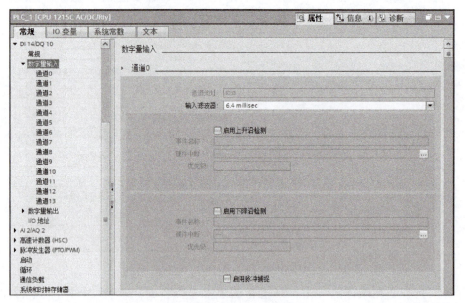

图 2-33　设置"数字量输入"

1）"通道地址"：用于配置输入通道的地址，首地址在"I/O 地址"项中设置。

2）"输入滤波器"：为了抑制寄生干扰，可以设置一个延迟时间，即在这个时间之内的干扰信号都可以得到有效抑制，被系统自动滤除掉，默认的输入滤波时间为 6.4ms（显示为 6.4millisec）。

3）"启用上升沿检测"或"启用下降沿检测"：可为每个数字量输入启用上升沿或下降沿检测，在检测到上升沿或下降沿时触发过程中断事件。其中，"事件名称"定义该事件名称；"硬件中断"指当该事件到来时，系统会自动调用所组态的硬件中断组织块一次。如果没有已定义好的硬件中断组织块，可以单击后面的省略按钮…并新增硬件中断组织块连接该事件。

4）"启用脉冲捕捉"：根据 CPU 的不同，可激活各个输入的脉冲捕捉。激活脉冲捕捉后，即使脉冲沿比程序扫描循环时间短，也能将其检测出来。

（2）"数字量输出"设置（见图 2-34）

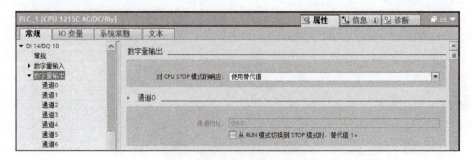

图 2-34　设置"数字量输出"

1)"对 CPU STOP 模式的响应":用于设置数字量输出对 CPU 从 RUN 状态切换到 STOP 状态的响应,可以设置为保持上一个值或者使用替代值。

2)"通道地址":用于设置输出通道的地址,在"I/O 地址"项中设置首地址。

3)"从 RUN 模式切换到 STOP 模式时,替代值 1"如果在数字量输出设置中,选择"使用替代值",则此处可以勾选,表示从运行切换到停止状态后,输出使用"替代值 1",如果不勾选表示输出使用"替代值 0"。如果选择了"保持上一个值",则此处为灰色不能勾选。

(3)"I/O 地址"设置 用户可自行设置数字量输入、输出的起始地址,如图 2-35 所示。如无特殊要求,采用默认值即可。

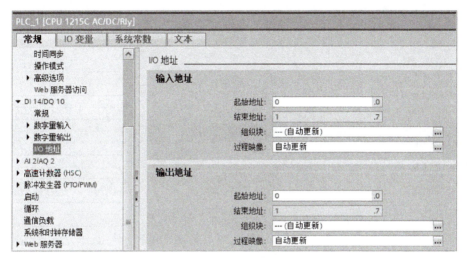

图 2-35 数字量输入、输出地址设置

4. 模拟量输入(AI)/ 模拟量输出(AQ)

(1)"模拟量输入"设置(见图 2-36)

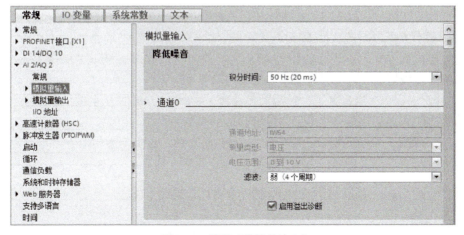

图 2-36 设置"模拟量输入"

1)"积分时间":通过设置积分时间可以抑制指定频率的干扰。

2）"通道地址"：在模拟量的"I/O 地址"中设置首地址。

3）"测量类型"：本体上的模拟量输入只能测量电压信号，所以选项为灰，不可设置。

4）"电压范围"：测量的电压信号范围为固定的 0～10V。

5）"滤波"：模拟值滤波可用于减缓测量值变化，提供稳定的模拟信号。模块通过设置滤波等级（无、弱、中、强）计算模拟量平均值来实现平滑化。

6）"启用溢出诊断"：如果激活"启用溢出诊断"，则发生溢出时会生成诊断事件。

（2）"模拟量输出"设置（见图 2-37）

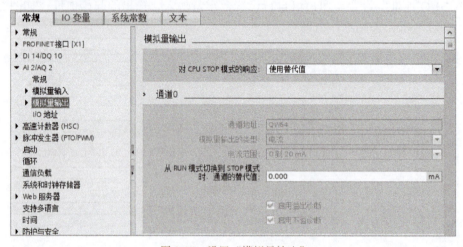

图 2-37 设置"模拟量输出"

1）"对 CPU STOP 模式的响应"设置模拟量输出对 CPU 从 RUN 模式切换到 STOP 模式的响应，可以设置为保持上一个值或者使用替代值。

2）"通道地址"：在模拟量的"I/O 地址"中设置模拟量输出首地址。

3）"模拟量输出的类型"：本体上的模拟量输出只支持电流信号，所以选项为灰，不可设置。

4）"电流范围"：输出的电流信号范围为固定的 0～20mA。

5）"从 RUN 模式切换到 STOP 模式时，通道的替代值"：如果在模拟量输出设置中，设为"使用替代值"，则此处可以设置替代的输出值，设置值的范围为 0.0～20.0mA，表示从运行切换到停止状态后，输出使用设置的替代值。如果选择了"保持上一个值"则此处为灰色不能设置。

6）"启用溢出/下溢诊断"：激活溢出诊断，则发生溢出时会生成诊断事件。集成模拟量都是激活的，而扩展模块上的则可以选择是否激活。

（3）"I/O 地址" 模拟量 I/O 地址设置与数字量 I/O 地址设置相似。

5. 高速计数器（HSC）

如果要使用高速计数器，则在此处激活"启用该高速计数器"，并设置计数类型、工作模式、输入通道等。

6. 脉冲发生器（PTO/PWM）

如果要使用高速脉冲输出 PTO/PWM 功能，则在此处激活"启用该脉冲发生器"，并设置脉冲参数等。

7. 系统和时钟存储器

用于设置 M 存储器的字节作为系统和时钟存储器，然后程序逻辑可以引用它们的各个位用于逻辑编程。

（1）"系统存储器位" 用户程序可以引用 4 个位：首次循环、诊断状态已更改、始终为 1、始终为 0，设置如图 2-38 所示。

图 2-38　系统存储器设置

（2）"时钟存储器位" 设置如图 2-39 所示，组态的时钟存储器的每一个位都是不同频率的时钟方波，可在程序中用于周期性触发动作。

图 2-39　时钟存储器设置

8. Web 服务器

S7-1200 PLC 支持 Web 服务器功能，PC 或移动设备可通过 Web 页面访问 CPU 诊断缓冲区、模块信息和变量表等数据。选择"常规"→"Web 服务器"，设置页面上使能"在此设备的所有模块上激活 Web 服务器"，即可激活 S7-1200 CPU Web 服务器功能。

CPU 激活 Web 服务器功能后，如果 PLC PROFINET 端口和 PC 连接在同一网络，则可使用 PC Web 浏览器访问内置 PLC Web 服务器。打开 Web 浏览器，输入 S7-1200 CPU 的 IP 地址（如 192.168.0.1，即可访问 CPU Web 服务器内容。如果 CPU 属性中激活了 "仅允许通过 HTTPS 访问"选项，则需要在浏览器中输入"https://192.168.0.1"，实现对 Web 服务器的安全访问。

9. 防护与安全

1）"访问级别"：此界面可以设置该 PLC 的访问级别，共可设置 4 个访问级别，如图 2-40 所示。

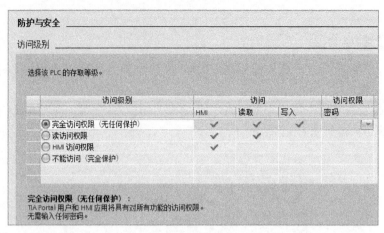

图 2-40 访问级别

2）"连接机制"：激活"允许来自远程对象的 PUT/GET 通信访问"后，如图 2-41 所示，CPU 才允许与远程伙伴进行 PUT/GET 通信。

图 2-41 连接机制

3）"安全事件"：部分安全事件会在诊断缓冲区中生成重复条目，可能会堵塞诊断缓冲区。通过组态时间间隔来汇总安全事件可以抑制循环消息，时间间隔的单位可以设置为秒、分钟或小时，数值范围设置为 1～255，在每个时间间隔内，CPU 仅为每种事件类型生成一个组警报。

4）"外部装载存储器"：激活"禁止从内部装载存储器复制到外部装载存储器"，可以防止从 CPU 集成的内部装载存储器到外部装载存储器的复制操作。

10. 组态控制

组态控制可用于组态控制系统的结构，将一系列相似设备单元或设备所需的所有模块都在具有最大组态的主项目（全站组态方式）中进行组态，操作员可通过人机界面等方式，根据现场特定的控制系统轻松地选择某种站组态方式。

要想使用组态控制，首先要激活"允许通过用户程序重新组态设备"，然后创建规定格式的数据块，通过指令 WRREC，将数据记录 196 的值写入 CPU 中，然后通过写数据记录来实现组态控制。

11. 连接资源

连接资源页面显示了 CPU 连接中的预留资源与动态资源概览，如图 2-42 所示。

12. 地址总览

地址总览以表格的形式显示已经设置使用的所有输入和输出地址，通过选中不同的复选框，可以设置要在地址总览中显示的对象：输入、输出、地址间隙和插槽。地址总览表格中可以显示地址类型、起始地址、结束地址、字节大小、模块信息、机架、插槽、设备名称、设备编号、归属总线系统（PN、DP）、过程映像分区和组织块等信息。

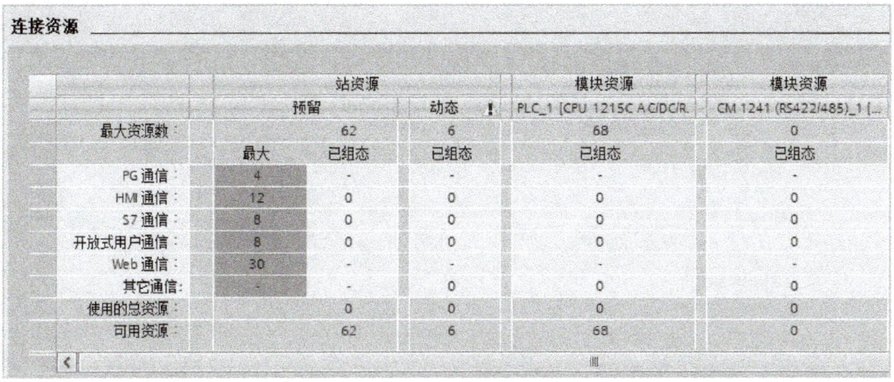
连接资源

	站资源			模块资源	模块资源
	预留		动态	PLC_1 [CPU 1215C AC/DC/R...	CM 1241 (RS422/485)_1 [...
最大资源数：	62		6	68	0
	最大	已组态	已组态	已组态	已组态
PG 通信：	4	-	-	-	-
HMI 通信：	12	0	0	0	0
S7 通信：	8	0	0	0	0
开放式用户通信：	8	0	0	0	0
Web 通信：	30	-	-	-	-
其它通信：	-	-	0	0	0
使用的总资源：		0	0	0	0
可用资源：		62	6	68	0

图 2-42　连接资源

2.7.2　扩展模块属性设置

1. I/O 扩展模板模块属性设置

在 TIA 博途软件的“设备视图”下，单击要设置参数的模块，在模块“属性”页面中可设置模板的参数，I/O 扩展模块属性设置与 CPU 本体上的输入 / 输出设置基本相似，图 2-43 所示为 1 块 SM1223 扩展模块的属性。

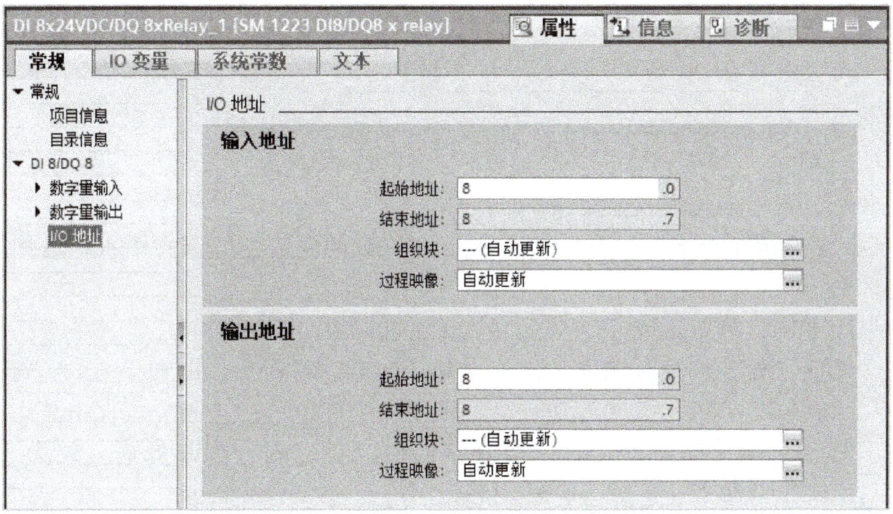

图 2-43　I/O 扩展模块属性设置

2. 通信模板属性设置

与 I/O 扩展模板模块属性设置相似，在属性视图中可设置通信模板模块的参数，图 2-44 所示为通信模块 CM1241（RS485）常规属性。

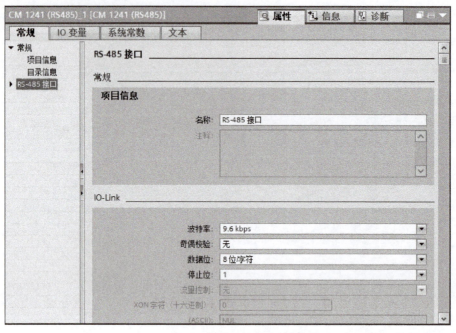

图 2-44　通信模板属性设置

2.8　知识技能巩固练习

一、填空题

1. S7-1200 PLC 使用_____、_____和_____三种编程语言。
2. 梯形图由_____、_____和用方框表示的指令框组成。
3. 功能块图是一种类似于数字逻辑门电路的编程语言，方框的左侧为逻辑运算的_____变量，右侧为_____变量。
4. 结构化控制语言（SCL）是一种基于 PASCAL 的_____编程语言，这种语言基于_____标准。
5. 梯形图中逻辑解算是按_____、_____的顺序进行的。
6. 在"地址"列输入绝对地址时，按照 IEC 标准，将为变量添加_____符号。
7. S7-1200 PLC 的梯形图允许在一个程序段中生成_____独立程序电路。
8. 数字量输入模块某一外部输入电路接通时，对应的过程映像输入位为_____，梯形图中对应的常开触点_____，常闭触点_____。
9. 若梯形图中某一过程映像输出位 Q 的线圈"断电"，对应的过程映像输出位为_____，在写入输出模块阶段之后，继电器型输出模块对应的硬件继电器的线圈_____，其常开触点_____，外部负载_____。
10. Q3.4 是输出字节_____的第_____位。
11. MW2 由_____和_____组成，_____是它的高位字节。
12. MD102 由_____和_____组成，_____是它的最低位字节。

13. 在 I/O 点的地址或符号地址的后面附加_____，可以立即访问外设输入或外设输出。

14. TIA 博途软件提供了帮助系统，用户可选中某个对象，按_____键打开。

二、简答题

1. IEC 61131-3 标准说明了哪几种编程语言？
2. S7-1200 PLC 可以使用哪些编程语言？
3. S7-1200 PLC 有哪几种代码块？
4. I0.3：P 和 I0.3 有什么区别？
5. 怎样将 Q4.5 的值立即写入对应的输出模块？
6. DB 数据块位访问格式是什么？举例说明。
7. 如何设置 M 区的断电保持性？

三、TIA 博途软件使用练习

1. 创建 PLC 变量表，命名为"变量表练习"。在变量表中分别创建 Bool 型、Int 型、DInt 型、Real 型、数组、Word 型的变量。

2. 新建 FC，编写控制程序，实现一个按钮控制 8 个灯；在 OB1 中调用 FC，下载程序并进行调试。

3. 创建一个空项目，命名为"上载程序"。将"灯控程序"从 PLC 上载到项目中，并测试运行。

4. 设置 CPU 参数。要求设置数字输入地址从 5 开始，数字输出地址从 5 开始；设置以太网地址为 192.168.0.11；启用时钟存储器字节；允许来自远程对象的 PUT/GET 通信访问。

第 3 章　S7-1200 PLC 指令和应用

西门子 S7-1200 PLC 的指令系统分为基本指令、扩展指令、工艺指令、通信指令等，而其中的基本指令是我们学习 S7-1200 PLC 必须要了解和掌握的指令，主要包括位逻辑运算、定时器、计数器、比较操作、数学函数等。

这些 PLC 指令是实现 PLC 控制功能的核心和灵魂，一个特定的 PLC 功能可能有多种实现方法。在进行 PLC 指令学习和实践中，必须保持严谨细致的态度，敢于质疑，以创新思维解决遇到的各种复杂问题。

本章主要以实例和任务的形式介绍梯形图编程语言中的基本指令和部分扩展指令，其他指令内容参考博途软件在线帮助或 S7-1200 PLC 系统手册。

通过本章的学习和实践，应努力达到如下目标：

知识目标

① 了解 S7-1200 PLC 指令系统的构成和应用场合。
② 熟悉位指令、置位/复位指令和边沿指令。
③ 熟悉和掌握定时器指令、计数器指令和运算指令。
④ 了解和熟悉程序控制指令。
⑤ 了解和熟悉实时时钟指令和字符指令。

能力目标

① 进一步熟悉博途编程软件的使用。
② 能根据工艺要求使用位指令、定时器、计数器等基本指令进行程序设计。
③ 能通过查询软件手册使用扩展指令完成相关程序设计。
④ 掌握用所学指令解决工程控制问题的方法和技巧。
⑤ 能根据任务要求设计电气原理图、设计和调试程序、检测故障等。

素养目标

① 树立规章意识、安全意识、质量意识和责任意识。
② 养成一丝不苟、精益专注、按规范操作的职业素养。
③ 增强团队合作意识，提高团队效率。
④ 通过项目任务实施培养细心品质，并养成质量要求高标准的职业习惯。

3.1 位逻辑指令

位逻辑指令用于二进制数的逻辑运算，运算的结果简称为 RLO（逻辑运算结果）。

西门子 S7-1200 中的位逻辑指令按不同的功能用途具有不同的形式，可以分为触点线圈指令、置位/复位指令和上升沿/下降沿指令。常用的位逻辑指令见表 3-1。

表 3-1 常用的位逻辑指令

图形符号	功能说明	图形符号	功能说明
⊣ ⊢	常开触点（地址）	SR	SR 触发器
⊣/⊢	常闭触点（地址）	RS	RS 触发器
⊣NOT⊢	取反 RLO 触点	⊣P⊢	P 指令，上升沿检测
⊣( )⊢	输出线圈（赋值）	⊣N⊢	N 指令，下降沿检测
⊣(/)⊢	取反输出线圈	⊣(P)⊢	P 线圈，上升沿
⊣(R)	复位输出	⊣(N)⊢	N 线圈，下降沿
⊣(S)	置位输出	P_TRIG	扫描 RLO 信号上升沿
SET_BF	置位位域	N_TRIG	扫描 RLO 信号下降沿
RESET_BF	复位位域	R_TRIG F_TRIG	检测信号上升沿/下降沿

3.1.1 触点及线圈指令

1. 常开触点与常闭触点

如图 3-1 所示，梯形图编程语言中的"触点"有常开触点和常闭触点两种。分配位的参数"IN"的数据类型为"BOOL"。触点上方的地址是位寻址的区域，如 I0.0、Q0.0、M10.0、DB1.DBX3.0 等。

触点与线圈指令讲解

```
        IN: BOOL        IN: BOOL
        ⊣  ⊢            ⊣/ ⊢
        a) 常开触点      b) 常闭触点
```

图 3-1 梯形图编程中的触点指令

当常开触点上面的地址赋值为 1 时，触点闭合导通（ON 状态）；而常闭触点上面的地址赋值为 1 时，将执行取反操作，该地址处于断开状态（OFF 状态）；反之，如果常闭触点上的地址赋值为 0，则常闭触点将闭合（ON 状态）。

如图 3-2 所示，程序段 1 中常开触点 %I0.0 为 "0"，断开；常闭触点 %I0.1 为 "0"，闭合导通，两个触点串联后将进行 "与" 运算；程序段 2 中两个触点并联，将进行 "或" 运算。

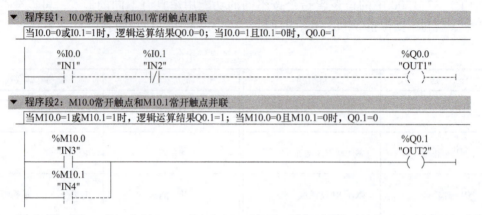

图 3-2 常开触点与常闭触点示例程序

2. 取反 RLO 触点

如图 3-3 所示，中间有 "NOT" 的触点为取反 RLO 触点，它用来转换能流输入的逻辑状态。如果没有能流流入取反 RLO 触点，则 "NOT" 后有能流流出，如图 3-3a 所示；如果有能流流入取反 RLO 触点，则没有能流流出，如图 3-3b 所示。

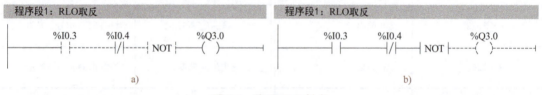

图 3-3 取反 RLO 触点

3. 线圈

线圈将输入的逻辑运算结果（RLO）的信号状态写入指定的地址，线圈通电（RLO 的状态为 "1"）时写入 1，断电时写入 0。取反输出线圈中间有 "/" 符号，则将其状态进行取反操作。可以用 Q0.0:P 的线圈将位数据值写入过程映像输出 Q0.0，同时立即直接写给对应的物理输出点，如图 3-4 所示。

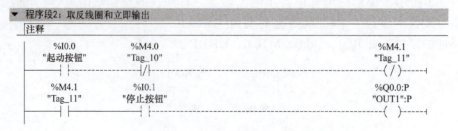

图 3-4 取反线圈和立即输出

❖ **注意**：编程中不能出现"双线圈"形式，如将 Q0.0 以线圈形式输出两次或多次。

【**实例 3-1**】电动机顺序起停程序设计。控制要求：电动机 M1 起动，电动机 M2 才能起动，若电动机 M1 不起动，则电动机 M2 无法起动。电动机 M1 停止后，电动机 M2 才能停止，若电动机 M1 不停止，则电动机 M2 无法停止。

【**解**】首先设计 PLC 控制原理图，然后根据要求编写控制程序。

1）PLC 控制原理图设计：图 3-5 所示为电动机顺序起停控制原理图。

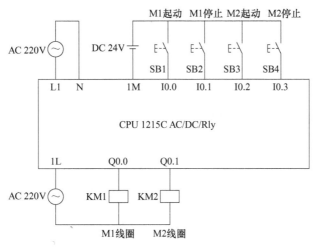

图 3-5　电动机顺序起停控制原理图

2）控制程序设计：梯形图程序如图 3-6 所示。

图 3-6　电动机顺序起停梯形图程序

程序分析：电动机 M1 是自锁控制；电动机 M2 控制程序整体架构也是自锁程序，其中，在"M2 起动按钮"后串联"M1 线圈"，只有 M1 线圈得电，M2 才能起动；在"M2 停止按钮"下方并联"M1 线圈"，只有 M1 线圈断电后，"M2 停止按钮"按下时，M2 才能停止。

【实例3-2】PLC控制电动机正反转程序设计。控制要求：实现电动机"正转—停止—反转"的控制逻辑。设计相应的PLC控制电路原理图，并编制控制程序。

【解】1）PLC控制电路原理图设计：图3-7所示为电动机正反转控制原理图。

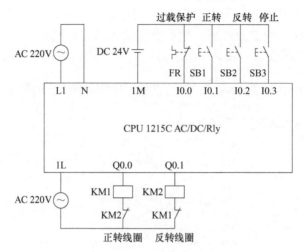

图3-7　电动机正反转控制原理图

2）控制程序设计：梯形图程序如图3-8所示。

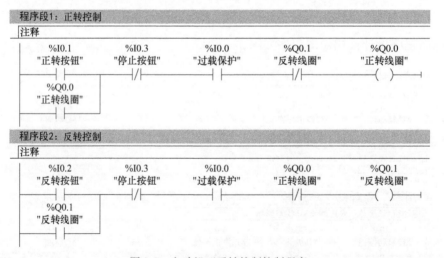

图3-8　电动机正反转控制控制程序

程序分析：首先，因为过载开关的常闭触点接入了PLC输入端，因此程序中"过载保护"I0.0使用的是常开触点，以保证电动机无过载时，能流能通过。电动机的正转控制、反转控制程序结构相似，均采用了自锁结构；由于电动机不能同时正、反转，因此加入了互锁，即将正转线圈Q0.0的常闭触点串联接入反转控制程序中，反转线圈Q0.1也同样串联在正转控制程序中，保证运行时只能正转或反转；此程序在正反转状态切换时，必须先停止，才能再起动。

上述实例中，如没有互锁控制，则可能出现严重的短路故障，威胁到生产安全。因此，我们在设计程序、进行 PLC 线路安装接线时要规范进行，注意安全，培养一丝不苟、精益求精的工匠精神和素质。

3.1.2 置位/复位指令

1. 置位、复位输出指令

S（Set，置位输出）指令将指定的地址位置位（变为 1 状态并保持）。

R（Reset，复位输出）指令将指定的地址位复位（变为 0 状态并保持）。

置位输出指令 S 与复位输出指令 R 最主要的特点是有记忆和保持功能。如果图 3-9 中 I0.0 的常开触点闭合，M20.0 变为 1 状态并保持该状态（显示为绿色圆弧）；如果 I0.1 的常开触点闭合，则 M20.0 变为 0 状态（显示为间断蓝色圆弧）。

图 3-9 置位输出指令与复位输出指令

【实例 3-3】使用置位/复位指令实现"正转—停止—反转"的控制逻辑。

【解】本实例梯形图如图 3-10 所示，可见使用置位/复位指令后，不需要自锁逻辑。

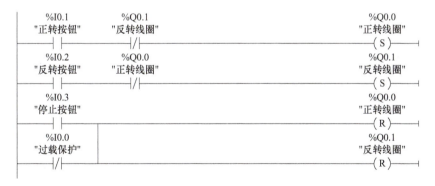

图 3-10 置位/复位指令实现电动机正反转控制

2. 置位位域指令与复位位域指令

置位指令和复位指令只能对单个地址进行操作；而置位位域指令和复位位域指令能够对连续位地址进行置位、复位操作，如图 3-11 所示。当 I1.0 导通时，将置位从 Q1.0 地址开始的连续 4 个输出点（Q1.0～Q1.3）。

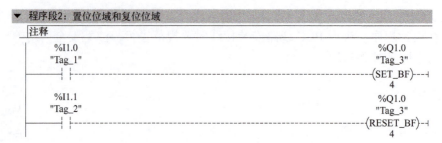

图 3-11　置位位域指令与复位位域指令

3. 置位/复位（SR）触发器与复位/置位（RS）触发器

SR 触发器和 RS 触发器指令如图 3-12 所示。以 Q0.0 的控制为例，当 S 端信号 M3.0 由"0"变"1"时，Q0.0 被置位为 1 并保持；当 R1 端信号 M3.1 由"0"变"1"时，Q0.0 被复位为 0，并保持。SR 触发器中，S 端和 R1 端同时为 1 时，复位优先；RS 触发器中，S1 端和 R 端同时为 1 时，置位优先。

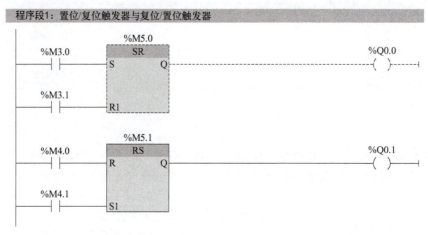

图 3-12　SR 触发器与 RS 触发器

触发器指令上方的 M5.0 和 M5.1 称为标志位。R、S 输入端首先对标志位进行置位或复位，然后将标志位状态送到输出端 Q。后面介绍的很多指令都具有标志位，含义类似。

【实例 3-4】两人抢答器程序设计。设计两名选手参加比赛的抢答器，每名选手设置一个抢答按钮。节目主持人设置一个控制开关，用来控制系统的复位和抢答的开始。

【解】两人中任意抢答，抢答成功后指示灯亮，并将对方的指示灯进行互锁；进行下一问题时，主持人按复位按钮，抢答重新开始，梯形图程序如图 3-13 所示。

3.1.3　上升沿/下降沿指令

1. 边沿检测指令

如图 3-14 所示，当信号状态发生变化时，就会产生跳变沿。当信号从"0"到"1"变化时，产生一个上升沿（正跳沿）；当信号从"1"到"0"变化时，产生一个下降沿（负跳沿）。CPU 在每个扫描周期都把信

边沿检测指令讲解

号状态与前一个扫描周期的信号状态进行比较，若不同，则表明有一个跳变沿。因此，前一个扫描周期的信号状态将被存储，以便能与新的信号状态相比较。

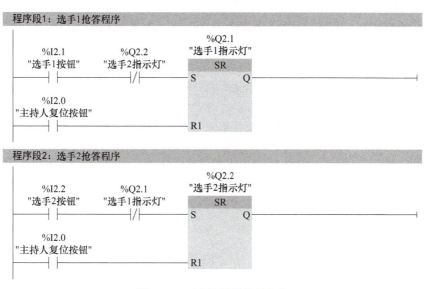

图 3-13　两人抢答器控制程序

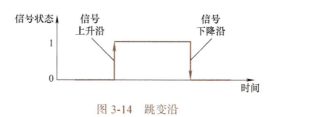

图 3-14　跳变沿

如图 3-15 所示，中间有"P"的触点指令的名称为"扫描操作数的信号上升沿"，如果该触点上面的输入信号 I0.0 由 0 状态变为 1 状态（即输入信号 I0.0 的上升沿），则该触点接通一个扫描周期，M20.0 被置位。边沿检测触点不能放在电路结束处。

P 触点下面的 M5.0 为边沿存储位，用来存储上一次扫描循环时 I0.0 的状态。通过比较 I0.0 的当前状态和上一次循环的状态，来检测信号的边沿。

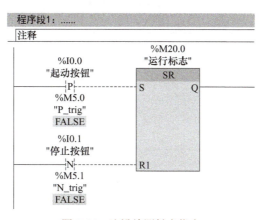

图 3-15　边沿检测触点指令

边沿存储位的地址（如 M5.0、M5.1）只能在程序中使用一次，它的状态不能在其他地方被改写。只能用 M、DB 和 FB 的静态局部变量（Static）来作边沿存储位，不能用块的临时局部数据或 I/O 变量来作边沿存储位。

图 3-15 中有"N"的触点指令的名称为"扫描操作数的信号下降沿"，如果该触点上面的输入信号 I0.1 由 1 状态变为 0 状态（即 I0.1 的下降沿），R1 端"通电"一个扫描周期，将 M20.0 复位为 0。该触点下面的 M5.1 为边沿存储位。

【实例 3-5】设计单键起停程序，实现用一个按钮控制一盏灯的亮灭，即按下开关灯泡亮，再按下开关灯泡灭，以此类推。

【解】梯形图如图 3-16 所示，当第一次按下按钮时，Q0.0 线圈得电（灯亮），Q0.0 常开触点闭合；当第二次按下按钮时，S 和 R1 端子同时高电平，由于复位优先，因此 Q0.0 线圈断电（灯灭）。

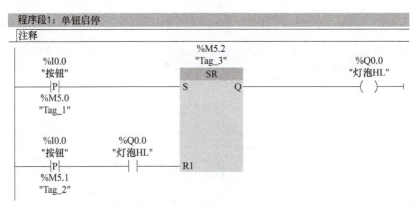

图 3-16 SR 触发器实现单键起停程序

本程序还可以使用 RS 指令来实现，请读者自行尝试设计。

2. 边沿检测线圈指令

边沿检测线圈指令用于检测指令前的能流结果的沿，指令上方的操作数为沿信号输出，指令下方的操作数为上一扫描周期结果。如图 3-17 所示，P 线圈和 N 线圈可以放置在程序段的中间，也可以放在程序段的最后。它们对能流不产生影响，在程序中也不会影响 RLO，因此 I0.0 是直接控制 M6.5 的。

边沿检测线圈指令讲解

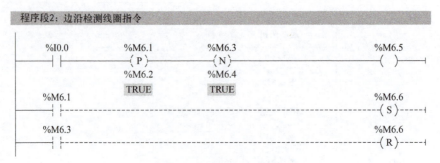

图 3-17 边沿检测线圈指令

程序执行过程：当 I0.0 由 0 状态变为 1 状态时，能流经 P 线圈和 N 线圈流进 M6.5 的线圈。在 I0.0 的上升沿，M6.1 的常开触点闭合一个扫描周期，使 M6.6 置位。在 I0.0 的下降沿，M6.3 的常开触点闭合一个扫描周期，使 M6.6 复位。

3. 扫描 RLO 的信号上升沿 / 下降沿指令

如图 3-18 所示，在流进"扫描 RLO 的信号上升沿（P_TRIG）"指令的 CLK 输入端 I0.0 和 I0.1 常开触点串联结果的能流的上升沿（能流刚流进），Q 端输出脉冲宽度为一个扫描周期的能流，使 M4.1 置位。指令方框下面的 M4.0 是脉冲存储位。

程序段3：扫描RLO的信号边沿指令

```
  %I0.0      %I0.1      P_TRIG                      %M4.1
───┤ ├───────┤ ├────────┤CLK   Q├────────────────────( S )──
                         %M4.0
                         TRUE

                         N_TRIG                      %M4.3
                        ─┤CLK   Q├────────────────────( R )──
                         %M4.2
                         TRUE
```

图 3-18 扫描 RLO 的信号边沿指令

在流进"扫描 RLO 的信号下降沿（N_TRIG）"指令的 CLK 输入端的能流的下降沿（能流刚消失），Q 端输出脉冲宽度为一个扫描周期的能流，使 M4.3 复位。指令方框下面的 M4.2 是脉冲存储位。P_TRIG 指令与 N_TRIG 指令不能放在电路的开始处和结束处。

采用 P_TRIG 指令与 N_TRIG 指令的便捷之处在于，产生的边沿信号如 M4.1、M4.3 可以用于其他程序段中；而 P 指令和 N 指令只能用在一处。

4. 检测信号上升沿 / 下降沿指令

图 3-19 中的 R_TRIG 是"检测信号上升沿"指令，F_TRIG 是"检测信号下降沿"指令。该指令将输入 CLK 的当前状态与背景数据块中的边沿存储位保存的上一个扫描周期的 CLK 的状态进行比较。如果指令检测到 CLK 的上升沿或下降沿，将会通过 Q 端输出一个扫描周期的脉冲。EN 端为指令使能端，可以在 EN 前增加控制条件。

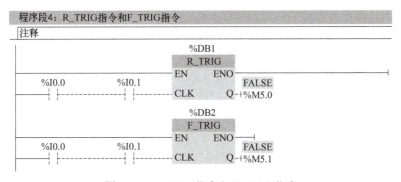

图 3-19 R_TRIG 指令和 F_TRIG 指令

该指令相当于 FB，并且是唯一可以在 SCL 中使用的，所以主要用在 FB 的多重背景或者 SCL 中。CLK 为待检测的变量或能流，Q 为沿输出，上一扫描周期结果位于背景数据块中。

5. 边沿指令的区别

1）在—|P|—触点上面的地址的上升沿，该触点接通一个扫描周期，因此 P 触点用于检测触点上面的地址的上升沿，并且直接输出上升沿脉冲，其他 3 种指令都是用来检测 RLO（流入它们的能流）的上升沿。

2）在流过—(P)—线圈的能流的上升沿，线圈上面的地址在一个扫描周期为 1 状态，因此 P 线圈用于检测能流的上升沿，并用线圈上面的地址用来输出上升沿脉冲。其他 3 种指令都是直接输出检测结果。

3）R_TRIG 指令与 P_TRIG 指令都是用于检测流入它们的 CLK 端的能流的上升沿，并直接输出检测结果。其区别在于 R_TRIG 指令用背景数据块保存上一次扫描循环 CLK 端信号的状态，而 P_TRIG 指令用边沿存储位来保存。如果 P_TRIG 指令与 R_TRIG 指令的 CLK 电路只有某地址的常开触点，可以用该地址的—|P|—触点来代替它的常开触点和这两条指令之一的串联电路。

3.2 定时器指令与计数器指令

3.2.1 定时器指令

在 PLC 中，定时器是一个重要的功能模块，它能够实现时间控制的精确性和可靠性。PLC 中的定时器就像生活中的时钟，启发我们既要对时间准确控制，又要遵时守时，提高时间意识。

在 S7-1200 PLC 中，采用的定时器是标准的 IEC 定时器，属于函数块，所以每个定时器在使用时，都必须为其配置一个背景数据块来保存相应的数据，并且在程序编辑器中放置定时器时，就会提示为其分配背景数据块。

S7-1200 PLC 分功能框定时器和线圈型定时器。功能框定时器为 IEC 类型定时器，集成在 CPU 操作系统中。S7-1200 定时器的类型有：脉冲定时器（TP）、通电延时定时器（TON）、断电延时定时器（TOF）和时间累加器定时器（TONR）等。

1. 通电延时定时器（TON）

通电延时定时器（TON）是 IN 端接通之后开始计时，定时时间到之后使对应的输出 Q 输出为 1。TON 指令参数见表 3-2。

（1）调用 TON 指令　可以在组织块 OB1、FC、FB 中调用定时器指令，不同的是，调用时生成背景数据块的选项有些不同，如在 FB 中调用定时器时，会有"多重实例"选项，在后续章节中会详细介绍。在 OB1 中调用 TON 指令时，自动弹出"调用选项"对话框，如图 3-20 所示。

接通延时定时器 TON 讲解

表 3-2 TON 指令参数

LAD	参数	数据类型	参数说明
<???> TON Time — IN Q — <???> — PT ET — ...	IN	BOOL	启动定时器条件
	Q	BOOL	超过 PT，定时器置位输出
	PT	Time	预置定时时间
	ET	Time/LTime	当前已定时时间

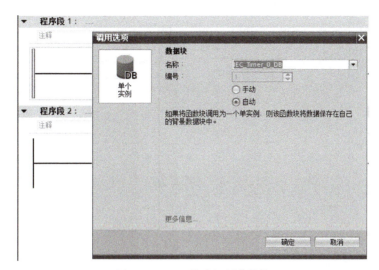

图 3-20 TON 指令调用数据块

背景数据块默认名称为"IEC_Timer_0_DB"，此名称可以修改，例如，用"T1""某设备延时"等来做定时器标识符。单击"确定"按钮，自动生成背景数据块。

（2）编辑 TON 指令 调用完成 TON 指令后，我们可以为定时器设置参数，如图 3-21 所示。

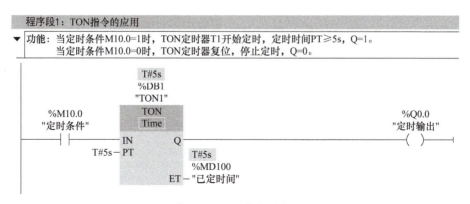

图 3-21 TON 指令的应用

IN 输入端的输入电路接通时开始定时，定时时间大于或等于预设时间（Preset Time，PT）指定的设定值时，输出 Q 变为 1 状态，当前时间值（Elapsed Time，ET）保持不变。IN 输入端的电路断开时，定时器立即被复位，当前时间被清零，输出 Q 变为 0 状态。

CPU 第一次扫描时，定时器输出 Q 被清零。

预设时间（PT）和当前时间（ET，定时开始后经过的时间）的数据类型为 32 位的 Time，单位为 ms，最大定时时间为"T#24D_20H_31M_23S_647MS"（软件中时间单位不区分大小写），Q 为定时器的位输出。各参数均可以使用 I（仅用于 IN）、Q、M、DB、L 存储区，PT 可以使用常量（输入常量时，如输入 5000，代表 5000ms）。定时器指令可以放在程序段的中间或结束处，可以不给输出 Q 和 ET 指定地址。

（3）时序图　TON 指令的时序图如图 3-22 所示，请读者自行分析和理解。

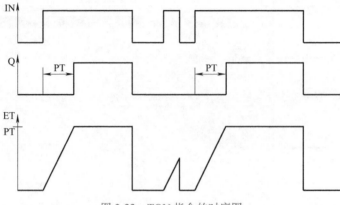

图 3-22　TON 指令的时序图

2. 断电延时定时器（TOF）

（1）断电延时定时器（TOF）工作过程　过程分析：其 IN 输入电路接通时，输出 Q 立即为 1 状态，当前时间被清零。IN 输入电路由接通变为断开时（IN 输入的下降沿）开始定时，当前时间从 0 逐渐增大。当前时间等于预设值时，输出 Q 变为 0 状态，当前时间保持不变，直到 IN 输入电路接通。断电延时定时器可以用于设备停机后的延时，例如加热炉与循环风机的延时控制。

断电延时定时器指令讲解

根据对 TOF 执行过程的分析，可以看出图 3-23 所示程序表示的是一个断开延时的过程，当 M10.0 为 ON 时，Q0.1 输出为 ON；当 M10.0 变为 OFF 时，Q0.1 保持输出 10s 后自动断开为 OFF。

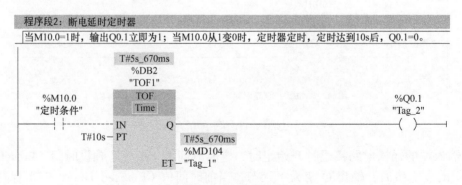

图 3-23　TOF 指令的应用

（2）时序图　TOF 指令的时序图如图 3-24 所示，请读者自行分析和理解。

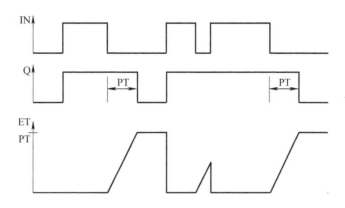

图 3-24　TOF 指令的时序图

3. 时间累加器定时器（TONR）

（1）TONR 功能　时间累加器定时器（TONR）与通电延时定时器（TON）的功能基本一致，区别在于当 TONR 的输入端的状态变为 OFF 时，定时器的当前值不清零；当输入端状态再一次变为 ON 时，定时器继续定时，直到定时时间大于或等于 PT 值，输出端 Q 状态为 ON。TONR 指令引脚增加了复位端 R，用于复位定时器。

（2）时序图　TONR 指令的时序图如图 3-25 所示，请读者自行分析和理解。

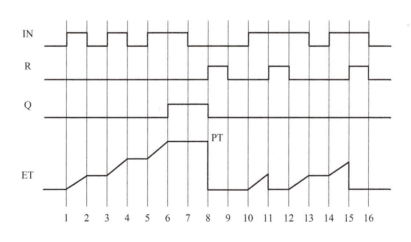

图 3-25　TONR 指令的时序图

（3）TONR 指令的应用　下面通过一个例子介绍 TONR 指令的应用。如图 3-26 所示，当 I0.0 闭合的累积时间大于或等于 10s（即 I0.0 可以一次性闭合或者多次闭合，累积时间大于或等于 10s），Q0.0 线圈得电，如果需要 Q0.0 线圈断电，则需要 I0.1 闭合。

图 3-26 TONR 指令的应用

4. 脉冲定时器（TP）

（1）TP 功能　使用 TP 指令，可以将输出 Q 置位为预设的一段时间。当定时器使能端的状态从 OFF 变为 ON 时，可启动该定时器指令，定时器开始计时。无论后续使能端的状态如何变化，都将输出 Q 置位为由 PT 指定的一段时间。若定时器正在计时，即使检测到使能端的信号在此从 OFF 变为 ON 的状态，输出 Q 的信号状态也不会受到影响。

脉冲定时器指令讲解

（2）时序图　通过时序图可以分析 TP 的工作过程，如图 3-27 所示。

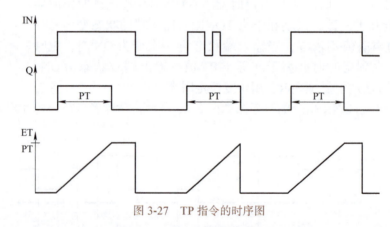

图 3-27 TP 指令的时序图

（3）TP 指令的应用　下面通过一个实例分析 TP 指令的应用，如图 3-28 所示。

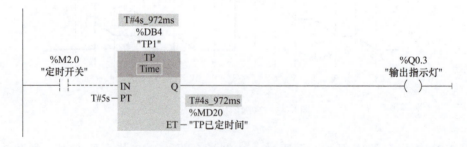

图 3-28 TP 指令的应用

工作过程分析：当 M2.0 接通为 ON 时，Q0.3 的状态为 ON，5s 后，Q0.3 的状态变为 OFF，在这 5s 时间内，不管 M2.0 的状态如何变化，Q0.3 的状态始终保持为 ON。

IN 输入的脉冲宽度可以小于预设值，在脉冲输出期间，即使 IN 输入出现下降沿和上升沿，也不会影响脉冲的输出。

5. 复位定时器（RT）

使用复位定时器（RT）指令，可将 IEC 定时器复位为"0"。仅当线圈输入的逻辑运算结果（RLO）为"1"时，才执行该指令。图 3-29 所示第 1 条指令为复位通电延时定时器 TON1。

6. 加载持续时间（PT）

可以使用加载持续时间（PT）指令为 IEC 定时器设置时间。如果该指令输入逻辑运算结果（RLO）的信号状态为"1"，则每个周期都执行该指令。图 3-29 将 PT 线圈下面指定的时间预设值"T#15s"（即持续时间）写入定时器名为"TOF1"的背景数据块 DB3 中的静态变量 PT，将它作为 TOF1 的输入参数 PT 的实参。

如果在指令执行时，指定 IEC 定时器正在计时，指令将覆盖该指定 IEC 定时器的当前值，这将更改 IEC 定时器的定时器状态。

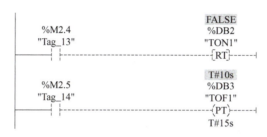

图 3-29　复位定时器 / 加载持续时间

7. 定时器线圈指令

中间标有 TP、TON、TOF 和 TONR 的是定时器线圈指令。将指令列表的"基本指令"选项板的"定时器操作"文件夹中的"TON"线圈指令拖放到程序区。它的上面可以是类型为 IEC_TIMER 的背景数据块，也可以是数据块中数据类型为 IEC_TIMER 的变量，它的下面是时间预设值。限于篇幅，定时器线圈指令的使用可以参考帮助信息或参考其他教材。

8. 定时器应用举例

【实例 3-6】电动机顺序延时起动控制。控制要求：有三台电动机，当按下起动按钮 SB1 后，电动机 M1 立即起动；M1 运行 3s 后，电动机 M2 自动起动；M2 运行 5s 后，电动机 M3 自动起动。按下停止按钮 SB2 后，三台电动机立即停止运行。编写控制程序，自行确定 I/O 分配表。

【解】根据题目要求，需要使用通电延时型定时器来实现延时起动。

（1）电气原理图设计　读者自行设计电气原理图，此处略。

（2）梯形图设计　根据任务要求，可采用两个 TON，并设置不同的定时时间，根据顺序起动关系，M1 起动后，定时器 TON1 开始定时，定时时间到，起动 M2 和定时器 TON2；TON2 定时时间到，起动 M3。设计的程序如图 3-30 所示。

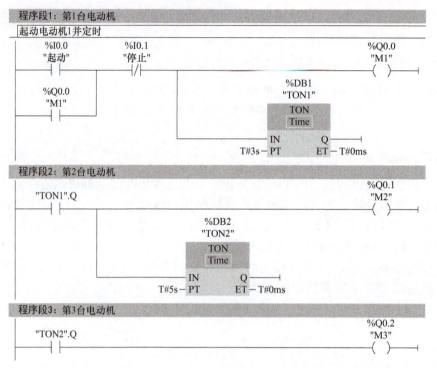

图 3-30 电动机顺序延时起动控制程序

说明：图 3-30 中，"TON1".Q 和 "TON2".Q 是定时器的输出，在编辑程序时，该地址可以在常开触点上方进行选择，不需要手动输入，如图 3-31 所示。

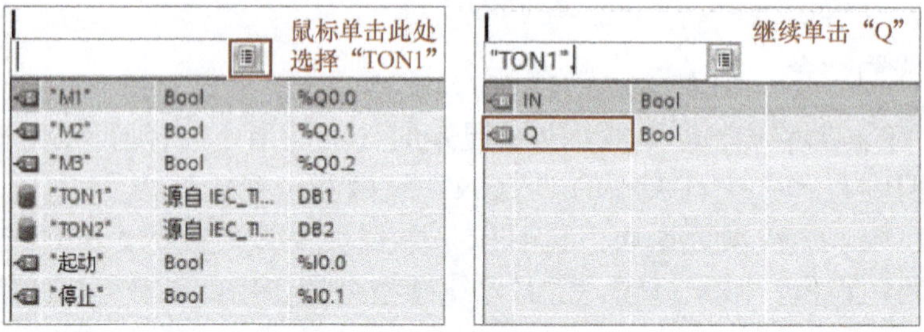

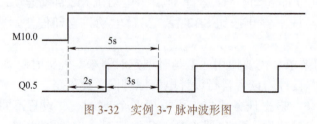

图 3-31 选择定时器输出点

【实例 3-7】输出占空比可调脉冲信号。编程实现占空比可调的脉冲信号输出，信号周期为 5s，占空比为 60%，波形要求如图 3-32 所示。

图 3-32 实例 3-7 脉冲波形图

【解】根据任务说明，需要设置两个定时器，梯形图如图 3-33 所示。输出脉冲信号的高、低电平时间分别由两个定时器的 PT 值确定。

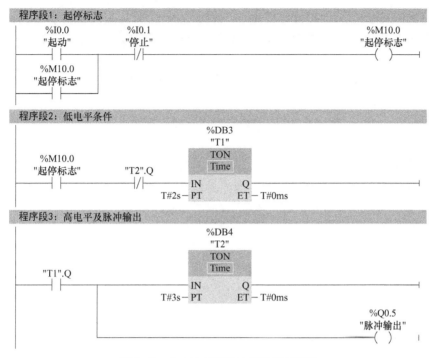

图 3-33　占空比可调脉冲信号控制程序

【实例 3-8】锅炉鼓风机和引风机控制。控制要求：当按下起动按钮后，引风机先工作，10s 后自动起动鼓风机；当按下停止按钮后，立即关断鼓风机，经 20s 后自动关断引风机。编写控制程序并调试。

【解】（1）电气原理图设计　读者自行设计电气原理图，此处略。

（2）控制程序设计　引风机在按下停止按钮后还要运行 20s，可见要使用 TOF 定时器；鼓风机在引风机工作 10s 之后才开始工作，因而要使用 TON 定时器，梯形图如图 3-34 所示。

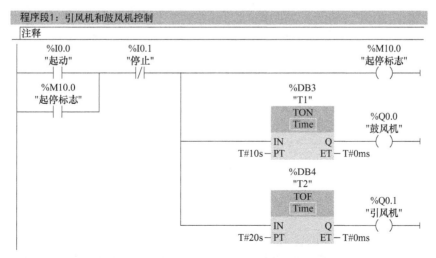

图 3-34　鼓风机和引风机控制程序

3.2.2 计数器指令

在 S7-1200 PLC 中,计数器可应用于工程中需要计数的场合,共有 3 种计数器:加计数器(CTU)、减计数器(CTD)和加/减计数器(CTUD),如图 3-35 所示。它们属于软件计数器,用来累计输入脉冲的次数。其共同特点如下:

1)最大计数频率受 OB1 的扫描周期限制;如果有高速计数的需求,可以使用每款 CPU 自己内部定义的高速计数器功能。

2)与计时器一样,属于函数块,调用时会自动生成背景 DB。选择的计数器数据类型不同,生成的计数器背景 DB 的大小也不同。

3)计数器指令在使用时,每个计数器指令均需要分配一个对应的背景 DB,使用时,不能使用重复的背景 DB,否则计数器可能出现不计数的情况。

4)可以建立 IEC_COUNTER 变量方法来替换背景 DB;计数器所使用的数据类型不同,选择建立变量的数据类型也不一样,例如:使用 Int 数据类型时,就可以创建 IEC_COUNTER 数据类型的变量;如果使用 SInt 数据类型,则可以创建 IEC_SCOUNTER 数据类型变量。

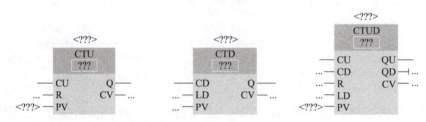

图 3-35 3 种计数器的指令参数

3 种计数器指令参数说明见表 3-3。

表 3-3 3 种计数器指令参数说明

参数	数据类型	参数说明
CU、CD	Bool	加计数端、减计数端
R(CTU、CTUD)	Bool	复位端,将计数值置 0
LD(CTD、CTUD)	Bool	预置值装载控制
PV	SInt、Int、DInt、USInt、UInt、UDInt	预设计数值
Q、QU	Bool	CV≥PV 时为真
QD	Bool	CV≤0 时为真
CV	SInt、Int、DInt、USInt、UInt、UDInt	当前计数值

1. 计数器指令结构

从表 3-3 可知,CU 和 CD 分别是加计数输入和减计数输入,在 CU 或 CD 由 0 状态变为 1 状态时(信号的上升沿),当前计数器值 CV 被加 1 减 1。PV 为预设计数值,Q 为布尔输出,R 为复位输入,CU、CD、R 和 Q 均为 Bool 变量。

调用计数器指令时需要指定配套的背景数据块,计数器和定时器指令的数据保存在背景数据块中，打开右侧的指令列表窗口，双击"计数器操作"文件夹中的"加计数"，出现如图 3-36 所示对话框。

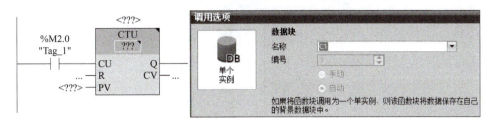

图 3-36 调用计数器指令

2. 加计数器

CTU 的参数 CU 值从 0 变为 1 时，CTU 使计数值加 1。如果参数 CV（当前计数值）的值大于或等于参数 PV（预设计数值）的值，则计数器输出参数 Q=1。如果复位参数 R 的值从 0 变为 1，则当前计数值复位为 0。图 3-37 和图 3-38 分别为 CTU 指令的应用及时序图。

加计数器指令讲解

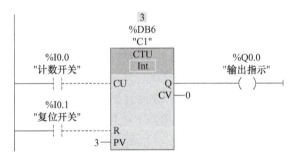

图 3-37 CTU 指令的应用

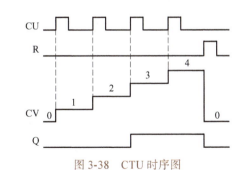

图 3-38 CTU 时序图

3. 减计数器

CTD 的参数 CD 值从 0 变为 1 时，CTD 使计数值减 1。如果参数 CV（当前计数值）的值等于或小于 0，则计数器输出参数 Q=1。如果参数 LD 的值从 0 变为 1，则参数 PV（预设值）的值将作为新的 CV（当前计数值）装载到计数器。图 3-39 和图 3-40 分别为 CTD 指令的应用及时序图。

减计数器指令讲解

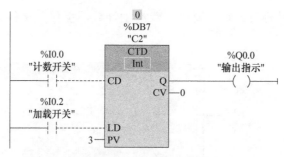

图 3-39 CTD 指令的应用

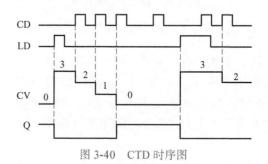

图 3-40 CTD 时序图

4. 加减计数器

在 CTUD 中，加计数（CU, Count Up）或减计数（CD, Count Down）输入的值从 0 跳变为 1 时，CTUD 会使计数值加 1 或减 1。如果参数 CV（当前计数值）的值大于或等于参数 PV（预设值）的值，则计数器输出参数 QU=1。如果参数 CV 的值小于或等于零，则计数器输出参数 QD=1。

加减计数器指令讲解

如果参数 LD 的值从 0 变为 1，则参数 PV（预设值）的值将作为新的 CV（当前计数值）装载到计数器。如果复位参数 R 的值从 0 变为 1，则当前计数值复位为 0。图 3-41 和图 3-42 分别为 CTUD 指令的应用及时序图。

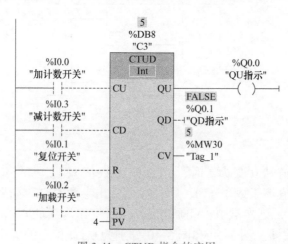

图 3-41 CTUD 指令的应用

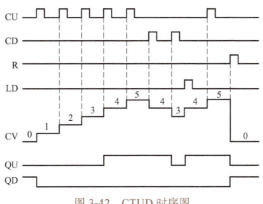

图 3-42 CTUD 时序图

【实例 3-9】停车场车位指示程序。现有一停车场，最多可容纳 50 辆汽车停靠。停车场进口和出口各安装一个传感器，每当有一辆车进出时，传感器就给出一个脉冲信号。编程实现：当停车场内不足 50 辆车时，绿灯亮，表示可以进入；当停车场满 50 辆车时，红灯闪烁，表示不准进入。

【解】PLC 控制原理图请读者自行设计，图 3-43 为停车场车位指示的 PLC 控制参考梯形图程序。

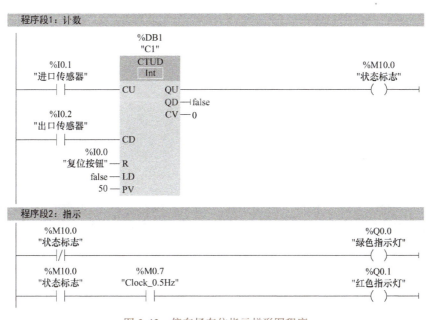

图 3-43 停车场车位指示梯形图程序

3.3 数据处理指令

3.3.1 比较指令

S7-1200 PLC 为用户提供了丰富的比较操作指令，可以使用比较指令对整数、双整数、实数、字、时间等数据类型的数值进行比较。

> ❖ 需要注意的是，不同数据类型的数据是不能直接进行比较的，需要统一数据类型。

1. 大小比较指令

如图 3-44 所示，西门子 S7-1200 PLC 有 6 种大小比较操作，用来比较数据类型相同的两个数据的大小。可以将大小比较指令视为一个等效的触点，比较符号可以是"="（等于）、"<>"（不等于）、">"（大于）、">="（大于或等于）、"<"（小于）和"<="（小于或等于）。满足比较关系式给出的条件时，等效触点接通。其操作数可以是 I、Q、M、L、D 存储区中的变量或常量。

大小比较指令讲解

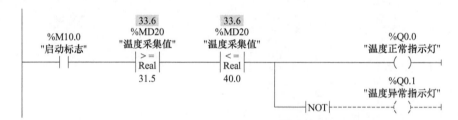

图 3-44　大小比较指令

大小比较指令的一个应用实例如图 3-45 所示。可见，当比较条件成立时，线圈会按能流条件动作。

图 3-45　大小比较指令的一个应用实例

选择任何一个大小比较指令，用鼠标单击指令，在左上角出现■标识，双击后出现下拉菜单，可选择比较的数据类型；双击右下角■可以选择比较关系。

通过学习大小比较指令，启发我们在工作学习中要不断与先进比较，从差异中学习，从对比中创新，找到差距和不足，以更高的标准要求自己。

2. 值在范围内与值超出范围指令（范围比较指令）

"值在范围内"指令 IN_RANGE 与"值超出范围"指令 OUT_RANGE 可以等效为一个触点。如果有能流流入指令方框，执行比较，反之不执行比较。图 3-46 中 IN_RANGE 指令的参数 VAL 不满足 MIN≤VAL≤MAX，等效触点断开，指令框为蓝色的虚线。OUT_RANGE 指令的参数 VAL 满足 VAL<MIN 或 VAL>MAX 时，等效触点闭合，指令框为绿色。

这两条指令的 MIN、MAX 和 VAL 的数据类型必须相同，可选整数和实数，可以是 I、Q、M、D 存储区中的变量或常数。

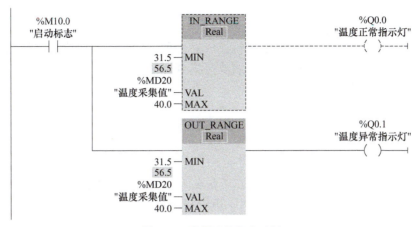

图 3-46　范围比较指令示例

【实例 3-10】用通电延时定时器和比较指令组成占空比可调的脉冲发生器。

【解】利用通电延时定时器（TON）构成一个脉冲发生器，使 MD4 中 TON 的已耗时间按图 3-47b 所示的波形变化。比较指令用来产生脉冲宽度可调的方波，Q0.0 为 0 的时间取决于比较触点下面的操作数的值。

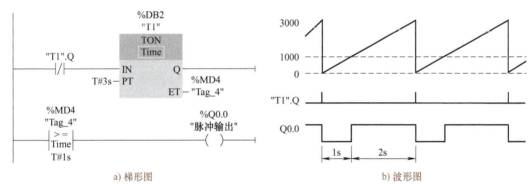

a) 梯形图　　　　　　　　　　　　　　b) 波形图

图 3-47　脉冲发生器梯形图和波形图

MD4 用于保存定时器 TON 的已耗时间 ET，其数据类型为 Time。输入比较指令上面的操作数 MD4 后，指令中 ">=" 符号下面的数据类型自动变为 "Time"。输入 IN2 的值 1000 后，自动变为 T#1s。

3. OK 指令和 NOT_OK 指令

OK 指令和 NOT_OK 指令应用（见图 3-48）用来检测输入数据是否是实数（即浮点数）。如果是实数，OK 触点接通，反之 NOT_OK 触点接通。触点上面的变量的数据类型为 Real。

图 3-48　OK 指令和 NOT_OK 指令的应用

3.3.2 转换操作指令

转换操作指令可以将一种数据格式转换成另一种格式进行存储或者进行比例缩放,所包含的指令有转换值、取整、标准化、缩放等指令。

1. 转换值指令(CONVERT)

转换值指令(CONVERT)在指令方框中的标识符为CONV,它的参数IN、OUT可以设置为多种数据类型,IN还可以是常数。

图3-49中,M5.0的常开触点接通时,执行CONVERT指令,将MW20中的Int型数据35转换为浮点数35.0送MD24。如果执行时没有出错,有能流从CONVERT指令的ENO端流出。ROUND指令将MD40中的实数1.53四舍五入转换为双整数2后保存在MD44。

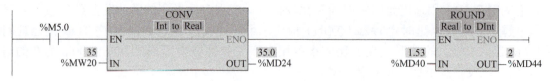

图3-49 转换值指令实例

2. 浮点数转换为双整数指令

浮点数转换为双整数有4条指令:取整指令(ROUND)用得最多,它将浮点数转换为四舍五入的双整数;截尾取整指令(TRUNC)仅保留浮点数的整数部分,去掉其小数部分;浮点数向上取整指令(CEIL)将浮点数转换为大于或等于它的最小双整数;浮点数向下取整指令(FLOOR)将浮点数转换为小于或等于它的最大双整数。后两条指令极少使用。

浮点数转换为双整数指令的实例如图3-50所示。

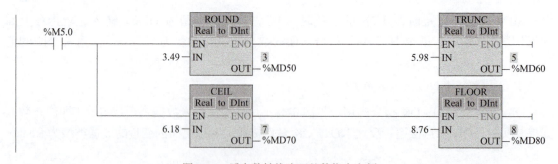

图3-50 浮点数转换为双整数指令实例

❖ **注意**:因为浮点数的数值范围远远大于32位整数,有的浮点数不能成功地转换为32位整数。如果被转换的浮点数超出了32位整数的表示范围,则得不到有效的结果,ENO为0状态。

3. 标准化指令（NORM_X）

标准化指令（NORM_X）（见图 3-51）的整数输入值 VALUE（MIN≤VALUE≤MAX）被线性转换（标准化）为 0.0～1.0 之间的浮点数，转换结果用 OUT 指定的地址保存。NORM_X 的输出 OUT 的数据类型可选 Real 或 LReal。输入、输出之间的线性关系如图 3-52 所示，将按式（3-1）进行计算。

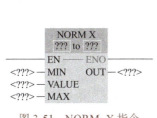

图 3-51 NORM_X 指令

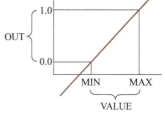

图 3-52 NORM_X 指令计算原理

$$OUT = (VALUE - MIN) / (MAX - MIN) \tag{3-1}$$

图 3-53 所示示例说明了该指令的工作原理。

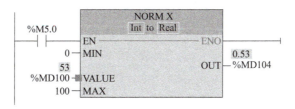

图 3-53 NORM_X 指令应用示例

4. 缩放指令 SCALE_X

缩放指令 SCALE_X（见图 3-54）与标准化指令正好相反，SCALE_X 将浮点数输入值 VALUE（0.0≤VALUE≤1.0）被线性转换为参数 MIN（下限）和 MAX（上限）定义的范围之间的数值。转换结果用 OUT 指定的地址保存。输入、输出之间的线性关系如图 3-55 所示，将按式（3-2）进行计算。

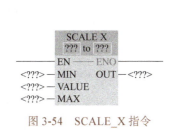

图 3-54 SCALE_X 指令

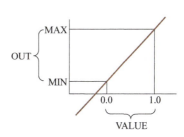

图 3-55 SCALE_X 指令线性关系

$$OUT = VALUE \times (MAX - MIN) + MIN \tag{3-2}$$

图 3-56 所示应用示例说明了该指令的工作原理。

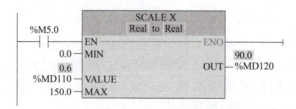

图 3-56 SCALE_X 指令应用示例

标准化指令 NORM_X 和缩放指令 SCALE_X 在数据处理中应用非常广泛，也可以配合使用来实现模拟量的标度变换及反变换，详细内容参考后续章节。

3.3.3 移动操作指令

移动操作指令主要用于各种数据的移动、相同数据的不同排列的转换，以及实现 S7-1200 PLC 的间接寻址功能部分的移动操作。移动操作指令内容较多，下面只介绍几种常用的移动操作指令，详细内容参考博途软件帮助。

1. 移动值指令（MOVE）

移动值指令（MOVE）用于将 IN 输入端的源数据传送给 OUT 输出的目的地址，并且转换为 OUT 允许的数据类型，源数据保持不变。MOVE 指令允许有多个输出，程序状态监控可以更改变量的显示格式，图 3-57 所示指令应用中，OUT1 显示十进制数 12345，OUT2 显示十六进制数 16#3039。

MOVE 指令讲解

图 3-57 MOVE 指令与 SWAP 指令应用

2. 交换指令（SWAP）

IN 和 OUT 为数据类型 Word 时，交换指令（SWAP）交换输入 IN 的高、低字节后，保存到 OUT 指定的地址。IN 和 OUT 为数据类型 Dword 时，SWAP 指令交换 4 个字节中数据的顺序，交换后保存到 OUT 指定的地址，如图 3-57 所示。

SWAP 指令讲解

3. 块移动指令（MOVE_BLK）

使用块移动指令（MOVE_BLK）可将存储区（源区域）中的内容移动到其他存储区（目标区域）；注意是有连续多个存储区的移动，IN 是源存储区的首个元素，COUNT 指定需要复制的元素个数，OUT 是目标

MOVEBLK 指令讲解

存储区的首个元素。MOVE_BLK 指令应用示例如图 3-58 所示，该程序将数据块中"数组 1"从"数组 1[0]"元素开始的 4 个元素移动到"数组 2"从"数组 2[0]"元素开始的 4 个元素中，数据块中数组移动后的结果如图 3-59 所示。

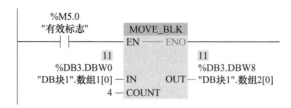

图 3-58　MOVE_BLK 指令应用

DB块1						
	名称		数据类型	偏移量	起始值	监视值
1	▼ Static					
2	▼ 数组1		Array[0..3] of Int	0.0		
3		数组1[0]	Int	0.0	11	11
4		数组1[1]	Int	2.0	22	22
5		数组1[2]	Int	4.0	33	33
6		数组1[3]	Int	6.0	44	44
7	▼ 数组2		Array[0..3] of Int	8.0		
8		数组2[0]	Int	8.0	0	11
9		数组2[1]	Int	10.0	0	22
10		数组2[2]	Int	12.0	0	33
11		数组2[3]	Int	14.0	0	44

图 3-59　MOVE_BLK 指令执行后的结果

关于数据块（DB）的具体内容可参考后续章节。

4．填充块指令（FILL_BLK）

填充块指令（FILL_BLK）可以对数组中连续的元素写入相同的数值，比如对一个数组中的连续 N 个元素进行赋值或清零时可以利用这个指令去实现。

IN 是需要填充进入的数据，COUNT 是存储器个数，OUT 是需要填入的第一个元素的地址。这个指令跟块移动指令一样，也是只适合于对数据块中数组的连续元素进行填充数据。

FILL_BLK 指令应用示例如图 3-60 所示，该程序将一个浮点数 3.1415 填充到"数组 3"从"数组 3[0]"元素开始的 4 个元素中，数据块中数组填充后的结果如图 3-61 所示。

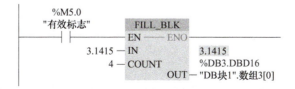

图 3-60　FILL_BLK 指令应用

图 3-61 FILL_BLK 指令执行后的结果

不可中断的存储区填充指令（UFILL_BLK）与 FILL_BLK 指令的功能相同，其区别在于前者的填充操作不会被其他操作系统的任务打断。

3.3.4 移位指令与循环移位指令

移位指令与循环移位指令主要用于实现位序列的左右移动或者循环移动等功能。

1. 移位指令

右移指令（SHR）和左移指令（SHL）将输入参数 IN 指定的存储单元的整个内容逐位右移或左移若干位，移位的位数用输入参数 N 来定义，移位的结果保存在输出参数 OUT 指定的地址中。移位时用 0 填充移位操作清空的位。

移位指令讲解

图 3-62 所示为右移指令和左移指令的移位原理。以右移指令为例，当 EN 端信号为 1 时，二进制数据 1110 0000 0000 0001 要向右移动两位，此时最末尾两位数据被移走，高位数据移动后用 0 填充，数据变成 0011 1000 0000 0000。需要注意的是，只要 EN 端信号为 1，那么 CPU 每一个扫描周期都要移动一次。

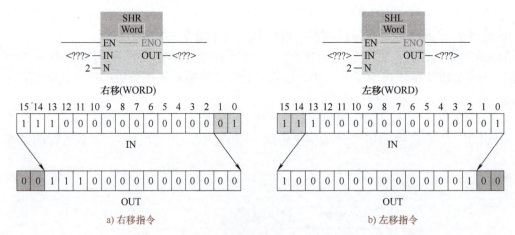

图 3-62 移位指令和移位原理

实际应用中，也可以将移位后的数据送回到原地址，如图 3-63 所示。

图 3-63 所示程序的功能是，将 MB120 中的数据每次移动一位，结果返回到 MB120

中。MB120 中的原始数据是 16#80，对应的二进制数据为 1000 0000，移位时使用 I0.0 上升沿触发，I0.0 每个上升沿，MB120 中的数据移动一位。如触发 I0.0 上升沿 4 次后，MB120 中的数据为 0000 1000；触发 8 次后，MB120 中的数据被清空。

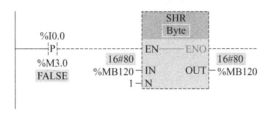

图 3-63 右移指令应用

2. 循环移位指令

循环右移指令（ROR）和循环左移指令（ROL）将输入参数 IN 指定的存储单元的整个内容逐位循环右移或循环左移若干位，即移出来的位又送回存储单元另一端空出来的位，原始的位不会丢失。N 为移位的位数，移位的结果保存在输出参数 OUT 指定的地址。N 为 0 时不会移位，但是 IN 指定的输入值复制给 OUT 指定的地址。移位位数 N 可以大于被移位存储单元的位数。

以循环右移指令（ROR）为例，其移动原理如图 3-64 所示。当循环右移使能端 EN 有上升沿时，数据右移 4 位，低 4 位数据被移出并存回到数据的高 4 位。

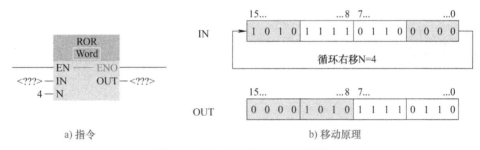

a) 指令 b) 移动原理

图 3-64 循环右移指令和移动原理

【**实例 3-11**】流水灯控制。用 PLC 控制 8 盏灯实现流水灯显示效果。要求：按下启动开关后，8 盏灯循环点亮，每 1s 点亮一盏灯；按下停止开关，灯一起熄灭；控制方向开关，可以实现左移或右移。使用循环移位指令实现。

【**解**】PLC 控制原理图请自行设计，流水灯控制的 PLC 控制程序如图 3-65 所示。

程序分析：PLC 首次扫描时，M1.0 的常开触点接通，MOVE 指令给 QB0（Q0.0～Q0.7）置初值 2#1000 0000；运行标志为 1 时，系统脉冲位 M0.5 输出 1Hz 脉冲，P_TRIG 指令检测 M0.5 上升沿，每个上升沿执行一次循环移位指令，QB0 的值循环移位 1 位。

循环移位指令的前面必须使用 P_TRIG 指令，否则每个扫描循环周期都要执行一次循环移位指令，而不是每秒钟移位一次。

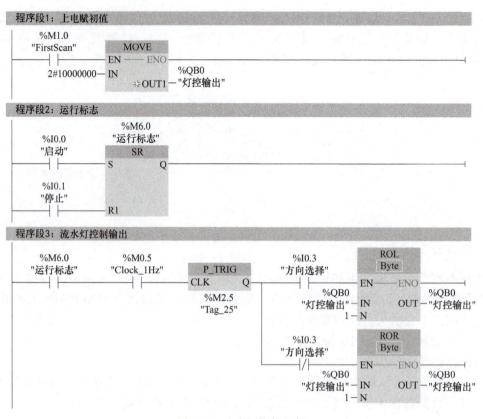

图 3-65　流水灯控制程序

3.4　运算指令

3.4.1　数学函数指令

数学函数指令非常重要，尤其在数学计算、模拟量处理、PID 控制等很多场合都要用到数学函数指令。数学函数指令包括四则运算指令、计算指令、其他常用的数学运算指令和浮点数函数运算指令，常用数学函数指令见表 3-4。

表 3-4　常用数学函数指令

指令	描述	指令	描述
ADD	IN1+IN2=OUT	INC	将参数 IN/OUT 的值加 1
SUB	IN1−IN2=OUT	DEC	将参数 IN/OUT 的值减 1
MUL	IN1*IN2=OUT	ABS	求有符号整数和实数的绝对值
DIV	IN1/IN2=OUT	MIN	获取输入中最小的数
MOD	求双整数除法的余数	MAX	获取输入中最大的数
NEG	求二进制补码	LIMIT	将 IN 值限制在指定的范围内

1. 四则运算指令

四则运算指令中的 ADD、SUB、MUL 和 DIV 分别是加、减、乘、除指令。

操作数的数据类型可选 SInt、Int、DInt、USInt、UInt、UDInt 和 Real，IN1 和 IN2 可以是常数。IN1、IN2 和 OUT 的数据类型应该相同。

整数除法指令将得到的商截位取整后，作为整数格式的输出 OUT。用右键单击 ADD 指令，执行出现的快捷菜单中的"插入输入"命令，ADD 指令将会增加一个输入变量。用鼠标右键单击某条输入短线，执行快捷菜单中的"删除"命令，将会减少一个输入变量。

四则运算指令讲解

【实例 3-12】编程实现单位变换。将 55 英寸（in）转换成以毫米（mm）为单位的整数，请设计梯形图程序。

【解】1in=25.4mm，本例涉及实数乘法，首先要将整数转换成实数，再用实数乘法指令将以英寸（in）为单位的长度变为以毫米（mm）为单位的实数，最后将结果进行取整即可。参考梯形图程序如图 3-66 所示。

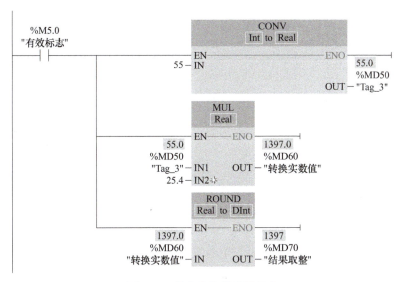

图 3-66 单位变换梯形图程序

2. 计算指令

可以使用计算指令（CALCULATE）定义和执行数学表达式，根据所选的数据类型计算复杂的数学运算或逻辑运算。"编辑 "Calculate" 指令"对话框给出了所选数据类型可以使用的指令，在该对话框中输入待计算的表达式，如图 3-67 所示的（IN1+IN2）*IN3/IN4，表达式可以包含输入参数的名称（INn）和运算符，不能指定方框外的地址和常数。

计算指令讲解

3. 其他常用数学函数指令

（1）返回除法的余数指令（MOD） 除法指令只能得到商，余数被丢掉。可以用返回除法的余数指令（MOD）来求除法的余数。输出 OUT 中的运算结果为除法运算 IN1/IN2

的余数，图3-68所示程序中，被除数=10，除数=3，余数=1。

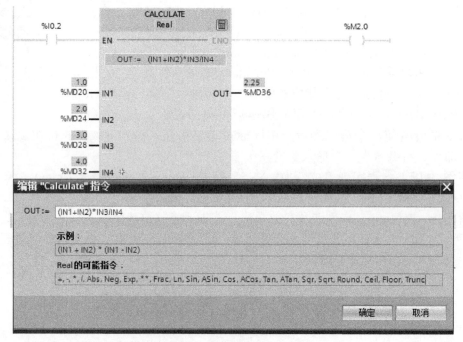

图3-67　CALCULATE指令

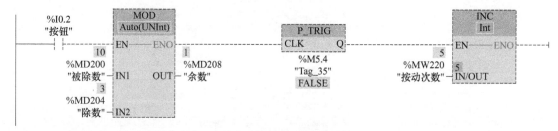

图3-68　MOD指令和INC指令

（2）求二进制补码（取反）指令（NEG）　NEG（Negation）指令将输入IN的值的符号取反后，保存在输出OUT中。IN和OUT的数据类型可以是SInt、Int、DInt和Real，输入IN还可以是常数。

（3）递增指令（INC）与递减指令（DEC）　执行INC或DEC指令时，参数IN/OUT的值分别被加1或减1。IN/OUT的数据类型为各种有符号或无符号的整数。

如果图3-68中的INC指令用来计I0.2动作的次数，在INC指令之前添加检测能流上升沿的P_TRIG指令。否则I0.2为1状态的每个扫描周期，MW220都要加1。

（4）计算绝对值指令（ABS）　ABS指令用来求输入IN中的有符号整数（SInt、Int、Dint）或实数（Real）的绝对值，将结果保存在输出OUT中。IN和OUT的数据类型应相同。

（5）获取最小值指令 MIN 与获取最大值指令 MAX MIN 指令比较输入 IN1 和 IN2 的值，将其中较小的值送给输出 OUT。MAX 指令比较输入 IN1 和 IN2 的值，将其中较大的值送给输出 OUT。输入参数和 OUT 的数据类型为各种整数和浮点数，可以增加输入的个数。

（6）设置限值指令（LIMIT） LIMIT 指令将输入的值限制在输入 MIN 与 MAX 的值范围之间。如果 IN 的值没有超出该范围，将它直接保存在 OUT 指定的地址中。如果 IN 的值小于 MIN 的值或大于 MAX 的值，将 MIN 或 MAX 的值送给输出 OUT。

（7）返回小数指令（FRAC）与取幂指令（EXPT） FRAC 指令将输入 IN 的小数部分传送到输出 OUT。EXPT 计算以输入 IN1 的值为底，以输入 IN2 为指数的幂（OUT=IN1^{IN2}），计算结果传送到 OUT 中。

4. 浮点数函数指令

浮点数（实数）函数运算指令的操作数 IN 和 OUT 的数据类型为 Real。浮点数自然指数指令（EXP）和浮点数自然对数指令（LN）中的指数和对数的底数 e=2.71828。

浮点数开平方指令 SQRT 和 LN 指令的输入值如果小于 0，输出 OUT 返回一个无效的浮点数。

浮点数三角函数指令（SIN、COS 和 TAN）和反三角函数指令（ASIN、ACOS 和 ATAN）中的角度均为以弧度为单位的浮点数。如果输入值是以角度为单位的浮点数，使用三角函数指令之前应先将角度值乘以 π/180.0，转换为弧度值。

浮点数反正弦函数指令（ASIN）和浮点数反余弦函数指令（ACOS）的输入值的允许范围为 −1.0 ～ 1.0，ASIN 和 ATAN 指令的运算结果的取值范围为 −π/2 ～ π/2 弧度，ACOS 的运算结果的取值范围为 0 ～ π 弧度。

求以 10 为底的对数时，需要将自然对数值除以 2.302585（10 的自然对数值）。例如 lg100=ln100/2.302585=4.605170/2.302585=2。

【**实例 3-13**】测量远处物体的高度时，已知被测物体到测量点的距离 L 和以度为单位的夹角 θ，求被测物体的高度 H。

【**解**】H=Ltanθ，角度的单位为度。

以度为单位的实数角度值"45.0"存在 MD40 中，乘以 π/180=0.0174532925，得到弧度值，运算的中间结果用临时局部变量 Temp2 保存，L 的实数值 200.0 存在 MD44 中，运算结果存在 MD48 中。如图 3-69 所示，距离 L=200m，夹角 θ=45° 时，高度 H=200m。

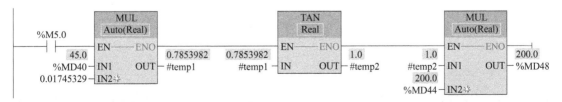

图 3-69 高度计算程序

3.4.2 逻辑运算指令

1. 字逻辑运算指令

字逻辑运算指令对两个输入 IN1 和 IN2 逐位进行逻辑运算，运算结果输出至 OUT 指定的地址中，如图 3-70 所示。

字逻辑运算指令讲解

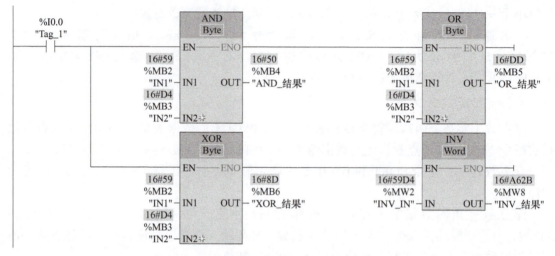

图 3-70　字逻辑运算指令

与运算指令（AND）的两个操作数的同一位如果均为 1，运算结果的对应位为 1，否则为 0。或运算指令（OR）的两个操作数的同一位如果均为 0，运算结果的对应位为 0，否则为 1。异或运算指令（XOR）的两个操作数的同一位如果不相同，运算结果的对应位为 1，否则为 0。求反码指令（INV）将输入 IN 中的二进制整数逐位取反，即各位的二进制数由 0 变 1，由 1 变 0，运算结果存放在输出 OUT 指定的地址。上述运行结果监视值如图 3-71 所示。

i	名称	地址	显示格式	监视值
1	"IN1"	%MB2	二进制	2#0101_1001
2	"IN2"	%MB3	二进制	2#1101_0100
3	"AND_结果"	%MB4	二进制	2#0101_0000
4	"OR_结果"	%MB5	二进制	2#1101_1101
5	"XOR_结果"	%MB6	二进制	2#1000_1101
6	"INV_IN"	%MW2	二进制	2#0101_1001_1101_0100
7	"INV_结果"	%MW8	二进制	2#1010_0110_0010_1011
8	"DECO_IN"	%MW10	二进制	2#0000_0000_0000_0101
9	"DECO_结果"	%MW12	二进制	2#0000_0000_0010_0000
10	"ENCO_IN"	%MB14	二进制	2#0100_1000
11	"ENCO_结果"	%MW16	二进制	2#0000_0000_0000_0011

图 3-71　字逻辑运算及解码编码二进制监视值

2. 选择、多路复用与多路分用指令

选择指令（SEL）的 Bool 输入参数 G 为 0 时选中 IN0，G 为 1 时选中 IN1，选中的数值被保存到输出参数，OUT 指定的地址，如图 3-72 所示。

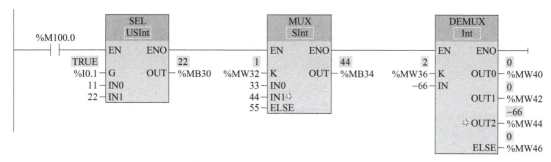

图 3-72　SEL 与 MUX、DEMUX 指令

多路复用指令（MUX）是以输入 K 中的值作为输入值 IN 端的编号，比如 K 的值等于 1，就表示把 IN1 的值复制到输出 OUT 中去。如果 K 的值大于可用的输入个数，则选中输入参数 ELSE，并且 ENO 的信号状态会被指定为 0 状态。MUX 最多可以增加到 32 个引脚。

多路分用指令（DEMUX）是以输入 K 的值作为输出 OUT 的编号。如果 K 的值等于 1，那么就把输入 IN 的值复制到 OUT1 中去；如果 K 的值等于 2，就把输入 IN 的值复制到 OUT2 中去（注意此时 OUT1 中已复制的数据不会改变）。

3.5　程序控制指令

程序控制指令包含跳转、标签、定义跳转列表、错误处理等。下面只简单介绍几种常用的程序控制指令，详细内容参考博途软件帮助。

1. 跳转指令与标签指令

在程序中设置跳转指令（JMP、JMPN）可提高 CPU 的程序执行速度。在没有执行跳转指令时，各个程序段按从上到下的先后顺序执行，这种执行方式称为线性扫描。

跳转指令中止程序的线性执行，跳转到指令中的"跳转标签"（LABEL）所在的目的地址。跳转时不执行跳转指令与跳转标签之间的程序，跳到目的地址后，程序继续顺序执行。跳转指令可以向前或向后跳转，可以在同一代码块中从多个位置跳转到同一个标签。

跳转指令只能在同一个代码块内跳转，不能从一个代码块跳转到另一个代码块。标签在程序段的开始处，标签的第一个字符必须是字母，其余的可以是字母、数字和下划线。在一个块内，跳转标签的名称只能使用一次。

如果图 3-73 中 M2.0 的常开触点闭合，跳转条件满足。跳转指令 JMP 线圈通电（跳转线圈为绿色），跳转被执行，将跳转到指令给出的跳转标签 CASE1 处，执行标签之后的指令。被跳过的程序段的指令没有被执行，如程序段 3 梯形图显示为浅色，此时改变 I0.0 的状态，Q0.1 不变化。

如果跳转条件不满足，将继续执行跳转指令之后的程序。

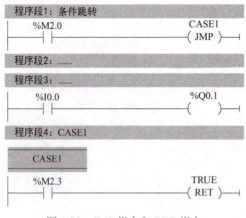

图 3-73 JMP 指令和 RET 指令

2. 返回指令

返回指令（RET）的线圈通电时，停止执行当前的块，不再执行指令后面的程序，返回调用它的块后，执行调用指令后的程序，如图 3-73 所示。RET 指令的线圈断电时，继续执行它下面的指令。一般情况并不需要在块结束时使用 RET 指令来结束块，操作系统将会自动地完成这一任务。

RET 线圈上面的参数是返回值，数据类型为 Bool。如果当前的块是 OB，返回值被忽略。如果当前的块是 FC 或 FB，返回值作为 FC 或 FB 的 ENO 值传送给调用它的块。返回值可以是 TRUE、FALSE 或指定的位地址。

3.6 扩展指令

扩展指令涵盖日期和时间、字符串与字符、分布式 I/O、PROFIenergy、中断、报警、诊断、脉冲、配方和数据记录、数据块控制、寻址等。下面只简单介绍日期和时间指令及字符串与字符指令。其他指令请参考博途软件在线帮助或 S7-1200 PLC 系统手册。

3.6.1 日期和时间指令

在 CPU 断电时，用超级电容保证实时时钟（Time-of-day Clock）的运行。S7-1200 PLC 的保持时间通常为 20 天，40℃时最少为 12 天。S7-1500 PLC 在 40℃时最少为 6 星期。打开"在线和诊断"视图，可以设置实时时钟的时间值（见图 3-74）。也可以用日期和时间指令来读、写实时时钟。

时间指令讲解

打开"在线和诊断"视图，可以设置实时时钟的时间值，如图 3-74 所示，单击"应用"按钮，CPU 模块时间将改写为编程计算机的时间。

1. 日期和时间的数据类型

日期和时间指令的数据类型有以下几种：Time、Date、Time_Of_Day、DTL。

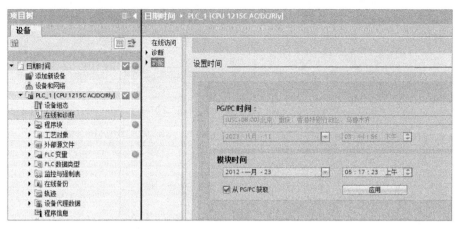

图 3-74 使用"在线和诊断"设置时间值

1）数据类型 time 的长度为 4B，取值范围为"T#–24D_20H_31M_23S_648MS"～"T#24D_20H_31M_23S_647MS"。

2）DTL 指的是比较全面的日期时间，年、月、日、时、分、秒，从中还可以提取星期日～星期六。DTL 数据结构见表 3-5。

表 3-5 DTL 数据结构

数据	字节数	取值范围	数据	字节数	取值范围
YEAR（年）	2	1970～2554	HOUR（时）	1	0～23
MONTH（月）	1	1～12	MINUTE（分）	1	0～59
DAY（日）	1	1～31	SECOND（秒）	1	0～59
WEEKDAY（星期）	1	1～7（星期日～星期六）	NANOSECOND（纳秒）	4	0～999999999

用户可以在全局数据块或块的临时存储器中定义 DTL 变量，如图 3-75 所示，在 DB 数据块中定义了一个 DTL 变量。可见，当变量类型选择"DTL"时，变量"DTLtime1"为一个结构体，包含多种数据类型，8 个子成员。用户可以根据需要取出相应的数据进行处理。

图 3-75 在数据块中定义 DTL 变量

2. 时间转换指令

时间转换指令（T_CONV）如图 3-76 所示，用于将数据类型 Time 转换为 DInt，或者做反向的转换。输入参数 IN 和输出参数 OUT 均可以取数据类型 Time 和 DInt。

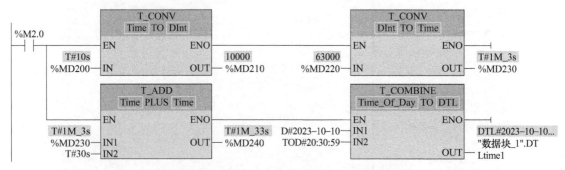

图 3-76　T_CONV、T_ADD 和 T_COMBINE 指令

时间转换指令在工程应用中非常重要。比如要在人机界面中设定设备的运行时间,只能输入双整型数据,不能直接输入时间型数据,因此要分别输入运行的小时、分钟等信息,然后在 PLC 程序中进行处理,将输入的数据转换成总的 ms 值后,再经过 T_CONV 指令转换为时间。

与时间转换相关的指令还有如下几种:

1) 时间相加指令 (T_ADD)、时间相减指令 (T_SUB),功能分别是让两个时间段相加和相减。

2) 时差指令 (DIFF),功能是用 IN1 里的日期时间值减去 IN2 里的日期时间值。

3) 组合时间指令 (T_COMBINE),功能是将 IN1 和 IN2 中的日期和时间值合并在一起。

其中,T_ADD 指令和 T_COMBINE 指令的使用如图 3-76 所示,其他指令请读者自行上机测试或参考博途软件中的帮助信息。

3. 时钟功能指令

时钟功能指令涉及的系统时间是格林尼治标准时间,本地时间是根据当地时区设置的本地标准时间。北京时间比系统时间多 8 个小时。

设置时间指令 (WR_SYS_T) 和读取时间指令 (RD_SYS_T),分别用于设置和读取 CPU 的系统时间。设置时间指令需要将写入的时间存放在 "LOCTIME" 中 (数据块中),数据类型为 DTL;读取时间指令是将系统时间读取到 DTL 中。

此外,还有设置本地时间指令 (WR_LOC_T) 和读取本地时间指令 (RD_LOC_T),本地时间可以人为选择,在 CPU 属性中可以选择本地的时区。指令的返回值 Ret_VAL 为一个字的长度。图 3-77 中,读取本地时间和系统时间,在 CPU "时间" 属性中设置本地为 "北京" 时区。返回值为 "0" 代表无错误。

【实例 3-14】用实时时钟指令控制路灯的定时接通和断开,19:00 开灯,6:00 关灯。

【解】首先生成全局数据块 "数据块_1",生成数据类型为 DTL 的变量 DT1。

用 RD_LOC_T 读取实时时间,保存在数据 DT1 中,其中的 HOUR 是小时值,其变量名称为 DT1.HOUR。用 Q0.0 来控制路灯,19:00 ~ 0:00 时,上面的比较触点接通;0:00 ~ 6:00 时,下面的比较触点接通。梯形图程序如图 3-78 所示。

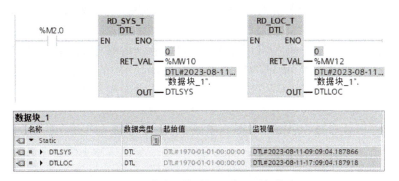

图 3-77 读取系统时间和本地时间指令

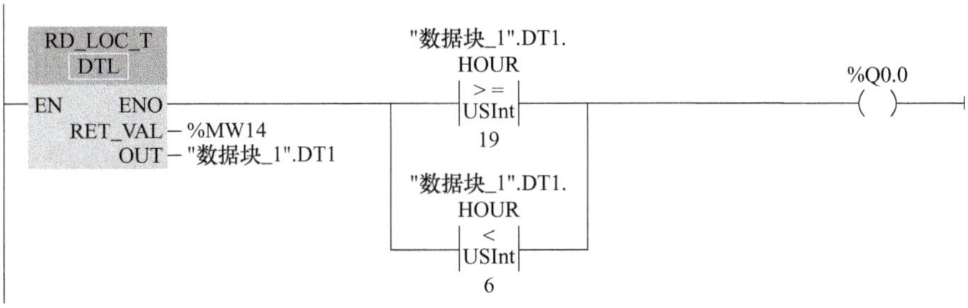

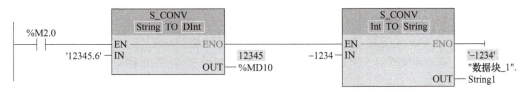

图 3-78 路灯控制梯形图程序

通过路灯工作时段的控制，既可满足路灯的功能需求，又达到了节能环保的目的。

3.6.2 字符串与字符指令

字符串与字符指令主要用于实现字符串的转换、编辑等功能。

1. 转换字符串指令（S_CONV）

转换字符串指令（S_CONV）用于将输入的字符串转换为对应的数值，或者将数值转换为对应的字符串。该指令没有输出格式选项，因此需要设置的参数很少，但是没有指令 STRG_VAL 和 VAL_STRG 那样灵活。首先需要在指令方框中设置转换前后的操作数 IN 和 OUT 的数据类型，如图 3-79 所示。

图 3-79 转换字符串指令（S_CONV）

（1）将字符串转换为数值　使用 S_CONV 指令将字符串转换为整数或浮点数时，允许转换的字符包括 0～9、加减号和小数点对应的字符。转换后的数值用参数 OUT 指定的地址保存。如果输出的数值超出 OUT 数据类型允许的范围，OUT 为 0，ENO 被置为 0

状态。转换浮点数时不能使用指数计数法（带"e"或"E"）。图3-79中，M2.0的常开触点闭合时，左边的S_CONV指令将字符串常量'12345.6'转换为双整数12345，小数部分被截尾取整。

（2）将数值转换为字符串 可以用S_CONV指令将参数IN指定的整数、无符号整数或浮点数转换为输出OUT指定的字符串。根据参数IN的数据类型，转换后的字符串长度是固定的，输出的字符串中的值为右对齐，值的前面用空格字符填充，正数字符串不带符号。

图3-79中，右边的S_CONV指令的参数OUT的实参为字符串"数据块_1".String。M2.0的常开触点闭合时，右边的S_CONV指令将–1234转换为字符串'–1234'。

（3）复制字符串 如果S_CONV指令输入、输出的数据类型均为String，输入IN指定的字符串将复制到输出OUT指定的地址。

2. 将字符串转换为数值指令（STRG_VAL）

STRG_VAL指令将数值字符串转换为对应的整数或浮点数。从参数IN指定的字符串的第P个字符开始转换（见图3-80），直到字符串结束。允许的字符包括数字0～9、加减号、句号、逗号、"e"和"E"，转换后的数值保存在参数OUT指定的存储单元。如图3-80所示，在线修改"数据块_1".String2为13579，输出OUT变为13579。

输入参数P是要转换的第一个字符的编号，数据类型为UInt。P等于1时，从字符串的第一个字符开始转换。图3-80中，若将左侧P在线修改为2，输出OUT将变为3579。

参数FORMAT是输出格式选项，数据类型为Word，输出格式可以设置为小数表示法或指数表示法，以及用英语句号或英语逗号作十进制数的小数点。

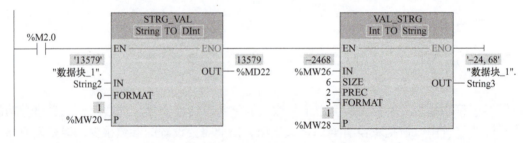

图3-80 STRG_VAL和VAL_STRG指令

3. 将数值转换为字符串指令（VAL_STRG）

将数值转换为字符串指令（VAL_STRG）将输入参数IN中的数字，转换为输出参数OUT中对应的字符串。参数IN的数据类型可以是各种整数和实数。

被转换的字符串将取代OUT字符串从参数P提供的字符偏移量开始，到参数SIZE指定的字符数结束的字符。参数FORMAT的数据类型的意义与STRG_VAL指令基本相同，增加了是否使用符号字符"+"和"–"，还是仅使用符号字符"–"。

参数PREC用来设置精度或字符串的小数部分的位数。如果参数IN的值为整数，PREC指定小数点的位置。如图3-80所示，IN的数据值为–2468，当PREC为2、FORMAT为5时，转换结果为字符串'–24.68'。Real数据类型支持的最高精度为7位有效数字。

其他字符串转换指令,参考博途软件在线帮助或 S7-1200 PLC 系统手册。

3.7 职业技能训练 2:PLC 以开关量方式控制变频器

专业知识目标
- 掌握 PLC 基本指令的使用方法。
- 掌握变频器开关量控制的基本原理。
- 掌握 PLC 通过变频器控制交流电动机的方法。

职业能力目标
- 能根据控制要求完成速度控制系统(变频器)的方案设计、原理图设计。
- 能根据要求设置控制单元相关参数。
- 能根据工艺要求编写运动控制程序。
- 能检查运动控制系统接线是否正确并联机调试。

素质素养目标
- 规范操作、注重质量和安全的职业素养。
- 一丝不苟、精益专注的匠心精神。

1. 任务要求

使用 S7-1200 PLC 控制 G120(或 G120C)变频器,实现交流电动机正反转运行。要求:按下按钮 SB1,电动机正转(速度为 600 r/min);按下停止按钮 SB2,电动机停转;按下 SB3,电动机反转(速度为 400 r/min);有互锁保护。

2. 任务分析

本任务是通过 PLC 控制变频器,实现电动机正反转控制。任务的重点是变频器的使用方法以及 PLC 与变频器的连接,控制程序相对简单。首先我们从 G120 变频器的使用方法入手,学习了解如何通过 PLC 控制变频器。

(1)G120 变频器简介 SINAMICS G120 是由多种不同功能单元组成的模块化变频器。构成变频器两个必需的模块为:控制单元(CU)和功率模块(PM)。G120 的控制单元 CU240 可以通过不同的方式对功率模块和所接的电动机进行控制和监控。它支持与本地或中央控制的通信,并且支持通过监控设备和输入/输出端子的直接控制。功率模块 PM240 可以驱动电动机的功率范围为 0.37~250kW(0.5~400hp)。

G120C 变频器整体介绍

G120 系列变频器的外形如图 3-81 所示。

(2)G120 变频器外部端子 用户可以通过外部接线端子来控制变频器。以 CU240E-2 控制单元为例,其外部端子分布如图 3-82 所示。CU240E 控制单元作为基本的控制单元用于一些普通的应用场合。它具备了基本的输入输出功能,包括 6 个数字量输入、3 个继电器输出、2 路模拟量输入、2 路模拟量输出,并带有集成的 RS485/USS 串行通信口。

图 3-81　G120 系列变频器外形图

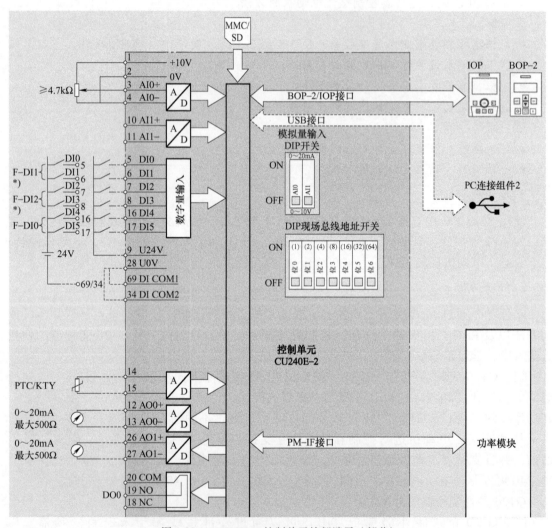

图 3-82　CU240E-2 控制单元外部端子（部分）

对于本任务，我们主要用到的是数字量输入功能。

（3）G120 变频器参数设置　变频器的参数设定在调试过程中十分重要。如果参数设定不当，不能满足生产的需要，就会导致起动、制动的失败，因此要认真细致地完成。常用的参数包括电动机参数、控制信号源、调速方式、加减速时间、多段速功能等。G120 变频器还提供了便于用户使用的宏程序功能。

1）G120 变频器的快速调试。通过操作面板可以实现变频器简单的参数设定和快速调试，可以不使用 TIA 博途或 STARTER 软件进行调试。针对本任务，推荐的快速调试参数见表 3-6。快速调试之前，首先恢复出厂设置，在面板上选择 SETUP，按 OK 键进入，选择 RESET（恢复出厂设置）。

G120C 变频器快速调试

表 3-6 G120 变频器快速调试参数

设置参数	功能说明	设置值	设置参数	功能说明	设置值
P96	选择应用等级	0（专家级）	P335	电动机冷却方式	0（自冷却）
P100	电动机标准	0（IEC 电动机）	P500	工艺应用	0（标准驱动）
P205	功率单元应用	1（轻载）	P1300	运行方式	0（V/f 控制）
P210	变频器输入电压	400V 或 220V	P15	设置宏	默认，之后修改
P300	电动机类型	1（异步电动机）	P1080	最小转速（单位为 r/min）	根据要求
87HZ	87Hz 功能	NO（不启用）	P1082	最大转速（单位为 r/min）	根据要求
P304	电动机额定电压	根据电动机铭牌	P1120	斜坡上升时间	根据要求
P305	电动机额定电流	根据电动机铭牌	P1121	斜坡下降时间	根据要求
P307	电动机额定功率	根据电动机铭牌	P1035	off3 斜坡下降时间	根据要求
P310	电动机额定频率	根据电动机铭牌	P1900	电动机数据检测	0（禁止）
P311	电动机额定转速	根据电动机铭牌			

注：本表参数为变频器操作界面上的，与变频器手册中显示的并不完全相同，如表中 P15 与手册中的 p0015 是同一个参数。

设置完以上参数后，出现 FINISH（结束快速调试），按 OK 键选择 YES，显示 DONE 即完成快速调试过程。

2）预定义接口宏。SINAMICS G120 为满足不同的接口定义，提供了多种预定义接口宏，每种宏对应着一种接线方式。选择其中一种宏后，变频器会自动设置与其接线方式相对应的一些参数，这样极大方便了用户的快速调试。在选用宏功能时应注意两点：

① 如果其中一种宏定义的接口方式完全符合应用，那么按照该宏的接线方式设计原理图，并在调试时选择相应的宏功能即可方便地实现控制要求。

② 如果所有宏定义的接口方式都不能完全符合应用，那么请选择与用户布线比较相近的接口宏，然后根据需要来调整输入/输出的配置。

用户可通过参数 P15 修改宏，修改 P15 参数步骤如下：设置 P10=1；修改 P15；设置 P10=0。

注意：只有在设置了 P10=1 后才能更改 P15 参数。

CU240E-2 定义了 18 种宏，下面以宏程序 1 为例进行介绍（本任务主要应用宏程序 1）。宏程序 1 是双方向二线制控制两个固定转速，宏程序 1 接口定义如图 3-83 所示。

① 起停控制：采用二线制控制方式，电动机的起停、旋转方向通过数字量输入控制。

② 速度调节：通过数字量输入选择，可以设置两个固定转速，数字量输入 DI4 接通

时采用固定转速 1，数字量输入 DI5 接通时采用固定转速 2。DI4 与 DI5 同时接通时采用固定转速 1+固定转速 2。P1003 参数设置固定转速 1，P1004 参数设置固定转速 2（这两个参数需要手动设置）。

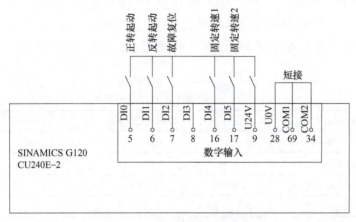

图 3-83　CU240E-2 宏程序 1 接口定义

3. 任务实施

经过任务分析，我们基本了解了 G120 变频器的工作原理，接下来进行任务实施。实施步骤包括：硬件原理图设计、变频器参数设置、PLC 程序设计、下载并调试程序。

PLC 开关量控制变频器

（1）硬件原理图设计　图 3-84 所示为 PLC 以开关量方式控制变频器电气原理图。I/O 分配表请读者自行设计。

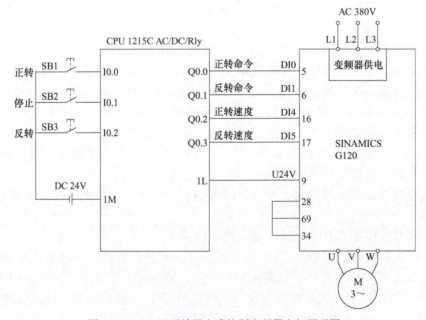

图 3-84　PLC 以开关量方式控制变频器电气原理图

（2）变频器参数设置　首先，根据被控电动机的铭牌参数对变频器进行快速调试，然后，利用宏 1 实现电动机正反转运行。变频器 5 号端子为正转命令，6 号端子为反转命令，16 号端子为固定转速 1（正转速度），17 号端子为固定转速 2（反转速度）。根据控制要求将固定转速 1 设置为 600r/min，固定转速值 2 设置为 400r/min，这样，正转时，接通 Q0.0 和 Q0.2；反转时接通 Q0.1 和 Q0.3 即可。

通过上述分析，变频器参数设置过程如下：

P3=3；P10=1；P15=1；P1003=600；P1004=400；P10=0。

此外，可设置 P971=1，以防止断电重启后参数丢失。

（3）PLC 程序设计　首先新建项目，命名为"变频器的开关量控制"，建立 FC，在 FC 中编写 PLC 控制程序，并在 OB1 中进行调用。PLC 程序请读者自行设计。

（4）下载并调试程序　在硬件接线、软件编程完成后，对程序进行编译下载，进行试运行。此时变频器的开关量控制系统设计完成。CPU 进入循环扫描状态，等待执行程序。

1）连接好 PLC 输入、输出接线。

2）将程序下载至 PLC 中，使 PLC 进入运行状态。

3）使 PLC 进入梯形图监控状态。

① 设置好变频器参数，观察电动机运行状态。

② 分别按下按钮 SB1、SB2、SB3，观察变频器面板指示和电动机状态。

4）操作过程中，注意人身安全。

4. 任务评价

在强化知识和技能的基础上，任务评价以 PLC 职业资格能力要求为依据，帮助读者建立工业控制系统设计的基本概念和工程意识。设计完成后，由各组间互评并由教师给予总评。

（1）检查内容

1）检查电气原理图、I/O 分配表等材料是否齐全。

2）检查变频器控制电路是否正确，熟悉变频器参数设置。

3）检查控制系统运行情况，是否存在功能缺失或安全隐患。

（2）评价标准（见表 3-7）

表 3-7　变频器的开关量控制任务评价表

评价内容	评价点	评分标准	分数	得分
电气原理图	图样符合电气规范、完整	设计不完整、不规范，每处扣 2 分	10	
I/O 分配表	准确、完整，与原理图一致	分配表不完整，每处扣 2 分	10	
程序设计	指令简洁，满足控制要求	程序设计不规范，指令有误每处扣 5 分	20	
电气线路安装	线路安装美观，符合工艺要求	安装不规范，每处扣 5 分	20	
通电前检查	通电前测试符合规范	检查不规范，人为短路扣 10 分	10	
系统调试	设计达到任务要求，试车成功	第一次调试不合格，扣 10 分 第二次调试不合格，不得分	20	
职业素质素养	团队合作，创新意识，安全等	过程性评价，综合评估	10	
合计			100	

5. 任务拓展

拓展任务：使用宏程序 3 实现单方向 4 段速控制。

使用 S7-1200 PLC 控制 G120（或 G120C）变频器，实现交流电动机单向运行。要求：按下 SB1，电动机正转（速度为 200 r/min）；按下 SB2，电动机运行速度调整为 400 r/min；按下 SB3，电动机运行速度调整为 800 r/min；按下 SB4，电动机运行速度调整为 1200 r/min；按下停止按钮，电动机停止运行。

下面是对宏程序 3 的介绍：

宏程序 3：单方向 4 个固定转速。

1）起停控制：电动机的起停通过数字量输入 DI0 控制。

2）速度调节：转速通过数字量输入选择，可以设置 4 个固定转速。如图 3-85 所示，数字量输入 DI0 接通时采用固定转速 1，数字量输入 DI1 接通时采用固定转速 2，数字量输入 DI4 接通时采用固定转速 3，数字量输入 DI5 接通时采用固定转速 4。多个 DI 同时接通将多个固定转速相加。P1001 参数设置固定转速 1，P1002 参数设置固定转速 2，P1003 参数设置固定转速 3，P1004 参数设置固定转速 4。

❖ **注意**：DI0 同时作为起停命令和固定转速 1 选择命令，也就是任何时刻固定转速 1 都会被选择。

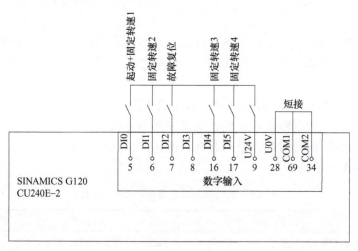

图 3-85 CU240E-2 宏程序 3 接口定义

3.8 职业技能训练 3：PLC 控制电动机星 – 三角降压起动

专业知识目标

- 掌握定时器指令的使用，熟悉梯形图的基本编程规则。
- 掌握星 – 三角降压起动基本原理与实现方法。
- 掌握控制系统的调试方法。

职业能力目标
- 能够使用定时/计数指令完成程序设计。
- 能够对控制电路进行通电前测试。
- 能够对 PLC 程序进行调试。

素质素养目标
- 规范操作、注重质量和安全的职业素养。
- 一丝不苟、精益专注的匠心精神。

1. 任务要求

本职业技能训练任务要求设计电动机星－三角起动控制的 PLC 控制程序，并在职业技能训练 1 的基础上完成系统整体联调。具体控制要求见第 1 章"职业技能训练 1：星－三角降压起动控制电路的设计与安装"。

2. 任务分析

本任务是在职业技能训练 1 的基础上，设计程序并进行系统调试。前期工作完成了 I/O 分配和电气原理图设计和接线，本任务的重点是 PLC 编程和调试。

3. 任务实施

（1）硬件接线与安装　按照电气原理图进行安装接线（见职业技能训练 1）。

（2）通电前检查　重点检查交直流间、不同电压等级间及相间、正负极之间是否有误接线等。首先用万用表的高阻档检查三相之间、相与 N 之间、相与 L+ 之间、相与 M 之间阻值是否在合理范围内。用万用表检查 PLC 的供电电源之间及 PLC 输出电源的 L+ 与 M 之间的阻值是否合理。最后按照电气原理图从主电路到控制电路，用万用表低阻档依次检查各个线号连接是否正确。

（3）控制程序编写　读者可先自行编写。参考控制程序如图 3-86 所示。

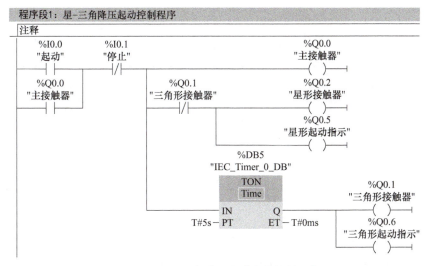

图 3-86　星－三角降压起动参考控制程序

（4）下载并调试程序　在硬件接线、软件编程完成后，对程序进行编译下载，进行试运行。此时电动机星－三角降压起动 PLC 控制系统设计完成。CPU 进入循环扫描状态，等待执行程序。

1）连接好 PLC 输入输出接线。

2）将程序下载至 PLC 中，使 PLC 进入运行状态。

3）使 PLC 进入梯形图监控状态。

① 先不做任何操作，仔细观察输入、输出点的状态有无异常，如无异常，给电动机主电路送电。

② 按下起动按钮 SB1，观察输入、输出状态；按下停止按钮 SB2，观察输入、输出状态。

4）操作过程中，注意人身安全，并观察电动机运行状态。

4. 任务评价

在强化知识和技能的基础上，任务评价以 PLC 职业资格能力要求为依据，帮助读者建立工业控制系统设计的基本概念和工程意识。设计完成后，由各组间互评并由教师给予总评。

（1）检查内容

1）检查电气原理图、I/O 分配表等材料是否齐全。

2）检查电气线路安装是否合理、美观。

3）检查是否熟悉控制电路原理。

4）检查控制系统运行情况，是否存在功能缺失或安全隐患。

（2）评价标准（见表 3-8）

表 3-8 星－三角降压起动控制任务评价表

评价内容	评价点	评分标准	分数	得分
电气原理图	图样符合电气规范、完整	设计不完整、不规范，每处扣 2 分	10	
I/O 分配表	准确、完整，与原理图一致	分配表不完整，每处扣 2 分	10	
程序设计	指令简洁，满足控制要求	程序设计不规范，指令有误每处扣 5 分	20	
电气线路安装	线路安装美观，符合工艺要求	安装不规范，每处扣 5 分	20	
通电前检查	通电前测试符合规范	检查不规范，人为短路扣 10 分	10	
系统调试	设计达到任务要求，试车成功	第一次调试不合格，扣 10 分 第二次调试不合格，不得分	20	
职业素质素养	团队合作，创新意识，安全等	过程性评价，综合评估	10	
合计			100	

5. 任务拓展

使用 S7-1200 PLC 实现搅拌电动机的控制。控制要求：搅拌电动机正转运行一段时间，然后暂停一段时间，然后反转运行一段时间，如此循环。搅拌电动机的正转和反转时间均为 20s，间隔停止运行时间均为 5s，循环搅拌 10 次后搅拌工作停止，指示灯以 1s 周期闪烁。

1）设计 PLC 控制原理图并进行 I/O 分配表设计。
2）编写 PLC 控制程序并调试。

3.9 知识技能巩固练习

一、填空题

1. 常开触点的指令符号为_____，常闭触点的指令符号为_____。
2. 上升沿检测触点的指令符号为_____，下降沿检测触点的指令符号为_____。
3. 置位输出指令 S 与复位输出指令 R 最主要的特点是有_____功能。
4. 定时器的 PT 为_____值，ET 为定时开始后经过的时间，称为_____值，它们的数据类型为_____位的_____，单位为_____。
5. 通电延时定时器用于将_____操作延时 PT 指定的一段时间，断电延时定时器用于将_____操作延时 PT 指定的一段时间。
6. S7-1200 PLC 有 3 种 IEC 计数器：_____、_____和_____。
7. CU 和 CD 分别是_____输入和_____输入，在 CU 或 CD 由_____状态变为_____状态时，当前计数器值 CV 被加 1 或减 1。
8. 加、减、乘、除指令分别是_____、_____、_____和_____，它们执行的操作数的数据类型可选_____和_____。
9. 使用"计算"指令_____定义和执行数学表达式，根据所选的数据类型计算复杂的数学运算或逻辑运算。
10. ABS 指令用来求输入 IN 中的_____或_____的绝对值，将结果保存在输出 OUT 中。
11. MIN 指令比较输入 IN1 和 IN2 的值，将其中_____的值送给输出 OUT。MAX 指令比较输入 IN1 和 IN2 的值，将其中_____的值送给输出 OUT。
12. 标准化指令 NORM_X 输入、输出之间的线性关系为：OUT=_____。
13. 在程序中设置_____可提高 CPU 的程序执行速度。
14. 读取时间指令_____将读取的 PLC 时钟当前日期和系统时间保存在输出 OUT 中。读取本地时间指令_____将读取的 PLC 时钟当前日期和本地时间保存在输出 OUT 中。
15. 转换字符串指令_____用于将输入的字符串转换为对应的数值，或者将数值转换为对应的字符串。

二、编程习题

1. 某设备上有"就地/远程"选择开关，当其设置为"就地"时，就地灯亮；当设置为"远程"时，远程灯亮。请设计梯形图。
2. 编写程序实现电动机的起停控制和点动控制，设计原理图和梯形图程序。
3. 设计两地控制电动机起停的原理图和控制程序。
4. 设计电动机直接正反转控制程序。要求：按下正转按钮后，电动机正转；按下反转按钮后，电动机直接反转；按下停止按钮后，电动机停止。正转和反转直接切换。

5. 设计电动机顺序起动程序，要求：起动按钮按下并松开 3s 后，第 1 台电动机起动，再 3s 后第 2 台电动机起动，再 3s 后第 3 台电动机起动；按下停止按钮后，电动机均停止。

6. 设计投币统计程序。投币机只能投入 5 角、1 元硬币；I0.0 为 5 角投币口，I0.1 为 1 元投币口，当总钱数大于或等于 30 元时，灯泡亮 5s 后熄灭，重新投币。

7. 单按钮功率控制电路和控制要求：某加热器有 7 个功率档位，分别是 0.5kW、1kW、1.5kW、2kW、2.5kW、3kW、3.5kW；第 1 次按 SB1 功率选择第 1 档；第 2 次按 SB1 功率选择第 2 档……第 8 次按 SB1 或按 SB2 停止加热。请设计电气原理图和梯形图程序。

8. 用实时时钟指令控制路灯的定时接通和断开，4 月至 9 月，20：00 开灯，6：00 关灯；10 月至 3 月，19：00 开灯，7：00 关灯。

第4章　S7-1200 PLC用户程序结构

S7-1200 PLC 的程序结构可分为线性化结构和模块化结构两类，主要以块的形式管理用户程序和数据。在 TIA 博途编程环境中，通过在程序块内部或程序块之间的调用，实现程序运行与控制任务。

将一个相对复杂的任务分解为块，各种块各司其职，通过对块的组织共同完成控制任务；就像我们通过团队方式完成任务时，每个人都有职责和分工，通过团结协作才能取得最后的成功。采用块结构的程序组织形式显著地增加了 PLC 程序的组织透明性、可理解性和易维护性。

本章主要介绍 S7-1200 PLC 中的组织块、函数、函数块、数据块等，学习本章内容可以帮助用户创建高效、实用的工程程序。

通过本章的学习和实践，应努力达到如下目标：

知识目标

① 了解 S7-1200 PLC 常见的用户程序结构。
② 熟悉 S7-1200 PLC 用户程序中的各种块及其应用特点。
③ 熟悉和掌握函数和函数块的特点和应用方法。
④ 了解用户程序中块调用的工作机制。
⑤ 掌握数据块的创建、使用方法以及属性设置等。

能力目标

① 能够根据控制要求合理设计用户程序结构。
② 初步掌握函数和函数块的生成和设计，并在实际应用中灵活选用。
③ 能够在实际应用中灵活选用组织块。
④ 能够生成数据块并合理应用。
⑤ 能够根据控制要求合理选择多重背景数据块组织程序结构。

素养目标

① 培养勇于创新、掌握先进控制技术的责任感和使命感。
② 树立行业规范与标准意识，培养严谨求实的精神。
③ 树立独立思考、辩证分析的意识。
④ 通过项目任务实施，培养团队协作共同体意识。

4.1 程序结构简介

4.1.1 块的类型

模块化编程将复杂的自动化任务划分为对应于生产过程的技术功能较小的子任务，每个子任务对应于一个称为块的子程序，可以通过块与块之间的相互调用来组织程序。S7-1200 PLC 的块包括组织块（OB）、函数（FC）、函数块（FB）和数据块（DB），而数据块又包括全局数据块和背景数据块。其中的 OB、FB、FC 都包含程序，统称为代码（code）块。代码块的个数没有限制，但是受到存储器容量的限制。各种块的简要说明见表 4-1。

表 4-1 用户程序中的块

块	简要描述
组织块（OB）	操作系统与用户程序的接口，决定用户程序的结构
函数块（FB）	用户编写的包含经常使用的功能的子程序，有专用的背景数据块
函数（FC）	用户编写的包含经常使用的功能的子程序，没有专用的背景数据块
背景数据块（DB）	用于保存 FB 的输入变量、输出变量和静态变量，其数据在编译时自动生成
全局数据块（DB）	存储用户数据的数据区域，供所有的代码块共享

不严谨地说，组织块（OB）相当于主程序，函数块（FB）和函数（FC）相当于子程序，数据块（DB）相当于数据存储区。

1）组织块（Organization Block，OB）是操作系统与用户程序之间的接口，组织块由操作系统调用，用于处理启动行为、循环程序执行、中断程序执行和错误处理事件。组织块控制用户程序的执行，CPU 中的特定事件可触发组织块的执行，其他组织块、功能或功能块不能调用组织块。

2）函数块（Function Block，FB）也可称为功能块。函数块是用户编写的包含经常使用的功能的子程序。由于运行过程中需要调用各种参数，因此产生了背景数据块（DB），所以需要用到的数据就存储在了背景数据块（DB）中。即使结束调用，数据也不丢失。

3）函数（Function，FC）也可称为功能。函数也是用户编写的包含经常使用的功能的子程序。与 FB 的区别是，FC 无专用的背景数据块。FC 是快速执行的代码块，可用于完成标准的和可重复使用的操作（例如算术运算），或完成工艺功能（例如使用位逻辑运算的控制）。FC 没有固定的存储区，FC 执行结束后，其临时变量中的数据将丢失。

4）数据块（Data Block，DB）分为背景数据块和全局数据块两种。背景数据块专门用于保存函数块（FB）中的输入变量、输出变量和静态变量。其中的数据在编译时自动生成。全局数据块是一片存储用户数据的区域，供所有的代码块访问。全局数据块也被称为共享数据块。

4.1.2 用户程序结构组织

用户可根据实际要求,选择线性化结构或模块化结构创建用户程序,如图4-1所示。

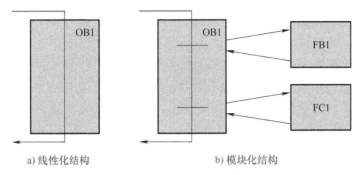

图4-1 用户程序的结构

线性化结构程序按照顺序逐条执行用于自动化任务的所有指令。通常线性化结构程序将所有指令代码都放入循环执行程序的OB(如OB1)中。

模块化结构程序则调用可执行特定任务的代码块(如FB、FC)。要创建模块化结构程序,需要将复杂的自动化任务分解为更小的次级任务,每个代码块都为每个次级任务提供相应的程序代码段,通过从另一个块调用其中的一个代码块来构建程序。

被调用的代码块又可以调用别的代码块,这种调用称为嵌套调用,如图4-2所示。

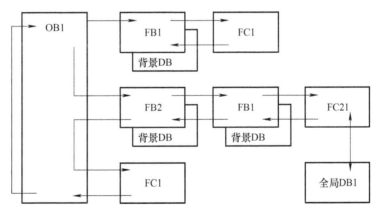

图4-2 块的嵌套调用

OB1是用户程序的主程序(Main),使用时必须包含OB1。CPU操作系统会在每一个扫描周期,循环扫描执行OB1中的程序,而FB或者FC需要在OB1中调用后,才会被CPU扫描执行。

当一个代码块调用另一个代码块时,CPU会执行被调用块中的程序代码。执行完被调用块后,CPU会继续执行该块调用之后的指令。从程序循环OB或启动OB开始,S7-1200 PLC的嵌套深度为16;从中断OB开始,S7-1200 PLC的嵌套深度为6。在块调用中,调用者可以是各种代码块,被调用的块是OB之外的代码块。调用FB时,需要为它指定一个背景数据块。

4.2 函数与函数块

4.2.1 函数（FC）及其应用

1. 函数（FC）简介

函数（FC）也可称为功能，是不含存储区的代码块，常用于对一组输入值执行特定运算，例如，可使用 FC 执行标准运算和可重复使用的运算（例如数学计算）或者执行工艺功能（例如使用位逻辑运算执行独立的控制）。FC 也可以在程序中的不同位置多次调用，简化了对经常重复发生的任务的编程。

FC 没有相关的背景数据块（DB），没有可以存储块参数值的数据存储器，因此，调用函数时，必须给所有形参分配实参。对于用于 FC 的临时数据，FC 采用了局部数据堆栈，不保存临时数据。要永久性存储数据，可将输出值赋给全局存储器位置，如 M 存储器或全局数据块（DB）。

FC 还支持无形参编程，用以优化 OB 的程序结构，此时不需要任何接口参数。

2. 生成函数（FC）

函数（FC）类似于 C 语言中的子函数（子程序），用户可以将具有相同控制过程的程序编写在 FC 中，然后在主程序 Main[OB1] 中调用。如果用户仅仅是优化 OB1 的结构，也可以在 FC 中以实参进行编程，例如在 2.4.3 节中编写的实例程序。

生成函数（FC）的步骤是：建立一个 TIA 博途项目，在项目视图的项目树中选中已经添加的设备（如 PLC_1），双击"程序块"下的"添加新块"，即可弹出要插入块的界面，选择"函数（FC）"并为 FC 命名，单击"确定"按钮即可，如图 4-3 所示。

图 4-3 添加新块

3. 函数（FC）的应用

下面用三个实例讲解函数（FC）的应用。

【**实例 4-1**】用 FC 实现电动机的起保停控制（实参编程与绝对调用方式）。

【**解**】本实例采用实参编程的绝对调用方式实现。

1）创建函数（FC）并命名为"电动机起保停 – 绝对调用"，之后选择编程语言（本例为 LAD），最后单击"确定"按钮，将弹出函数的程序编辑器界面。

2）在程序编辑器中输入如图 4-4 所示的程序，此程序能实现电动机起保停的控制。

3）在 TIA 博途软件项目视图项目树中，双击"Main[OB1]"，打开主程序块。选中新创建的函数"电动机起保停 – 绝对调用 [FC1]"，并将其拖拽到程序编辑器中，如图 4-5 所示。

图 4-4　FC1 中的电动机起保停控制程序

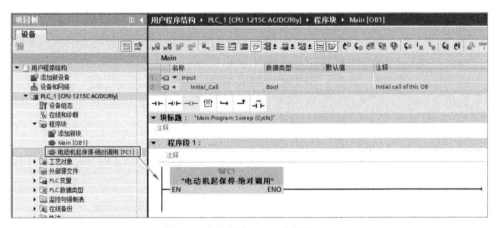

图 4-5　在主程序 Main 中调用 FC1

实例 4-1 中，电动机起保停程序在 FC1 中编写，在 OB1 中调用；此程序也可以在 OB1 中编写，实现的功能一样。对于多台相同控制功能的电动机控制来说，显然灵活性不够，需要多次编写起保停程序段。实例 4-2 中采用的是参数调用方式。

【**实例 4-2**】用 FC 实现电动机的起保停控制（形参编程与参数调用方式）。

【**解**】创建函数（FC）并命名为"电动机起保停 – 参数调用"。

（1）创建函数的局部变量　将鼠标的光标放在 FC2 的程序区最上面的分隔条上，按住鼠标的左键往下拉动分隔条，上面是功能的接口

用 FC 实现电动机起保停控制 – 形参

（Interface）区，如图 4-6 所示。

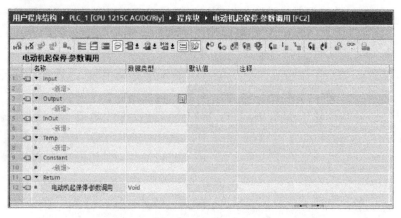

图 4-6 FC 接口区

函数 FC 的局部接口变量意义如下：

1）Input（输入参数）：只读，调用时将用户程序数据传递到 FC 中。实参可以为常数。

2）Output（输出参数）：读写，函数调用时将 FC 执行结果传递到用户程序中。实参不能为常数。

3）InOut（输入_输出参数）：在块调用之前读取输入/输出参数并在块调用之后写入。实参不能为常数。

4）Temp（临时数据）：暂时保存在局部数据堆栈中的数据。只是在执行块时使用临时数据，执行完后，不再保存临时数据的值，它可能被别的块的临时数据覆盖。需要注意的是，Temp 数据不能先使用再赋值，不适用于自锁线圈，也不能用于上升、下降沿。

5）Constant（常量）：只读，声明常量符号名后，FC 中可以使用符号名代替常量。

6）Return（返回）：参数自动生成返回值，名称与函数（FC）的名称相同，属于输出参数，其值返回给调用它的块。返回值默认的数据类型为 Void，表示函数没有返回值。在调用此 FC 时，看不到此参数。

在接口区中创建局部变量，先选中 Input，新建参数"Start"和"Stop"，数据类型为"Bool"。再选中 InOut，新建参数"Motor"，数据类型为"Bool"，如图 4-7 所示。

生成局部变量时，不需要指定存储器地址；根据各变量的数据类型，程序编辑器自动地为所有局部变量指定存储器地址。

（2）用局部变量编写控制程序　最后在程序段中用创建的局部变量编写控制程序，如图 4-8 所示。局部变量的特征是参数前有"#"标识。

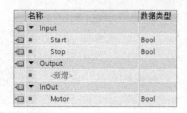

图 4-7 FC 的输入输出参数

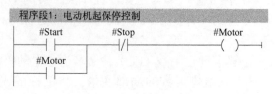

图 4-8 起保停形参编程

（3）调用函数 FC2 选中新创建的函数"电动机起保停 – 参数调用 [FC2]"，并将其拖拽到"Main[OB1]"程序编辑器中，并为形参指定实参。

如图 4-9 所示，在程序段 2 中调用了两次 FC2。如果将整个项目下载到 PLC 中，就可以实现两台电动机的起保停控制。通常，使用形参编程比较灵活，对于重复功能的编程来说，仅需要在调用时改变实参即可，便于用户阅读及程序维护，而且能实现模块化编程。

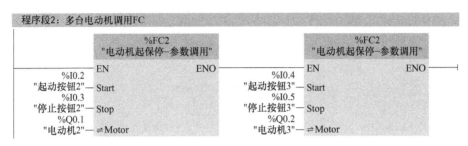

图 4-9 多次调用 FC

从以上两个实例来看，实现一个功能可以有多种方式；从另一方面也说明了我们在分析和处理实际工程问题时需要具有一定的知识积累以及发散思维、创新意识，才能在工作中做到游刃有余。

【**实例 4-3**】设计计算液位程序。设液位变送器量程的下限为 0mm，上限为 High（单位为 mm），经 A–D 转换后得到 0～27648 的整数。式（4-1）是转换后的数字 N 和液位 L（单位为 mm）之间的计算公式。

$$L = (High \times N) / 27648 \tag{4-1}$$

可以用函数 FC3 利用式（4-1）实现上述运算，在 OB1 中调用 FC3。

【**解**】本实例的创建函数过程与前例一致。本实例函数 FC3 命名为"液位计算"。

（1）创建函数的局部变量 在"Input"下面的"名称"列生成参数"输入数据"，单击"数据类型"列的按钮，用下拉列表设置其数据类型为"Int"（16 位整数）。用同样的方法生成输入参数"量程上限"。输出参数"液位值"和临时变量"中间变量 1""中间变量 2"的数据类型均为"Real"。

（2）用局部变量编写控制程序 程序如图 4-10 所示。

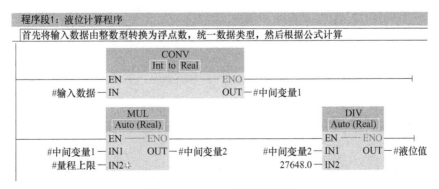

图 4-10 FC3 中液位计算程序

（3）调用并调试函数 FC3　选中新创建的函数"液位计算 [FC3]"，并将其拖拽到"Main[OB1]"程序编辑器中，并为形参指定实参。

如图 4-11 所示，输入数据接口的 %IW64 是 CPU 集成的 AI 点的通道 0 的地址。液位变送器连接到模拟量输入的通道 0，PLC 将其转换为 0～27648 的数字信号（具体参考第 5 章内容）。通过本实例程序，将数字信号转换为液位工程量值。

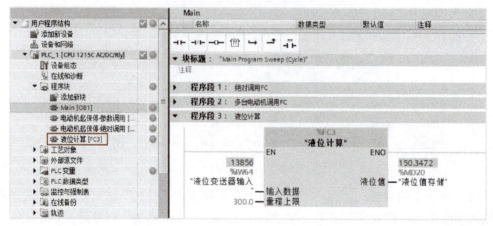

图 4-11　调用 FC3 并调试

4. 专有技术保护

程序块的专有技术保护主要是保护和加密计算机中存储的 S7-1200 项目文件内容。可以通过专有技术保护对程序块 OB、FC、FB 进行加密。

专有技术保护

单击选中生成的 FC3，执行菜单命令"编辑"→"专有技术保护"，如图 4-12 所示，在打开的对话框中输入密码和密码的确认值。完成操作后，则该 FC 被加密。

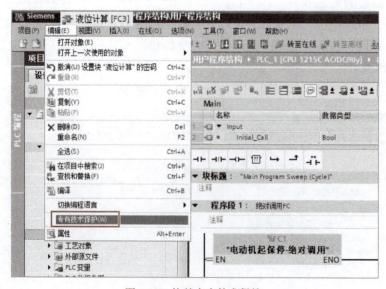

图 4-12　块的专有技术保护

专有技术保护可以保护作者的知识产权。OB、FB、FC 块具有防复制保护功能,可以将该保护块绑定特定的 CPU 或者存储卡的序列号。

> ❖ **说明**:如果想要删除或更改密码,首先要把该代码块的程序编辑界面关闭,否则"编辑"菜单中没有"专有技术保护"选项。关闭程序编辑界面后,用户选择"专有技术保护"选项,在出现的对话框中输入原有的密码后,可以修改或删除密码。

4.2.2 函数块(FB)及其应用

1. 函数块(FB)简介

函数块(FB)又称为功能块。FB 的典型应用是执行不能在一个扫描周期结束的操作。调用函数块时,需要指定背景数据块,背景数据块是函数块专用的存储区。CPU 执行 FB 中的程序代码,将块的输入、输出参数和局部静态变量保存在背景数据块中,函数块执行完毕后背景数据块中的数据不会丢失。

2. 生成函数块(FB)

生成函数块(FB)的步骤和生成函数(FC)类似,在"添加新块"时,选择"函数块(FB)",并为 FB 命名,单击"确定"按钮即可。

3. 函数块(FB)的应用

下面通过一个具体实例讲解函数块(FB)的应用。

【**实例 4-4**】使用函数块实现电动机及冷却风扇的控制。

控制要求:按下起动按钮后,电动机和冷却风扇起动运行;按下停止按钮后,电动机立即停止运行,冷却风扇延时一段时间后再停止运行。要求使用函数块编程实现。

用 FB 实现电动机及冷却风扇控制

【**解**】本实例首先要定义接口区的形参,然后用形参编写控制逻辑,最后进行调用。

(1)创建一个 FB 命名为"电动机和冷却风扇",并打开。

(2)生成 FB 的局部变量 用户可以在 FB 接口区定义局部变量,如图 4-13 所示,与函数(FC)类似,函数块(FB)的局部变量也有 Input 参数、Output 参数、InOut 参数和 Temp 参数;此外,函数块增加了 Static 参数,在 Static(静态变量)定义的变量下一次调用时,静态变量的值保持不变。

根据控制任务要求,控制程序中需要加入定时器指令,为此定义一个 Static 变量"定时器 DB",数据类型为"IEC_TIMER",如图 4-13 所示。

(3)编写 FB 程序 在打开的 FB1 中的程序编辑视窗中编写控制程序,如图 4-14 所示。在本程序中,TOF 定时器的参数用静态变量"定时器 DB"来保存。在为 TOF 定时器选择背景数据块的时候,选择"多重实例(DB)",并在"接口参数中的名称"下拉菜单中选择"#定时器 DB",如图 4-15 所示。

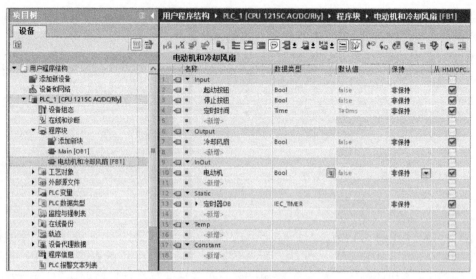

图 4-13 FB 的接口区定义局部变量

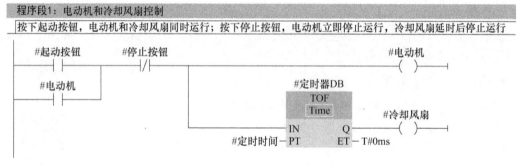

图 4-14 电动机和冷却风扇控制程序

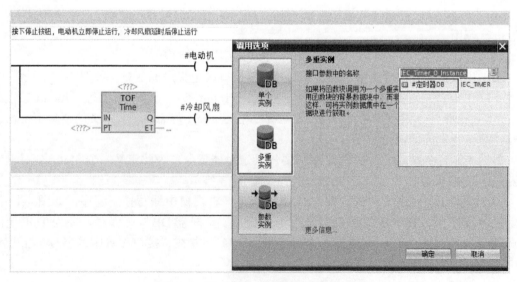

图 4-15 FB 中为 TOF 指定多重实例 DB

可以在块接口区定义数据类型为"IEC_TIMER"或"IEC_COUNTER"的静态变量，用它给定时器提供背景数据，那么每次调用 FB 时，在 FB 不同的背景数据块中，都有独立的背景数据块为调用 FB 中的定时器或计数器提供背景数据，而不会发生混乱。关于多重背景数据块，详见后续章节的介绍。

（4）在 OB1 中调用并调试 FB 程序　调用 FB 时，会弹出"调用选项"对话框，可以输入 FB1 背景数据块的名称，一般采用默认即可。双击查看背景数据块，可以看到其中的数据与 FB1 接口区数据是一致的，如图 4-16 所示。不能直接删除和修改背景数据块中的变量，只能在它的功能块的接口区中删除和修改这些变量。

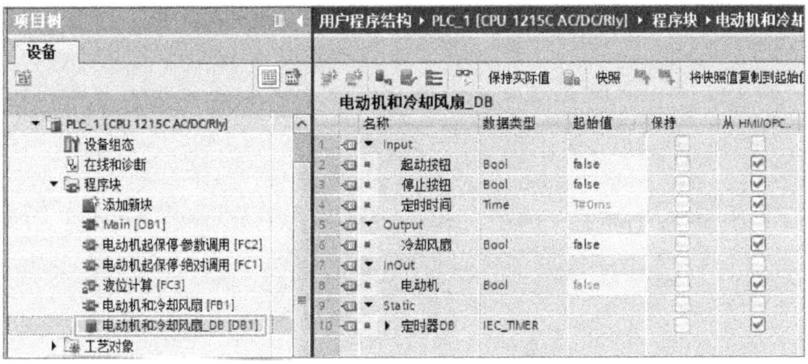

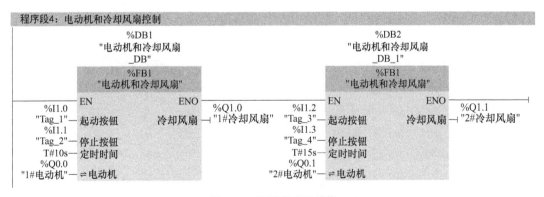

图 4-16　FB1 接口区的背景数据块

接口参数被自动指定一个起始值，用户可以修改这些起始值。变量的起始值被传送给 FB 的背景数据块，调用 FB 时如没有指定实参的形参，将使用初始值执行程序。

在 OB1 中调用两次 FB1（第二次调用也要为 FB1 指定背景数据块），分别控制两套设备，并将输入输出实参赋给形参。调用程序及赋值如图 4-17 所示。

图 4-17　调用程序及赋值

4. 更新函数块（FB）

如果 OB1 中已经调用 FB1，后期根据需要又对 FB1 源程序进行了修改，则在 OB1 中被调用的 FB1 的方框、字符或背景数据块将变成红色，这时单击程序编辑器的工具栏上的更新不一致的块调用按钮，FB1 中的红色错误标记将消失（也可以右击红色的 FB，选择"更新块调用")。或者在OB1中直接将FB1删除,重新调用。如图4-18所示,FB1中增加了一个输入参数"上位起动",执行"更新块调用"后,完成接口同步。

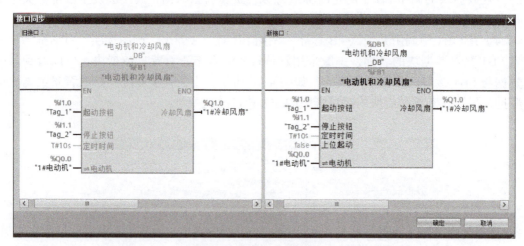

图 4-18 OB1 中更新块调用

5. FB 和 FC 的区别和选择

FB 和 FC 本质都是一样的,都相当于子程序,可以被其他程序块所调用(也可以调用其他子程序)。它们最大的区别就是,FB 与其背景数据块配合使用,背景数据块中保存着 FB 使用的数据,即使 FB 退出运行后也会一直保留。而 FC 没有背景数据块来存放数据,只在运行期间被分配一个临时的数据区。

FB 具有很好的移植性,对于相同控制逻辑不同参数的被控对象,只要使用不同的背景 DB,使用同一个 FB 就可以实现控制,而且多次调用 FB 后运行非常稳定。用户可通过使用多重背景数据块(后续章节详细介绍)进行高效率编程应用。

❖ 说明与建议:

① 除了纯粹的实参子程序用 FC 外,建议大部分功能编程采用 FB。
② FB 编程中尽量用静态变量 Static 作为中间变量,少用或不用临时变量 Temp(因为有时会在赋值先后方面出现问题)。
③ 创建常用的一些功能块库时,尽量选用 FB。
④ 在调用 FB 较多的场合,尽量采用多重背景数据块形式,这样可以节省存储空间。

6. 临时变量 Temp 在使用时的问题

临时变量可以在组织块(OB)、功能(FC)和功能块(FB)中使用,当块执行时它们被用来临时存储数据,一旦块执行结束,堆栈的地址将被重新分配用于其他程序块使用,此地址上的数据不会被清零,直到被其他程序块赋予新值,需要遵循"先赋值,再使用"的原则。

以下常见的几种情况可能导致程序运行不正常:

1）某个块程序运行时好时坏，其中某个数值或多个数值偶尔不正常。此问题在于没有遵循"先赋值，再使用"的原则。Temp 的数值在每个扫描周期开始没有被明确的赋值，则此地址的数值将是随机的。

2）多个块使用 Temp，单独使用任意一个都正常，无法一起正常使用。此问题也是由于 Temp 变量未能"先赋值，再使用"。如程序块 1 的 Temp 中的数值并没有清零，而是 CPU 运行机制调用此地址使用或直接分配给程序块 2 使用，导致这个 Temp 地址并不为 0，因此造成程序混乱。由于 PLC 内存运行机制并不公开，因此，这一分配过程看起来是随机的，但可能导致程序运行一段时间后出现问题。只要遵循"先赋值，再使用"的原则，就可避免这个问题。

3）Temp 变量无法实现自锁。此问题在于 Temp 数值无法像 M 点或 Q 点一样保持上一个周期的数值，Temp 需要在每个扫描周期有一个明确的赋值，即先赋值（写），再使用（读写）。解决方法：FB 可使用 Static 静态变量，FC 可使用 M 区或全局 DB 地址。

从临时变量 Temp 的使用问题中不难看出，在处理任何问题时都要注意细节，尤其是要遵守既定原则，树立规则意识，才能使工作顺利开展。

4.3 数据块

4.3.1 数据块（DB）简介

数据块（DB）用于存储用户数据及程序中间变量。与 M 数据区不同的是，M 数据区的大小在 CPU 技术规范中已经定义且不可扩展，而数据块存储区由用户定义，最大不能超过工作存储区或装载存储区。最常用的是全局数据块和背景数据块。

全局（Global）数据块：存储供所有的代码块使用的数据，所有的 OB、FB 和 FC 都可以访问。

背景（Instance）数据块：存储供特定的 FB 使用的数据，即对应 FB 的输入、输出参数和局部静态变量。尽管背景 DB 反映特定 FB 的数据，然而任何代码块都可访问背景 DB 中的数据。

4.3.2 全局数据块及其应用

全局数据块中的变量需要用户自己定义，其中的数据可被所有程序块进行读写访问。

1. 全局数据块的生成

下面通过一个示例演示全局数据块的生成和使用方法。

新建博途项目，命名为"数据块使用"，CPU 选择 1215C。打开项目视图项目树中文件夹"\PLC_1\程序块"，双击其中的"添加新块"，单击打开的对话框中的"数据块（DB）"按钮，在右侧"类型"下拉列表中选择"全局 DB"（默认），如图 4-19 所示。

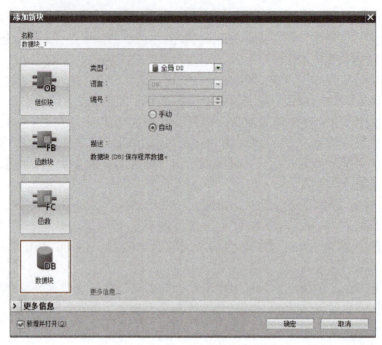

图 4-19 生成全局数据块

全局数据块默认名称为"数据块_1",也可以手动修改;数据块编号为DB1。在打开的数据块编辑区中可以新建各种类型的变量,在这里建立 SB1(Bool)、SB2(Bool)、ADD1(Int)、SUM1(Int)、ADD2(Real)和 SUM2(Real)六个变量,并为 ADD1 和 ADD2 赋初值,如图 4-20 所示。

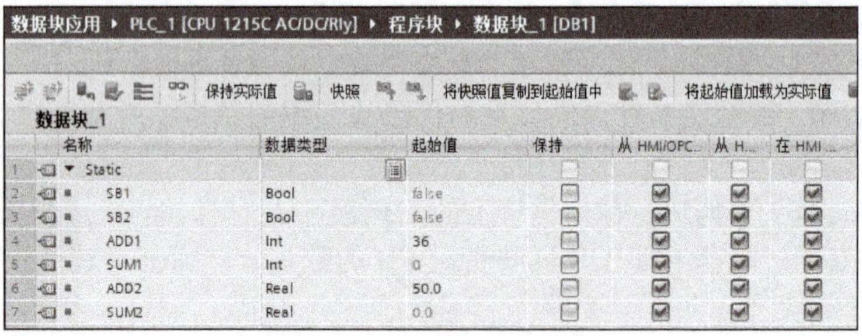

图 4-20 在全局数据块中建立变量

2. 全局数据块中数据的引用

全局数据块建立好后,在程序中可以引用其中的变量参与程序运算。常用的引用方法有拖动、选择以及复制粘贴。其中拖动方法编程效率较高。如图 4-21 所示,鼠标单击"数据块_1[DB1]",在项目树的下方出现该数据块的"详细视图",用户可以用鼠标将变量拖动到程序地址位置。

采用地址选择的引用方式如图 4-22 所示,首先双击触点处的"??.?",出现地址输入选择框,单击右侧的■图标,在下拉菜单中选择"数据块_1",然后选择数据块中的数据(**注意:**引用的数据与指令数据类型相关,不是全部数据)。

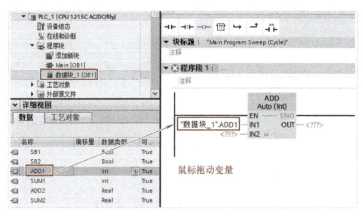

图 4-21　数据块变量的拖动引用

图 4-22　数据块变量的地址选择引用

3. 全局数据块中数据的应用

接下来在 OB1 中编写如图 4-23 所示程序，下载并在线监控。

程序段 1 是为了调试方便，用 I0.0 和 I0.1 分别为 "数据块_1".SB1 和 "数据块_1".SB2 赋值。按下 SB1，执行整数加法，将结果写入 "数据块_1".SUM1；按下 SB2，执行实数加法，将结果写入 "数据块_1".SUM2。图 4-23 中是 I0.0 接通 1 次、I0.1 接通 4 次的运行结果。

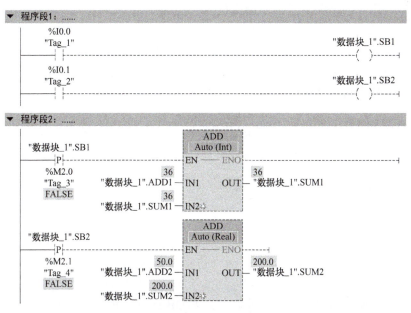

图 4-23　全局数据块应用程序运行结果

4. 标准的 DB 和优化的 DB

当在博途中为 S7-1200/S7-1500 CPU 添加一个 DB 时，其默认属性为优化的 DB。通过右击 DB，查看其属性，在"常规"选项卡"属性"中有可勾选的"优化的块访问"选项，如图 4-24 所示。

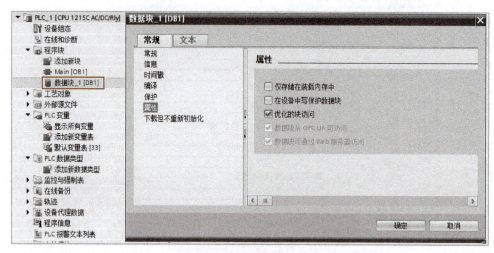

图 4-24 数据块的属性

1）优化的数据块：大的数据类型在块的开始，小的数据类型在块的末端，因此在块中不会形成数据块间隙。优化的块只能以符号寻址，用户无须考虑 DB 中每个变量存储的具体地址，每个变量在 CPU 中存储的位置由 PLC 的系统自动进行分配；而且在 DB 内的任意位置对变量进行添加及删除，或对变量的类型进行修改（如将 Tag_1 的属性由 Byte 修改为 Word），不会引起该 DB 其他变量的使用；用户还可以独立定义每一个变量的断电保持等属性；因此一般情况下推荐使用优化的块访问。

2）标准的数据块：将数据块属性中不勾选"优化的块访问"，该数据块就会变为标准的数据块（非优化的数据块）。标准 DB 中的数据根据用户创建的数据类型、顺序为每个变量定义固定的地址，数据可以通过符号访问、绝对访问以及指针方式寻址。每个变量的存储地址在 DB 中的偏移量可见，如图 4-25 所示。

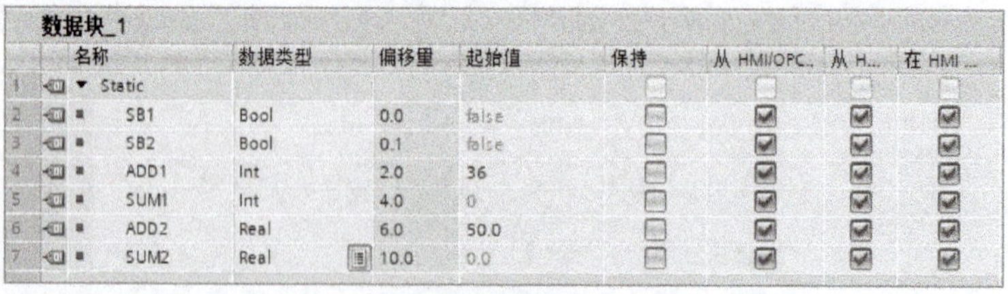

图 4-25 标准的数据块_1

如对变量的类型进行修改（如将 Tag_1 的属性由 Byte 修改为 Word），则会影响该变量之后所有变量的地址，需要对整个数据块重新编译，而且只能设置数据块整体的断电保持性。引用标准 DB 中的数据后，变量上方出现 DB 的绝对地址，如图 4-26 所示。

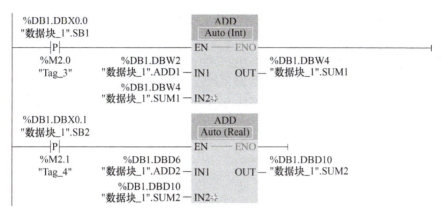

图 4-26 标准 DB 数据引用示例

S7-1200/S7-1500 PLC 中如有以下应用，必须使用标准 DB：

1）与其他 CPU 建立 S7 单边通信时（PUT/GET），用于存储发送区数据和接收区数据的 DB 只能是标准的 DB。

2）与 WinCC V7.2 进行 HMI 连接时，WinCC V7.2 访问的 S7-1200/S7-1500 CPU 的 DB 只能是标准的 DB。

3）使用 SIMATIC Net V8.2 与 S7-1200/S7-1500 PLC 进行 OPC（用于过程控制的 OLE，其中 OLE 指对象连接与嵌入）连接时，OPC 服务器访问 S7-1200/S7-1500 CPU 的 DB 只能是标准的 DB。

5. 创建复杂数据类型数据：数组（Array）

PLC 变量表只能定义基本数据类型的变量，不能定义复杂数据类型的变量。可以在代码块的接口区或全局数据块中定义复杂数据类型的变量。常见的复杂数据类型有 DTL、String、Array 以及 Struct。另外，S7-1200 PLC 还提供了 PLC 定义数据类型（UDT）。

Array（数组）类型是由数目固定且数据类型相同的元素组成的数据结构。创建和使用数组时应注意以下几点：

1）Array 类型可以在 DB、OB/FC/FB 接口区、PLC 数据类型处定义，无法在 PLC 变量表中定义。

2）数组定义格式：Array[维度 1 下限 .. 维度 1 上限，维度 2 下限 .. 维度 2 上限，...] of < 数据类型 >，最多可包含 6 个维度。

3）数组元素的数据类型包括除数组类型、Variant 类型以外的所有类型。

4）数组下标的数据类型为整数，下限值必须小于或等于上限值，在 S7-1200 V4.0 及其以后为 DInt（范围 -2147483648 ~ 21474836487），可以使用局部常量或全局常量定义上、下限值，数组的元素个数受 DB 剩余空间大小以及单个元素大小的限制。

5）CPU 版本从 V2.0 开始，下标可以不仅仅是常数、常量，也可以是变量，还可以混合使用（多维数组），如果编程语言是 SCL，下标还可以是表达式。使用数组的变量下标，可以在程序中很容易地实现间接寻址。

6）CPU 版本从 V4.2 开始，FC 的 Input、Output、InOut 以及 FB 的 InOut 可以定义形如 Array[*] 这种变长数组，要求必须是优化的 FC/FB，在调用 FC/FB 的实参中可以填写任意数据类型相同的数组变量;当然,也可以填写多维变长数组,例如 Array[*, *] of Int。

【实例 4-5】用数据块创建一个非优化二维数组 Array[0..2,0..2],数据类型为 Int,并编写程序将模拟量通道 IW64 采集的数据每秒保存一次到数组元素 ARY[1, 2] 中。

【解】(1)新建一全局数据块 数据块命名为"数组 DB",按题目要求创建数组,如图 4-27 所示。

	名称	数据类型	偏移量	起始值
1	▼ Static			
2	▼ ARY	Array[0..2, 0..2] of Int	0.0	
3	ARY[0,0]	Int	0.0	0
4	ARY[0,1]	Int	2.0	0
5	ARY[0,2]	Int	4.0	0
6	ARY[1,0]	Int	6.0	0
7	ARY[1,1]	Int	8.0	0
8	ARY[1,2]	Int	10.0	0
9	ARY[2,0]	Int	12.0	0
10	ARY[2,1]	Int	14.0	0
11	ARY[2,2]	Int	16.0	0

图 4-27 创建非优化数组 ARY

(2)编写数据采集程序 程序如图 4-28 所示。

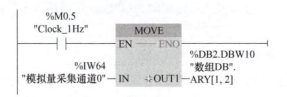

图 4-28 模拟量采集程序

6. 创建复杂数据类型数据:结构体(Struct)

结构体(Struct)数据类型是一种由指定数目且不同数据类型元素组成的数据结构,其元素可以是基本数据类型,也可以是 Struct、Array 等复杂数据类型以及 PLC 数据类型(UDT)等。

Struct 类型嵌套 Struct 类型的深度限制为 8 级,Struct 类型的变量在程序中可作为一个变量整体,也可单独使用组成该 Struct 的元素。Struct 类型可以在 DB、OB/FC/FB 接口区、PLC 数据类型(UDT)处定义使用。

【实例 4-6】创建 Struct 数据类型数据"电动机数据",包含变量"电动机电流"(Real)、"电动机温度"(Real)、"电动机转速"(Int)、"电压"(Int)、"断路器"(Bool)。

【解】如图 4-29 所示,在数据块_1 中创建了名为"电动机数据"的结构体变量。

	名称	数据类型	偏移量	起始值
	▼ 电动机数据	Struct	26.0	
	电动机电流	Real	26.0	0.0
	电动机温度	Real	30.0	0.0
	电动机转速	Int	34.0	0
	电压	Int	36.0	0
	断路器	Bool	38.0	false

图 4-29 创建 Struct 数据示例

7. 创建复杂数据类型数据：PLC 数据类型（UDT）

UDT 是一种由多个不同数据类型元素组成的数据结构，元素可以是基本数据类型，也可以是 Struct、Array 等复杂数据类型以及其他 UDT 等。UDT 嵌套 UDT 的深度限制为 8 级。

UDT 可以在 DB、OB/FC/FB 接口区处使用。从 TIA 博途 V13 SP1，CPU 版本 V4.0 开始，PLC 变量表中的 I 和 Q 也可以使用 UDT。

UDT 可在程序中统一更改和重复使用，一旦某 UDT 发生修改，执行软件全部编译可以自动更新所有使用该数据类型的变量。

定义为 UDT 的变量在程序中可作为一个变量整体使用，也可单独使用组成该变量的元素。此外还可以在新建 DB 时，直接创建 UDT 的 DB，该 DB 只包含一个 UDT 的变量。

理论上来说，UDT 是 Struct 类型的升级，功能基本完全兼容 Struct 类型。

【实例 4-7】建立一个简单的电动机控制标准块并多次调用，并使用 UDT 数据类型提升编程效率。每台电动机都有起动、停止、运行状态和运行次数 4 个参数，由上位机进行监控。

【解】每台电动机都有起动、停止、运行状态和运行次数 4 个参数，因此要创建大量的参数，这是一种方案；另一种简单方案就是：先创建起动、停止、运行状态和运行次数 4 个参数，然后把这 4 个参数作为一个 UDT 数据类型，每台电动机都可以引用这个 UDT。UDT 数据类型在工程中较为常用。

（1）创建项目　首先在博途中创建一个项目，命名为"数据类型 UDT"，并创建全局 DB"数据块_1"和 PLC 数据类型"MotorUDT"，按题目要求创建变量，如图 4-30 所示。

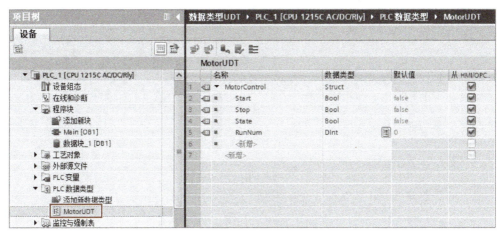

图 4-30　创建 UDT

（2）创建控制变量　在 DB1 中创建并设置数据类型为"MotorUDT"的控制变量，如图 4-31 所示。

数据块_1								
	名称	数据类型	起始值	保持	从 HMI/OPC..	从 H...	在 HMI ...	设定值
1	▼ Static			☐	☐	☐	☐	☐
2	▼ Motor1	"MotorUDT"		☐	☑	☑	☑	☐
3	▼ MotorControl	Struct		☐	☑	☑	☑	☐
4	Start	Bool	false	☐	☑	☑	☑	☐
5	Stop	Bool	false	☐	☑	☑	☑	☐
6	State	Bool	false	☐	☑	☑	☑	☐
7	RunNum	DInt	0	☐	☑	☑	☑	☐
8	▼ Motor2	"MotorUDT"		☐	☑	☑	☑	☑
9	▼ MotorControl	Struct		☐	☑	☑	☑	☐
10	Start	Bool	false	☐	☑	☑	☑	☐
11	Stop	Bool	false	☐	☑	☑	☑	☐
12	State	Bool	false	☐	☑	☑	☑	☐
13	RunNum	DInt	0	☐	☑	☑	☑	☐
14	▶ Motor3	"MotorUDT"		☐	☑	☑	☑	☑
15	▶ Motor4	"MotorUDT"		☐	☑	☑	☑	☑
16	<新增>			☐	☐	☐	☐	☐

图 4-31　设置 DB1 中的参数（声明和展开视图）

（3）编写电动机标准块程序　新建 FB，在 FB 中建立接口变量，如图 4-32 所示。在 FB 中编写电动机控制程序。根据题目要求，所有电动机均由上位机控制，并监控其运行状态和运行次数。程序如图 4-33 所示。

电动机控制标准块								
	名称	数据类型	默认值	保持	从 HMI/OPC..	从 H...	在 HMI ...	设定值
1	▼ Input				☐	☐	☐	☐
2	上位起动	Bool	false	非保持	☑	☑	☑	☐
3	上位停止	Bool	false	非保持	☑	☑	☑	☐
4	<新增>				☐	☐	☐	☐
5	▼ Output				☐	☐	☐	☐
6	运行状态	Bool	false	非保持	☑	☑	☑	☐
7	电动机输出	Bool	false	非保持	☑	☑	☑	☐
8	▼ InOut				☐	☐	☐	☐
9	运行次数	DInt	0	非保持	☑	☑	☑	☐
10	▼ Static				☐	☐	☐	☐
11	P_tag	Bool	false	非保持	☑	☑	☑	☐
12	<新增>				☐	☐	☐	☐
13	▼ Temp				☐	☐	☐	☐
14	<新增>				☐	☐	☐	☐
15	▼ Constant				☐	☐	☐	☐
16	<新增>				☐	☐	☐	☐

图 4-32　电动机控制标准块接口声明

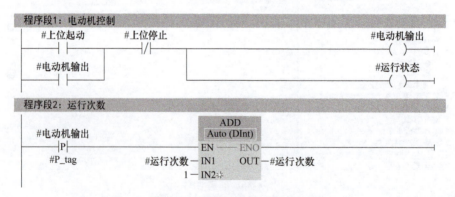

图 4-33　电动机控制标准块程序

（4）调用电动机控制标准块程序　在 OB1 中调用编写好的电动机控制标准块程序，关联变量，并监控运行。程序如图 4-34 所示。

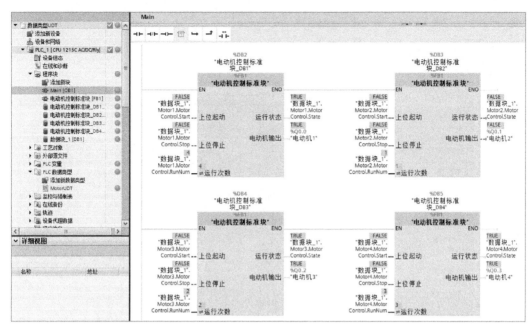

图 4-34　调用电动机控制标准块程序

4.3.3　多重背景数据块

在调用功能块（FB）时，需要为其指定一个背景数据块，用来存放功能块的输入、输出参数变量及静态变量。在一个大型的程序中，往往会有很多的功能块。如果为每一个功能块（FB）都创建一个背景数据块，不仅费时费力，而且会使程序结构变得混乱，不易理解，如在实例4-7中，调用了4次FB1，生成了4个背景数据块。为了简化编程，提高程序的可读性，西门子 STEP 7 支持使用多重背景数据块（Multi-instance DB）。

多重背景数据块（Multi-instance DB）本质上也属于背景数据块，不同之处在于它可以作为多个功能块（FB）的背景数据块。下面通过一个实例帮助读者理解和使用多重背景数据块。

【实例 4-8】使用多重背景数据块（多重实例）实现实例4-7中FB的多次调用。

【解】在一个主FB中去调用其他的子FB，然后在分配背景DB时可选择多重实例，当在OB中调用主FB时就仅生成1个背景数据块，这些子FB的数据存储在主FB的静态变量中，这就是多重实例。

多重背景数据块的使用

（1）创建新的FB　命名为"电动机控制" ，然后在FB2中调用4次FB1，在弹出的对话框中，选择"多重实例（DB）"，并为多重实例命名，如图4-35所示。

调用完成后的FB2程序编辑界面如图4-36所示。可见，FB1的背景数据块出现在FB2接口区的静态变量 Static 中。

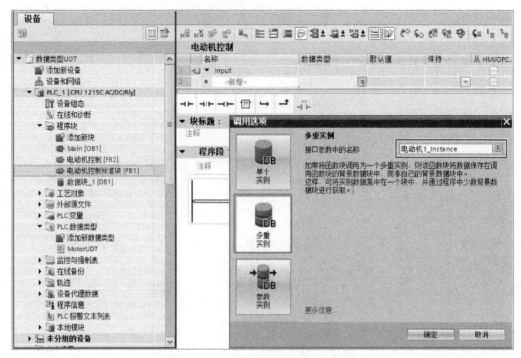

图 4-35　FB 背景块选择多重实例

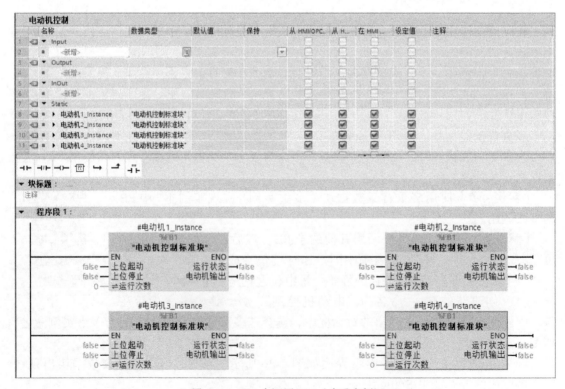

图 4-36　FB2 中调用 FB1（多重实例）

（2）完成程序变量赋值，并在 OB1 中调用 FB2 如图 4-37 所示，调用 FB2 后，在项目树中只有一个背景块 DB2，使整个程序变得十分简洁。

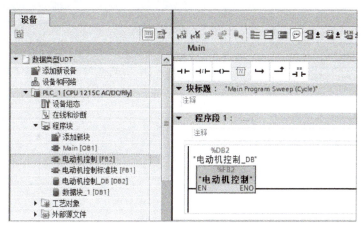

图 4-37 在 OB1 中调用电动机控制 FB2

并不是在任何块中调用 FB 时都可选择分配多重实例，只有在 FB 中调用 FB 时才可选择多重实例，因为多重实例存储于静态变量中，只有 FB 才具备静态变量的变量类型。

> ❖ 说明：编程中，调用的一些指令是带背景 DB 的，如定时器指令、计数器指令、运动控制的指令或通信应用的指令等，这些指令本质上都是一个一个的 FB。调用时都可以考虑在 FB 中去编写，这样可减少在程序资源中生成过多的背景 DB；若编写的 FB 数量比较多，也可以把它集成到同类的一个 FB 中。

4.4 组织块

S7-1200 PLC 为用户提供了不同的块类型来执行自动化系统中的任务。其中，组织块（OB）是操作系统和用户程序之间的接口，可以通过对 OB 编程来实现特定功能。OB 由操作系统调用，使用 OB 可以创建在特定时间执行的程序，以及响应特定事件的程序。熟悉各类 OB 的使用对于提高编程效率和程序的执行效率有很大的帮助。

4.4.1 事件与组织块

事件是对程序操作的一系列动作。在 PLC 执行操作时，有些事件是由系统预先设计好的，比如组织块。在执行组织块时，一般无法人工干预，如果需要强制结束，就需要用到中断事件或中断指令。

1. 启动组织块的事件

如前所述，组织块（OB）是操作系统与用户程序的接口，出现启动 OB 的事件时，由操作系统调用对应的 OB。启动 OB 的事件（部分）见表 4-2。

表 4-2 启动 OB 的事件（部分）

事件类型	OB 编号	OB 个数	启动事件	队列深度	OB 优先级	优先级组
程序循环	1 或 ≥123	≥1	启动或结束前一个循环 OB	1	1	1
启动	100 或 ≥123	≥0	从 STOP 模式切换到 RUN 模式	1	1	
时间延迟	≥123	≤4	延迟时间到	8	3	2
循环中断	≥123	≤4	固定的循环时间到	8	8	
硬件中断	40～47 或 ≥123	≤50	上升沿（≤16 个）、下降沿（≤16 个）	32	18	
			HSC 计数值=设定值，计数方向编号，外部复位，最多有 6 个	16	18	
诊断错误	82	0 或 1	模块检测到错误	8	5	
时间错误	80	0 或 1	超过最大循环时间，调用的 OB 正在执行，队列溢出，因为中断负荷过高丢失中断	8	22～26	3

启动事件与程序循环事件不会同时发生，在启动期间，只有诊断错误事件能中断启动事件，其他事件将进入中断队列，在启动事件结束后处理它们。

2. 不启动组织块的事件

无法启动 OB 的事件见表 4-3，其中包括操作系统的相应响应。

表 4-3 无法启动 OB 的事件

事件级别	事件	事件优先级	系统反应
插入/拔出	插入/拔出模块	21	STOP
访问错误	刷新过程映像的 I/O 访问错误	22	忽略
编程错误	块内的编程错误	23	STOP
I/O 访问错误	块内的 I/O 访问错误	24	STOP
超过最大循环时间的两倍	超过最大循环时间的两倍	27	STOP

3. 事件执行的优先级与中断队列

事件执行的优先级、优先级组和队列用来决定事件系统服务程序的处理顺序。

每个 CPU 事件都有它的优先级，不同优先级的事件分为 3 个优先级组。表 4-2 给出了各类事件的优先级、优先级组和队列深度。优先级的编号越大，优先级越高，时间错误中断具有最高的优先级 26 和 27。

事件一般按优先级的高低来处理，即先处理高优先级的事件。优先级相同的事件按"先来先服务"的原则来处理。高优先级组的事件可以中断低优先级组的事件的 OB 的执行，例如，第 2 优先级组所有的事件都可以中断程序循环 OB 的执行，第 3 优先级组的时间错误 OB 可以中断所有其他的 OB 的执行。

不同的事件（或不同的 OB）均有它自己的中断队列和不同的队列深度（见表 4-2）。对于特定的事件类型，如果队列中的事件个数达到上限，下一个事件将使队列溢出，新的中断事件被丢弃，同时产生时间错误中断事件。

4.4.2 程序循环 OB

循环 OB 的使用

程序循环（Program cycle）OB 在 CPU 处于 RUN 模式时，周期性地循环执行。可在程序循环 OB 中放置控制程序的指令或调用其他功能块（FC 或 FB）。

S7-1200 PLC 允许使用多个程序循环 OB，按 OB 的编号顺序执行。OB1 是默认设置，其他程序循环 OB 的编号必须大于或等于 123。程序循环 OB 的优先级为 1，可被高优先级的 OB 中断；程序循环执行一次需要的时间即为程序的循环扫描周期时间。最长循环时间默认设置为 150ms。

创建程序循环 OB 过程如下：打开项目视图项目树中文件夹"\PLC_1\ 程序块"，双击其中的"添加新块"，单击打开的对话框中的"组织块（OB）"按钮，如图 4-38 所示，选中列表中的"Program cycle"，生成一个程序循环组织块，OB 默认编号 123。块的名称默认为 Main_1。

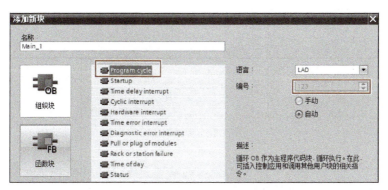

图 4-38　生成程序循环组织块 OB123

用户可以在新生成的 OB123 中输入一条简单的程序，将其下载到 CPU，将 CPU 切换到 RUN 模式后进行调试，可以发现 OB1 和 OB123 中的程序均被循环执行。

4.4.3 启动 OB

启动组织块的使用

启动（Startup）OB 仅在 CPU 启动过程中被调用一次（上电，从 STOP 模式转换成 RUN 模式）。在调用启动 OB 时，CPU 尚未进行周期性循环执行，程序时间监控没有激活。启动 OB 一般用于编写初始化程序，如赋初始值等。

允许生成多个启动 OB，默认编号是 OB100，其他的启动 OB 的编号应大于或等于 123。一般只需要一个启动 OB 或者不用。

【实例 4-9】在启动 OB100 中无条件为 MW100 赋初值 100；有条件（当 I0.0=1 时）

为 MW102 赋初值 200。

【解】（1）创建启动 OB　首先创建启动 OB，编号 100，如图 4-39 所示。

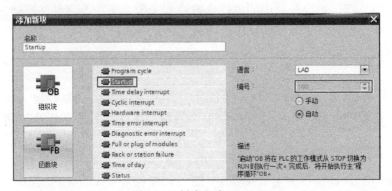

图 4-39　创建启动 OB100

（2）编制程序　在 OB100 中编程，如图 4-40 所示。

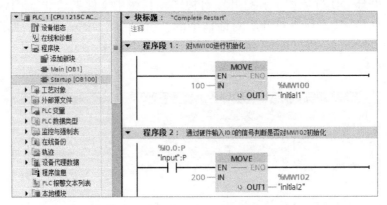

图 4-40　编制程序

❖ **注意**：不同 CPU 版本对由物理输入的状态复制到 I 存储器（也就是过程映像）的执行时间不同。因此，要在启动模式下读取物理输入的当前状态，须执行立即读取操作。

（3）测试运行结果　程序下载后，在监控表中查看 MW100、MW102 的数据。

1）当硬件输入 I0.0 为 0，CPU 上电启动或 STOP→RUN 操作时，首先执行 OB100，即 MW100 被赋值 100，MW102 未被赋值 200，如图 4-41 所示。

2）当硬件输入 I0.0 为 1，CPU 上电启动或 STOP→RUN 操作时，首先执行 OB100，即 MW100 被赋值 100，MW102 被赋值 200，如图 4-42 所示。

图 4-41　测试结果（I0.0=0 时）　　　　　图 4-42　测试结果（I0.0=1 时）

4.4.4 延时中断 OB

延时中断（Time delay interrupt）OB 在经过一段指定的时间延时后，才执行相应的 OB 中的程序。S7-1200 PLC 最多支持 4 个延时中断 OB，SRT_DINT 指令用于启动延时中断，该中断在超过参数指定的延时时间后调用延时中断 OB。延时时间范围为 1～60000ms，精度为 1ms。扩展指令 CAN_DINT 用于取消启动的延时中断。扩展指令 QRY_DINT 用于查询延时中断的状态。延时中断 OB 的编号必须为 20～23，或大于或等于 123。

以上指令的详细信息，请查看 S7-1200 PLC 系统手册。

4.4.5 循环中断 OB

循环中断 OB 的使用

循环中断（Cyclic interrupt）OB 按设定的时间间隔循环执行中断 OB 中的程序。

例如，如果时间间隔为 100ms，则在程序执行期间会每隔 100ms 调用该 OB 一次。S7-1200 PLC 用户程序中最多可使用 4 个循环中断 OB 或延时中断 OB。例如，如果已使用 2 个延时中断 OB，则在用户程序中最多可以再插入 2 个循环中断 OB。

在 CPU 运行期间，可以使用扩展指令 SET_CINT 重新设置循环中断的间隔时间、相移时间；同时还可以使用扩展指令 QRY_CINT 查询循环中断的状态。循环中断 OB 的编号必须为 30～38，或大于或等于 123。

【实例 4-10】运用循环中断，使 Q0.0 实现周期为 1s 的方波输出（500ms 输出为 1，500ms 输出为 0），调试完成后，重新设置方波周期为 2s。

【解】（1）创建循环中断 OB　首先创建循环中断 OB，编号为 30，如图 4-43 所示。

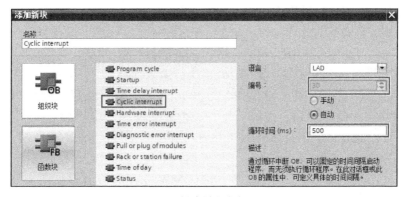

图 4-43　创建循环中断 OB30

（2）编制程序　在 OB30 中编程，如图 4-44 所示。

（3）设置循环中断时间　在 OB1 中调用 SET_CINT 指令，可以重新设置循环中断时间，例如，CYCLE=1s（即周期为 2s）。在"指令→扩展指令→中断→循环中断"中可以找相关指令。设置完成如图 4-45 所示。

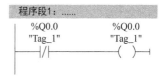

图 4-44　OB30 中的编制程序

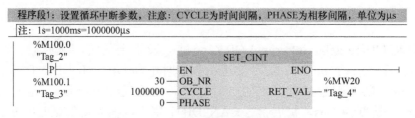

图 4-45 OB1 中设置循环中断时间程序

(4) 测试结果　程序下载后,可看到 CPU 的输出 Q0.0 指示灯 0.5s 亮、0.5s 灭交替切换;当 M100.0 由 0 变 1 时,通过 SET_CINT 指令将循环间隔时间设置为 1s,这时,可看到 CPU 的输出 Q0.0 指示灯 1s 亮、1s 灭交替切换。

❖ **说明**:当使用多个时间间隔相同的循环中断事件时,设置相移时间 PHASE 可使时间间隔相同的循环中断事件彼此错开一定的相移时间执行,详见博途帮助信息。

4.4.6 硬件中断 OB

硬件中断(Hardware interrupt)OB 在发生相关硬件事件时执行,可以快速地响应并执行硬件中断 OB 中的程序(例如立即停止某些关键设备)。

硬件中断组织块的使用

硬件中断事件包括内置数字输入端的上升沿和下降沿事件以及 HSC(高速计数器)事件。当发生硬件中断事件时,硬件中断 OB 将中断正常的循环程序而优先执行。

S7-1200 PLC 可以在硬件配置的属性中预先定义硬件中断事件,一个硬件中断事件只允许对应一个硬件中断 OB,而一个硬件中断 OB 可以分配给多个硬件中断事件。在 CPU 运行期间,可使用附加指令 ATTACH 和分离指令 DETACH 对中断事件重新分配。硬件中断 OB 的编号必须为 40~47,或大于或等于 123。

【**实例 4-11**】当硬件输入 I0.0 上升沿时,触发硬件中断 OB40(执行累加程序),当硬件输入 I0.1 上升沿时,触发硬件中断 OB41(执行递减程序)。

【**解**】首先生成中断组织块,然后将 I0.0 和 I0.1 的上升沿关联硬件中断事件。

(1) 生成硬件中断组织块　按照前述方法生成硬件中断组织块 OB40、OB41,分别命名为 Hardware interrupt1 和 Hardware interrupt2。

(2) 编制程序　在 OB40 中编程,当硬件输入 I0.0 上升沿时,执行 MW200 加 1;在 OB41 中编程,当硬件输入 I0.1 上升沿时,执行 MW200 减 1。程序如图 4-46 所示。

图 4-46 OB40 和 OB41 的中断程序

（3）关联硬件中断事件　在 CPU 属性窗口中关联硬件中断事件，如图 4-47 所示，为通道 0 和通道 1 启用上升沿检测；然后分别将 I0.0 和硬件中断 OB40 关联，I0.1 和硬件中断 OB41 关联。

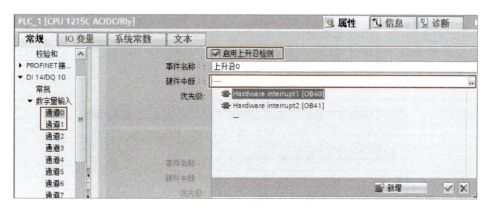

图 4-47　关联硬件中断事件

（4）测试结果　程序下载后，读者可自行在监控表中查看 MW200 的数据变化。

4.4.7　时间错误中断 OB

时间错误中断（Time error interrupt）OB 的编号为 80，当 CPU 中的程序执行时间超过最大循环时间或者发生时间错误事件（例如循环中断 OB 仍在执行前一次调用时，该循环中断 OB 的启动事件再次发生）时，将触发时间错误中断优先执行 OB80。由于 OB80 的优先级最高，它将中断所有正常循环程序或其他所有 OB 事件的执行而优先执行。

4.4.8　诊断错误 OB

诊断错误（Diagnostic error interrupt）OB 的编号为 82。S7-1200 PLC 可以为具有诊断功能的模块启用诊断错误中断功能来检测模块状态。

OB82 是唯一支持诊断错误事件的 OB，出现故障（进入事件）、故障解除（离开事件）均会触发诊断中断 OB82。当模块检测到故障并且在软件中使能了诊断错误中断时，操作系统将启动诊断错误中断，诊断错误中断 OB82 将中断正常的循环程序优先执行。此时无论程序中有没有诊断中断 OB82，CPU 都会保持 RUN 模式，同时 CPU 的 ERROR 指示灯闪烁。

4.5　交叉引用表与程序信息

4.5.1　交叉引用表

交叉引用表提供项目中对象的使用概况，可以看到哪些对象相互依赖以及各对象所在的位置。因此，交叉引用是项目文档的一部分。使用交叉引用表还可以直接跳到对象的使用位置。

在 TIA Portal V15 及更高版本中，交叉引用中将显示带有版本标识的指令，不带版本标识的指令则不显示。

1. 打开交叉引用的方法

1）选中需要查询的目标，在"工具"（Tools）菜单中，选择"交叉引用"（Cross-reference）命令，如图 4-48 所示。

图 4-48　工具菜单打开交叉引用

2）选中需要查询的目标（可以是某个程序、某个块、某个程序段、某个变量、某个块接口、某个 PLC 数据类型等），在右键快捷菜单中，选择"交叉引用"或"交叉引用信息"，如图 4-49 所示。

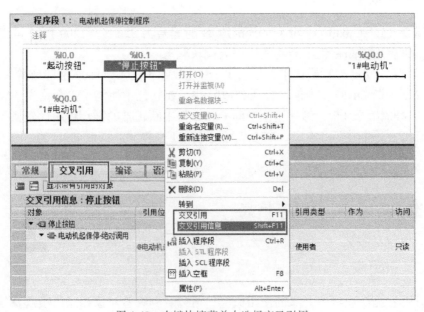

图 4-49　右键快捷菜单中选择交叉引用

2. 交叉引用过滤

为了快速搜索特定的交叉引用并进行合理排列，可对交叉引用列表进行过滤筛选。博途软件安装后，交叉引用表中集成了系统过滤器。系统过滤器通常位于过滤器选择的下拉列表中，且无法删除。博途默认设置的交叉引用过滤器为"显示带有引用的对象"，如图 4-50 所示。

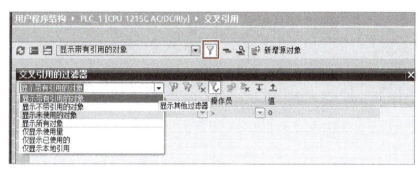

图 4-50 设置默认应用所选过滤器

4.5.2 程序信息

博途设备（如 PLC_1）项目树中，有"程序信息"选项 程序信息，可双击进入程序信息界面。用户程序的程序信息包含表 4-4 指定的视图。

表 4-4 程序信息

视图	应用
调用结构	显示用户程序中块的调用结构并概要说明所用的块及块间的关系
从属结构	显示用户程序中使用的块的列表。块显示在第一级，调用或使用此块的块缩进排列在其下方。与调用结构不同，实例块单独列出
分配列表	概要说明用户程序中已分配的 I、Q 和 M 存储区的地址位，还指示是否通过访问从 S7 程序中分配了地址或是否已将地址分配给 SIMATIC S7 模块
资源	显示 CPU 对象（OB、FC、FB、DB、用户自定义数据类型和 PLC 变量）、CPU 存储区域以及现有 I/O 模块的硬件资源

1. 调用结构

调用结构用于说明 S7 程序中各个块的调用层级。调用结构将以表格形式显示用户程序中所用的块。调用结构的第一级将彩色高亮显示，指示程序中其他所有块都未调用的块。组织块通常显示在调用结构的第一级。功能、功能块和数据块仅当未被组织块调用时才显示在第一级。当某个块调用其他块或功能时，被调用块或功能以缩进形式列在调用块下。指令和块只有在被某个块调用时，它们才显示在调用结构中，如图 4-51 所示。

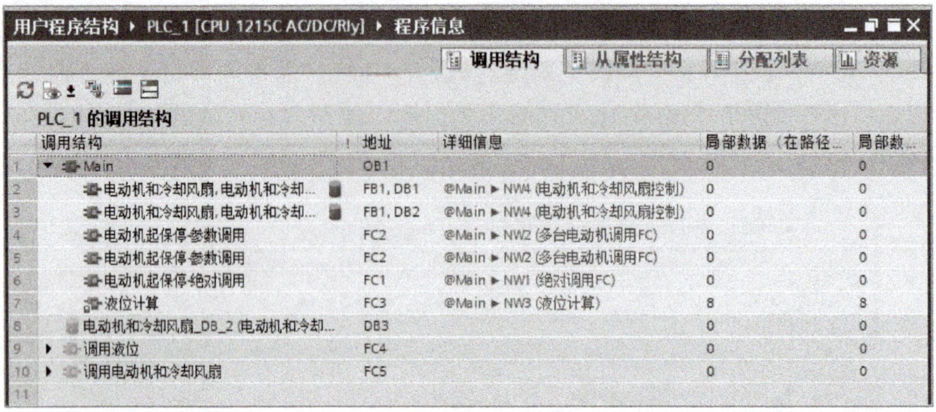

图 4-51 程序信息的调用结构

2. 从属结构

从属结构将显示程序中每个块的相互关系。显示从属结构时会显示用户程序中使用的块的列表。如果某个块显示在最左侧，则调用或使用该块的其他块将缩进排列在该块的下方。从属结构还会用符号显示单个块的状态。

从属结构是对象交叉引用表的扩展。

3. 分配列表

分配列表显示是否通过访问从 S7 程序中分配了地址或是否已将地址分配给 SIMATIC S7 模块。因此，它是在用户程序中查找错误或进行更改的重要基础。

在实际编程过程中，随着程序量的增加，变量使用也会越来越多，如果没有仔细规划过，很容易导致变量使用出现冲突，比如对 M 存储区地址的重复使用。可以通过分配列表查询空余的 M 存储区地址，选择使用。

如图 4-52 所示，图中灰色标识表示该地址已经被引用，用户可以选择空闲地址进行引用和编辑。

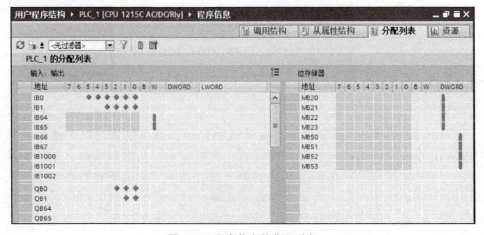

图 4-52 程序信息的分配列表

4. 资源

"资源"选项卡中列出了硬件资源的概览。该选项卡中的显示信息取决于所使用的 CPU。将显示所用的编程对象（如 OB、FC、FB、DB、数据类型和 PLC 变量）、可用的存储区和可为 CPU 组态的模块（I/O 模块、数字量输入模块、数字量输出模块、模拟量输入模块和模拟量输出模块）的 I/O，包括已使用的 I/O，如图 4-53 所示。

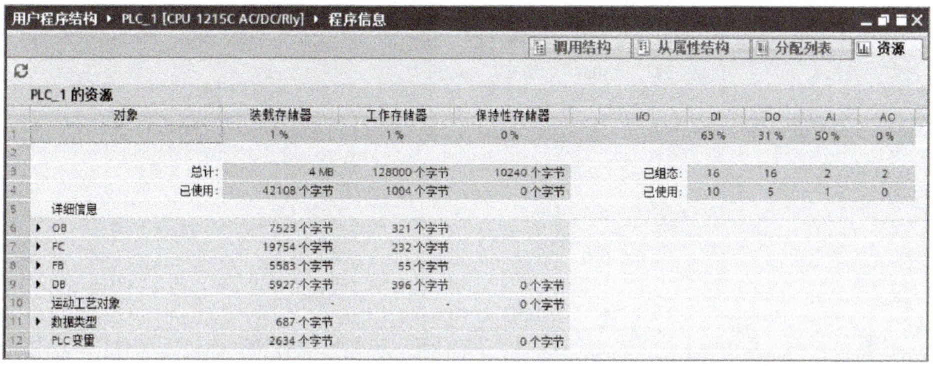

图 4-53　程序信息的资源列表

4.6　职业技能训练 4：PLC 控制感应式冲水器

专业知识目标
- 学会使用 FB 编写控制程序。
- 掌握多重背景数据块的应用。

职业能力目标
- 能够使用函数块完成程序的设计。
- 能根据工艺要求设计 PLC 原理图。
- 能够完成 PLC 程序的调试。

素质素养目标
- 规范操作、注重质量和安全的职业素养。
- 一丝不苟、精益专注的匠心精神。

1. 任务要求

编写控制程序用来模拟服务区卫生间的冲水阀工作过程，要求使用多重背景数据块。

2. 任务分析

感应式冲水器的工作过程如下：冲水器上方装有红外线接收探头，当有人体接近时，探头信号为 1，并维持 2s，控制电路动作，让冲水电磁阀得电并冲水 3s 后停止；当人离开后，探头信号为 0，控制电路控制冲水阀得电冲水 5s 后停止。

本任务以 4 台冲水器为例，绘制 PLC 控制原理图，并编写控制程序进行安装调试。

3. 任务实施

（1）PLC 控制原理图设计　根据任务分析，绘制 PLC 原理图（冲水阀功率较小，可直接控制），如图 4-54 所示。

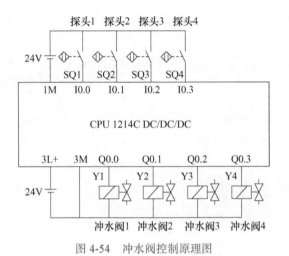

图 4-54　冲水阀控制原理图

（2）通电前检查　本任务中，所有控制元器件都是 DC 24V 供电，采用万用表检查 PLC 的供电电源之间及 PLC 输出电源的 L+ 与 M 之间的阻值是否合理。最后按照 PLC 原理图用万用表低阻档依次检查各个线号连接是否正确。

（3）控制程序编写　服务区卫生间感应式冲水器的工作过程基本一致，因此可以编写一个 FB 后进行多次调用，为节约程序资源，使程序简洁，调用 FB 时采用多重实例。

建立冲水阀控制 FB1，在 FB1 中编写控制子程序；建立 FB2，在 FB2 中调用 4 次 FB1，然后在 OB1 中对 FB2 进行调用。参考控制程序如图 4-55 所示，调用后程序结构如图 4-56 所示。

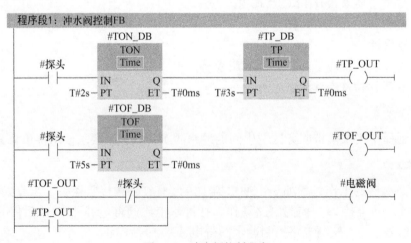

图 4-55　冲水阀控制程序

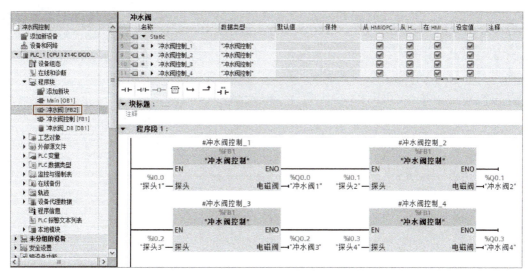

图 4-56　冲水阀多重背景数据块的使用

（4）下载并调试程序　在硬件接线、软件编程完成后，对程序进行编译下载，进行试运行。CPU 进入循环扫描状态，等待执行程序。

1）连接好 PLC 输入输出接线。

2）将程序下载至 PLC 中，使 PLC 进入运行状态。

3）使 PLC 进入梯形图监控状态。

① 先不做任何操作，仔细观察输入、输出点的状态有无异常。

② 用控制按钮代替红外探头进行程序调试。首先按住按钮，模拟人站在冲水器前；松开按钮，模拟人离开冲水器。观察电磁阀的输出状态。

4）操作过程中，注意人身安全，并观察电磁阀运行状态。

4. 任务评价

在强化知识和技能的基础上，任务评价以 PLC 职业资格能力要求为依据，帮助学员建立工业控制系统设计的基本概念和工程意识。设计完成后，由各组间互评并由教师给予总评。

（1）检查内容

1）检查电气原理图、I/O 分配表等材料是否齐全。

2）检查电气线路安装是否合理、美观。

3）检查是否熟悉控制电路原理。

4）检查控制系统运行情况，是否存在功能缺失或安全隐患。

（2）评价标准（见表 4-5）

表 4-5　卫生间冲水器控制任务评价表

评价内容	评价点	评分标准	分数	得分
电气原理图	图样符合电气规范、完整	设计不完整、不规范，每处扣 2 分	10	

（续）

评价内容	评价点	评分标准	分数	得分
I/O 分配表	准确、完整，与原理图一致	分配表不完整，每处扣 2 分	10	
程序设计	指令简洁，满足控制要求	程序设计不规范，指令有误每处扣 5 分	20	
电气线路安装	线路安装美观，符合工艺要求	安装不规范，每处扣 5 分	20	
通电前检查	通电前测试符合规范	检查不规范，人为短路扣 10 分	10	
系统调试	设计达到任务要求，试车成功	第一次调试不合格，扣 10 分 第二次调试不合格，不得分	20	
职业素质素养	团队合作、创新意识、安全等	过程性评价，综合评估	10	
合计			100	

5. 任务拓展

使用 S7-1200 PLC 实现 4 台电动机的星 – 三角降压起动控制。

控制要求：4 台电动机可以分别进行星 – 三角降压起动；且星 – 三角切换时间可以独立设置。编写控制程序实现控制功能。

4.7 知识技能巩固练习

一、简答题

1. 函数和函数块有什么区别？
2. 组织块与 FB 和 FC 有什么区别？
3. 标准 DB 和优化的 DB 有什么区别？
4. 什么是多重背景数据块？
5. 组织块的优先级是什么？

二、编程题

1. 用 FC 的无形参方式编写电动机正反转控制程序，并在 OB1 中调用。
2. 用 FC 的带形参方式编写电动机正反转控制程序，并在 OB1 中调用两次，测试结果。
3. 用 FC 的带形参方式编写计算圆的面积程序，输入参数为半径，输出为面积。
4. 用 FB 编写华氏温度到摄氏温度的转换程序。
5. 用 FB 实现电动机星 – 三角起动控制。
6. 使用多重背景块方式实现电动机起停功能，在 FB 中编写程序，OB1 中调用 3 次。
7. 使用多重背景数据块方式实现如下功能：S1 按下，5s 后 KM1 运行；S2 按下，3s 后 KM2 运行；S3 按下，全部停止。程序在 FB 中编写。
8. 数据块的应用编程：

1）建立 Struct 类型的变量，命名为"发电动机"，包含 4 个变量，数据类型分别为

"电流"(Real)、"电压"(Real)、"转速"(Int)和"断路器"(Bool)。

2)建立数组变量,命名为"功率"。数组为一维数组,数组下限 1,上限 20,数据类型为 Int。

3)编写 FB 程序,用 MOVE 指令分别为"发电动机"中的变量赋值;用块填充指令 FILL_BLK 为"功率"前 10 个变量赋值 100。

9. 编写初始化程序:PLC 上电运行后,将 16#9A 赋值给 MW10。

10. 用循环中断组织块 OB30,每 2.8s 将 MD100 的值加 1。在 I0.2 的上升沿,将循环时间修改为 1.5s。设计出主程序和 OB30 的程序。

第 5 章　S7-1200 PLC 的模拟量处理

制造业是国民经济的主体，是立国之本、强国之基。过程工业是制造业的一个重要组成部分，在国民经济中占有极其重要的地位，如石油、化工、制药、生物、医疗、电力、冶金等。

PLC 集成了强大的模拟量处理功能，广泛地应用于过程工业控制领域中，如温度控制、压力控制、流量控制等。PLC 通过模拟量输入模块采集如温度、压力、流量、液位等过程量进行数字化处理；通过模拟量输出模块输出如电压、电流等对调节阀、变频器进行控制。

本章主要介绍 S7-1200 PLC 对模拟量信号的处理过程，包括模拟量模块的接线和程序处理，并通过相关的职业技能训练任务帮助用户掌握模拟量处理指令及基本应用。

通过本章的学习和实践，应努力达到如下目标：

知识目标

① 了解模拟量和数字量的定义及其区别。
② 了解传感器和变送器的工作原理和区别。
③ 掌握 PLC 处理模拟量的过程。
④ 掌握 PLC 模拟量输入/输出模块的设置和程序处理方法。

能力目标

① 能根据要求正确选择模拟量输入/输出模块。
② 能编制模拟量输入/输出模块的地址分配表。
③ 能使用模拟量输入/输出模块组成 PLC 模拟量控制系统。
④ 能够根据工艺要求设置模块参数，编写控制程序。
⑤ 能够排除简单的模拟量系统故障。

素养目标

① 培养勇于创新、掌握先进控制技术的责任感和使命感。
② 树立行业规范与标准意识，培养严谨求实的精神。
③ 树立独立思考、辩证分析的意识。
④ 通过职业技能训练任务实施，培养团队协作共同体意识。

5.1 模拟量与变送器

5.1.1 工业生产中的模拟量

在工业生产控制过程中,特别是在连续型的生产过程中,经常会要求对一些物理量如压力、温度、速度、旋转速度、pH、黏度、成分等进行检测和控制。这些物理量都是随时间而连续变化的,在控制领域把这些随时间连续变化的物理量叫作模拟量。

模拟量与数字量不同,数字量在时间和数值上都是断续变化的离散信号。一般情况下,数字量是 0 和 1 组成的信号类型,通常是经过编码后的有规律的信号。模拟量信号和数字量信号的对比如图 5-1 所示。

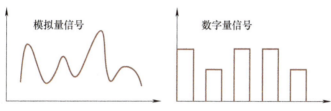

图 5-1 模拟量信号和数字量信号

模拟量在 PLC 系统中应用非常广泛,PLC 系统中的模拟量有两种,一种是电压信号,一种是电流信号。电压信号一般是 0～10V,长距离传输时容易受干扰,一般用在短距离传输中。电流信号一般是 4～20mA,抗干扰能力强,常用在 DCS 中。

5.1.2 传感器与变送器

在使用 PLC 处理模拟量之前,首先要了解几个概念,如传感器、变送器、执行器、A-D 转换器(ADC)、D-A 转换器(DAC)等。

工业中模拟量信号的采集由传感器来完成。传感器将非电信号(如温度、压力、液位等)转换成电信号或其他形式的信号。此时的信号为非标准信号,通常十分微弱。传感器输出的非标准信号输送给变送器,变送器将传感器所检测到的非标准信号转换为标准的电信号输出,这种转换后输出的电信号可以是电流信号、电压信号、频率信号等。变送器不仅可以将信号放大和隔离,还可以消除干扰和调整信号的非线性特性,使得信号更加稳定和可靠。日常工作中也是如此,只有确立了标准,工作才可以顺利开展;时刻以严格的标准要求自己,自身的工作能力才能够稳步提升。

根据国际标准,电压型的标准信号为 DC 0～10V 和 0～5V 等;电流型的标准信号为 DC 0～20mA 和 DC 4～20mA 等。

变送器将其输出的标准信号传送给 PLC 模拟量输入模块后,输入模块中的 ADC 将模拟量信号转化为数字量信号。模拟量输出模块中的 DAC 将 PLC 内部的数字信号转换为电压或电流信号输出给执行器,如电动调节阀或气动调节阀等。

工业中常用的温度传感器和变送器如图 5-2 所示。

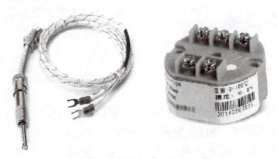

图 5-2 温度传感器与变送器

5.2 PLC 处理模拟量的过程

5.2.1 模拟量的处理过程

S7-1200 PLC 处理模拟量信号（物理量）的过程如图 5-3 所示。

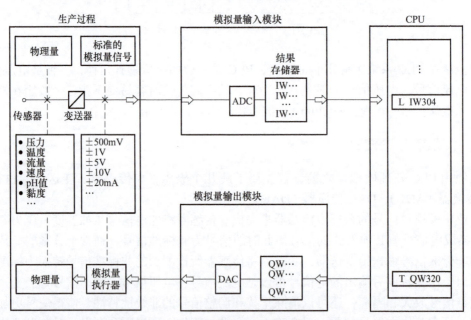

图 5-3 PLC 处理模拟量信号（物理量）的过程

1）模拟量输入模块：完成 A-D 转换，其输入端接变送器输出端，经内部 ADC 转换为数字量信号存储于 IW 存储区，并送 CPU 进行处理。

2）模拟量输出模块：完成 D-A 转换，其输出端接外设驱动装置，CPU 输出的数字量信号存储于 QW 存储区，经内部 DAC 将其转换为模拟电压或电流驱动模拟量执行器。

5.2.2 模拟量与数字量的转换

S7-1200 CPU 本体或模拟量扩展模块、信号板等提供了模拟量与数字量转换功能。利用这些功能，用户可以编程实现模拟量和数字量的相互转换。

1. 模拟量到数字量的转换

模拟量输入负载信号类型有电压、电流；电压信号分为单极性和双极性两种。S7-1200 PLC 的模拟量输入模块、信号板的转换规范见表 5-1。

表 5-1 模拟量输入负载信号转换规范（部分）

模板型号	订货号	分辨率	负载信号类型	转换量程范围
CPU 集成模拟输入		10 位	0～10V	0～27648
SM 1231 4×13BIT	6ES7 231-4HD32-0XB0	12 位+符号位	±10V，±5V，±2.5V	-27648～27648
			0～20mA，4～20mA	0～27648
SM 1231 4×16BIT	6ES7 231-5ND32-0XB0	15 位+符号位	±10V，±5V，±2.5V ±1.25V	-27648～27648
			0～20mA，4～20mA	0～27648
SM 1234 AI 4×13BIT/ AQ 2×14BIT	6ES7 234-4HE32-0XB0	12 位+符号位	±10V，±5V，±2.5V	-27648～27648
			0～20mA，4～20mA	0～27648
SB 1231 1×12BIT	6ES7 231-4HA30-0XB0	11 位+符号位	±10V，±5V，±2.5V	-27648～27648
			0～20mA	0～27648

2. 数字量到模拟量的转换

模拟量输出负载信号类型有电压、电流；电压信号分为单极性和双极性两种。S7-1200 PLC 的模拟量输出模块、信号板的转换规范见表 5-2。

表 5-2 模拟量输出负载信号转换规范（部分）

模板型号	订货号	分辨率	负载信号类型	转换量程范围
CPU 集成模拟输出		10 位	0～20mA	0～27648
SM 1232 2×14BIT	6ES7 232-4HB32-0XB0	14 位	±10V	-27648～27648
			0～20mA，4～20mA	0～27648
SM 1234 AI 4×13BIT/ AQ 2×14BIT	6ES7 234-4HE32-0XB0	14 位	±10V	-27648～27648
			0～20mA，4～20mA	0～27648
SB 1232 1×12BIT	6ES7 232-4HA30-0XB0	12 位	±10V	-27648～27648
		11 位	0～20mA	0～27648

5.3 S7-1200 PLC 的模拟量输入模块与应用

5.3.1 模拟量输入模块的接线

S7-1200 PLC 提供的模拟量输入模块有普通模拟量模块、热电阻和热电偶模块等。限于篇幅，本书仅对普通模拟量模块进行介绍。用户可以选择表 5-1 中的模拟量扩展模块、模拟量信号板或 CPU 本体上的 AI 用于采集模拟量信号。

一般变送器分为四线制、三线制、二线制接线法。下面以 SM 1231 AI 4×13BIT（channel0）模块介绍不同变送器的连接方式。

1）四线制和三线制变送器与 AI 模块连接方式，分别如图 5-4 和图 5-5 所示。

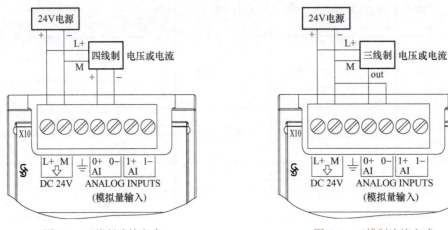

图 5-4 四线制连接方式　　　　图 5-5 三线制连接方式

2）二线制变送器（0～20mA）与 AI 模块连接方式，如图 5-6 所示。

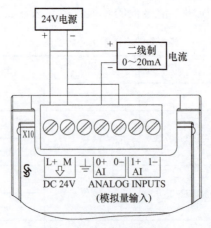

图 5-6 二线制连接方式

需要注意的是，当使用 4～20mA 变送器时，需要在模块属性中设置对应的量程。

5.3.2 模拟量输入信号的处理

1. 模拟量输入信号的转换

根据表 5-1 所示模拟量输入转换规范可知，当 PLC 模拟量输入模块的量程设定后，就会将输入的电压或电流信号转换为数字信号。

模拟量输入信号的处理

对于单极性信号（量程设置为 0～10V，0～20mA 或 4～20mA），转换后的数字量为 0～27648，且此转换为线性关系，如图 5-7 所示。

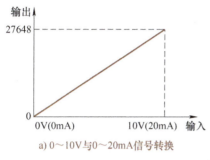
a) 0～10V 与 0～20mA 信号转换

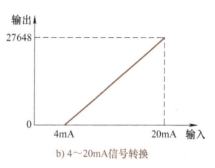
b) 4～20mA 信号转换

图 5-7 单极性信号转换

> ❖ **说明：** 模拟量转换的结果与量程设置相关。对于 4～20mA 电流信号，如果量程设置为"4～20mA"，那么转换的结果为 0～27648；如果量程设置为"0～20mA"，那么转换的结果则为 5530～27648。因为 4mA 为总量的 20%，而 20mA 转换为数字量为 27648，所以 4mA 对应的数字量为 5530。

对于双极性电压信号（如 ±10V，±5V 等）转换后的数字量为 –27648～27648，且此转换也为线性关系，如图 5-8 所示。

需要注意的是，使用双极性信号输入时，注意设置好对应的电压量程。

2. 模拟量输入信号的数据采集

实现模拟量输入信号的采集，首先要确定变送器连接的 PLC 模拟量通道地址。确定了通道地址，我们可以使用移动指令（MOVE），将通道地址的数据存放到数据存储区中。以 CPU 1215C 为例，模拟量输入通道 0 的默认地址是 IW64（见图 2-36）。

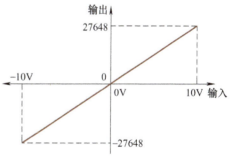

图 5-8 双极性电压信号转换

3. 模拟量输入信号的工程量变换

在 S7-1200 PLC 中主要用标准化指令 NORM_X 和缩放指令 SCALE_X 来实现模拟量输入信号的工程量变换（或称为规范化）。

NORM_X 指令：使用 NORM_X 指令，可将输入 VALUE 中变量的值映射到线性标尺对其标准化。使用参数 MIN 和 MAX 定义输入 VALUE 值范围的限值。

SCALE_X 指令：使用 SCALE_X 指令，可将输入 VALUE 的值映射到指定的值范围来对其缩放。当执行缩放指令时，输入 VALUE 的浮点值会缩放到由参数 MIN 和 MAX 定义的值范围。缩放结果为整数，存储在 OUT 输出中。

图 5-9 所示为使用 CPU 1215C 本体模拟量输入通道对压力变送器输出值进行工程量变换程序。设变送器量程为 0～0.1MPa，输出 0～10V 电压信号。

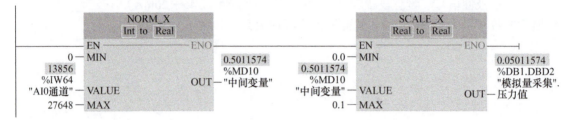

图 5-9 模拟量输入信号的工程量变换

5.4 S7-1200 PLC 的模拟量输出模块与应用

在工业生产，尤其是化工生产中，会用到很多的调节阀。调节阀是阀门开度可以从 0 到 100% 调节的一种常见阀门。在生产过程中，需要根据管道流体的流量流速，或者其他参数，来控制阀门的开度。我们可以使用 PLC 模拟量输出功能来对阀门开度进行控制。

5.4.1 模拟量输出模块的应用要点

1. 输出信号类型的选择

模拟量输出信号有电流和电压两种形式。电流型常用的为 4～20mA，电压型常用的为 0～10V，其中 4～20mA 在工程中最常用。因为电流信号远距离传输时比电压信号衰减更少，而且在信号是零点的时候，电流信号为 4mA，而电压型输出信号却是 0V，这样我们就无法判断信号是真正的零点，还是因为故障出现的断线。

2. 执行器的正反作用与模拟量输出的关系

模拟量输出量程（如 4～20mA）对应的是执行器的行程（如 0%～100%）。在系统的设置中，可以设置执行器与系统的正、反作用，正作用对应的是当电流增大，阀门开度随之增大；反作用则是电流增大，阀门开度随之减小。如在选用正作用时，4mA 对应阀门的最小开度，20mA 对应阀门的最大开度。

5.4.2 模拟量输出模块的接线

S7-1200 PLC 提供的模拟量输出模块、信号板以及本体模拟量输出都采用二线制接线方式。值得注意的是，模拟量输出不需要供电。以模块 SM 1232 AQ 2×14BIT 为例，其接线图如图 5-10 所示。

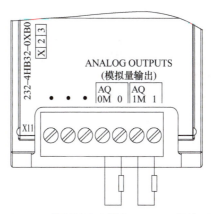

图 5-10 模拟量输出模块 SM1232 接线图

5.4.3 模拟量输出信号的处理

1. 模拟量输出信号的转换

根据表 5-2 所示模拟量输出转换规范可知,当 PLC 模拟量输出模块的量程设定后,就会将数字信号转换为电压或电流信号并输出。

模拟量输出信号处理相当于输入信号处理的反变换。

用户通过程序向模拟量输出通道写入数字量 0～27648（如使用 MOVE 指令），如果通道设置为"电流"，那么该通道输出电流信号为 0～20mA 或 4～20mA，且此转换为线性关系。

如果用户将输出通道设置为"电压"，那么通过程序向该模拟量输出通道写入数字量 –27648～27648，则该通道输出电压信号为 –10～10V，且此转换为线性关系。

2. 使用 MOVE 指令输出模拟量

用户可以使用 MOVE 指令直接输出模拟量信号，示例程序如图 5-11 所示。

当 I0.0 由 0 变 1 时，模拟量输出通道 QW64 输出 10mA 电流信号。

当 I0.1 由 0 变 1 时，模拟量输出通道 QW66 输出 20mA 电流信号。

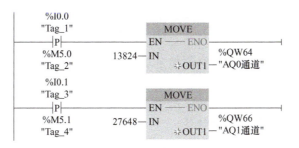

模拟量输出信号的处理 –1

图 5-11 用 MOVE 指令直接输出模拟量信号

3. 将工程量转换为模拟量输出

在工程实践中，往往需要通过上位机来动态调整设备的运行状态，如调节阀门的开度变化（0%～100%）或者对变频器进行频率给定（0～50Hz）等。虽然 MOVE 指令可实现模拟信号的输出，但是灵活性非常差。此时我们需要利用相关指令将输入的工程量转换为模拟量输出，这种控制是自动计算数字量的，而不是图 5-11 中输入的常数（13824、27648）。

模拟量输出信号的处理 -2

实现工程量转换为模拟量的指令依然是 NORM_X 指令和 SCALE_X 指令。以调节阀为例，该调节阀接收 0～20mA 的电流控制信号，对应 0%～100% 的开度变化，控制程序如图 5-12 所示（采用 CPU 1215C 本体输出）。

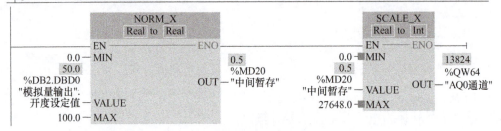

图 5-12　工程量转换模拟量程序

读者可以参考注释自行理解图 5-12 中程序的执行过程，这里不再赘述。

5.5 职业技能训练 5：基于 PLC 的温度检测系统设计

专业知识目标
- 掌握模拟量和数字量的区别和联系。
- 掌握模拟量与实际工程量的关系。
- 学会使用标准化指令和缩放指令进行工程量变换。

职业能力目标
- 能够根据技术指标设置模拟量单元的参数。
- 能使用传送等指令设置模拟量单元。
- 能联机调试模拟量组成的单机控制系统。

素质素养目标
- 规范操作、注重质量和安全的职业素养。
- 一丝不苟、精益专注的匠心精神。

1. 任务要求

使用一只温度变送器采集烘道内温度（量程为 0～150℃），该变送器为二线制电流输出（4～20mA）。温度变送器把测量的数据反馈给 PLC，PLC 可通过计算得到实际的温度值，以便于在 HMI 上显示。采用 CPU 1215C（AC/DC/Rly），无扩展模块。

2. 任务分析

首先在 CPU 1215C 本体上均提供了两路模拟量输入,但是仅支持电压信号 0～10V 输入。该温度变送器为二线制 4～20mA 电流信号,因此不能直接接入模拟量通道,需要将电流信号转换成电压信号。

根据任务分析,变送器的输入信号需要经过采样电阻后转换为电压信号才能接入 PLC 模拟量输入端。接下来绘制原理接线图和编写温度采集程序,然后进行安装调试。

3. 任务实施

(1) 原理接线图设计 根据电路知识,电流信号转换为电压信号的方法是在电路中引入采样电阻。本任务中需引入一阻值为 500 Ω 的采样电阻 R,这样能把输入的 4～20mA 电流信号转换为 2～10V 的电压信号。模拟量输入模块直接采集电阻两端的电压信号即可。原理接线图设计如图 5-13 所示。

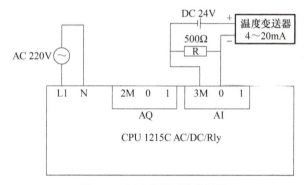

图 5-13 温度检测系统接线图

(2) 通电前检查 使用万用表检查 PLC 的供电电源与 PLC 输出电源的 L+ 与 M 之间以及 PLC 的供电电源与 DC 24V 电源之间阻值是否合理。按照电气原理图用万用表低阻档依次检查各个线号连接是否正确。

(3) 温度采集程序编写 首先使用 MOVE 指令将通道 0 模拟量信号进行采集和保存;然后使用 NORM_X 指令和 SCALE_X 指令实现对保存数据的工程量变换,最后输出的是实际工程量 – 温度值。请读者自行完成温度采集及处理程序的设计。

在温度采集程序设计时,NORM_X 指令的下限值依据 4mA 进行设置,对应的数字量为 5530;如果变送器输出信号从 0 开始,那么 NORM_X 指令的下限值才可设置为 0。

(4) 下载并调试程序 在硬件接线、软件编程完成后,对程序进行编译下载,进行试运行。CPU 进入循环扫描状态,等待执行程序。

1) 再检查一次连接好的 PLC 输入输出接线。
2) 将程序下载至 PLC 中,使 PLC 进入运行状态。
3) 使 PLC 进入到梯形图监控状态。
4) 查看梯形图中有无模拟量采集信号,如没有信号,检查电路和程序。
5) 调试正常后,通过人为改变测量端温度,观察温度采集值和显示值的变化是否正确。

4. 任务评价

在强化知识和技能的基础上，任务评价以 PLC 职业资格能力要求为依据，帮助读者建立工业控制系统设计的基本概念和工程意识。设计完成后，由各组间互评并出教师给予总评。

（1）检查内容

1）检查电气原理图、I/O 分配表等材料是否齐全。

2）检查电气线路安装是否合理、美观。

3）检查是否熟悉控制电路原理。

4）检查控制系统运行情况，是否存在功能缺失或安全隐患。

（2）评价标准（见表 5-3）

表 5-3　温度检测任务评价表

评价内容	评价点	评分标准	分数	得分
电气原理图	图样符合电气规范、完整	设计不完整、不规范，每处扣 2 分	10	
I/O 分配表	准确、完整，与原理图一致	分配表不完整，每处扣 2 分	10	
程序设计	指令简洁，满足控制要求	程序设计不规范，指令有误每处扣 5 分	20	
电气线路安装	线路安装美观，符合工艺要求	安装不规范，每处扣 5 分	10	
通电前检查	通电前测试符合规范	检查不规范，人为短路扣 10 分	10	
系统调试	设计达到任务要求，试车成功	第一次调试不合格，扣 10 分 第二次调试不合格，不得分	30	
职业素质素养	团队合作、创新意识、安全等	过程性评价，综合评估	10	
合计			100	

5.6　职业技能训练 6：PLC 以模拟量方式控制变频器

专业知识目标

- 掌握变频器模拟量输入端口的参数设置方法。
- 掌握 PLC 模拟量输出控制频率的方法。
- 掌握 G120 变频器宏设置方法。

职业能力目标

- 能根据控制要求设置变频器的参数。
- 能设计 PLC 模拟量方式控制变频器的接线图。
- 能够根据控制要求编写控制程序并进行调试。

素质素养目标

- 规范操作、注重质量和安全的职业素养。
- 一丝不苟、精益专注的匠心精神。

1. 任务要求

使用 S7-1200 PLC 控制 G120 变频器，实现电动机速度控制（调节频率或调节速度）。通过 PLC 模拟量输出功能设置变频器转速，同时电动机可以实现正反转控制。共有三个控制按钮，分别是正转起动按钮、反转起动按钮和停止按钮。

2. 任务分析

本训练任务是通过 PLC 的模拟量方式控制变频器，实现电动机速度控制及正反转控制。任务重点是变频器的使用方法以及 PLC 与变频器的连接。对于本任务，我们需要将变频器速度给定设置为模拟量输入方式，选择合适的宏程序，然后编写 PLC 控制程序进行调试。

3. 任务实施

实施步骤：变频器宏程序选择、硬件原理图设计与连接、变频器参数设置和 PLC 程序设计与调试。

（1）选择 G120 宏程序　G120 变频器 CU240E-2 单元定义了 18 种宏，其中与模拟量调速相关的宏共有 6 种。根据任务要求，我们选择宏 12。宏程序 12 接口定义如图 5-14 所示。

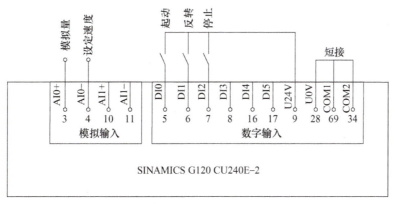

图 5-14　CU240E-2 宏程序 12 接口定义

宏程序 12（端子启动模拟量调速），具体内容如下：

1）起停控制：电动机的起停通过数字量输入 DI0 控制，数字量输入 DI1 用于控制电动机反向。

2）速度调节：转速通过模拟量输入 AI0 调节，AI0 默认为 -10～10V 输入方式。

（2）硬件原理图设计　本任务我们采用 CPU 1215C AC/DC/Rly，其本体自带两路模拟量输出。参考电气原理图如图 5-15 所示。

（3）变频器参数设置　首先根据被控电动机的铭牌进行变频器快速调试设置。然后，根据变频器宏程序 12 的定义，变频器 3 号和 4 号端子为模拟量给定端，5 号端子为起停控制，6 号端子为反转控制。由于 CPU 1215C AC/DC/Rly 本体的模拟量输出固定为电流 0～20mA，因此变频器模拟量给定也要设置为电流 0～20mA，且需要将 AI 类型的 DIP 拨码开关拨至 I 侧（采用电流输入或电压输入根据实际设备确定）。

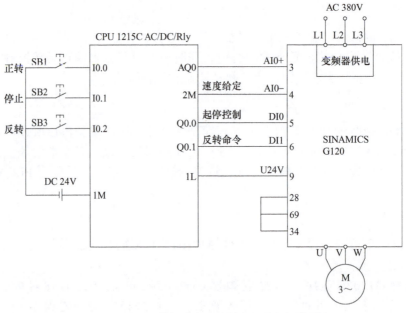

图 5-15　PLC 以模拟量方式控制变频器电气原理图

设置模拟量输入类型，根据表 5-4 对变频器端口 AI0 控制参数 P756[0] 进行设置。本任务采用 0～20mA，则需要将 P756[0] 设置为 2。

表 5-4　P756[0] 参数设置表

数值	参数说明	数值	参数说明
0	单极电压输入（0～10V）	3	监控单极电流输入（4～20mA）
1	监控单极电压输入（2～10V）	4	双极电压输入（-10～10V）
2	单极电流输入（0～20mA）	8	未连接传感器

通过上述分析，变频器参数设置过程如下：
P3=3；P10=1；P15=12；P756[0]=2；P10=0。
此外可设置 P971=1，以防止断电重启后参数丢失。

（4）PLC 程序设计　首先新建项目，命名为"变频器的模拟量控制"，建立 FB，在 FB 中编写 PLC 控制程序，并在 OB1 中进行调用。PLC 程序请读者自行设计。

模拟量控制参数设置

（5）下载并调试程序　在硬件接线、软件编程完成后，对程序进行编译下载，进行试运行。此时变频器的模拟量控制设计完成。CPU 进入循环扫描状态，等待执行程序。

1）连接好 PLC 输入输出接线。
2）将程序下载至 PLC 中，使 PLC 进入运行状态。
3）使 PLC 进入到梯形图监控状态。
① 设置好变频器参数，观察电动机运行状态。
② 分别按下按钮 SB1、SB2、SB3，观察变频器面板指示和电动机状态。

模拟量控制设备调试

4）操作过程中，注意人身安全。

4. 任务评价

在强化知识和技能的基础上，任务评价以 PLC 职业资格能力要求为依据，帮助读者建立工业控制系统设计的基本概念和工程意识。设计完成后，由各组间互评并由教师给予总评。

（1）检查内容

1）检查电气原理图、I/O 分配表等材料是否齐全。

2）检查变频器控制电路是否正确，熟悉变频器参数设置。

3）检查控制系统运行情况，是否存在功能缺失或安全隐患。

（2）评价标准（见表 5-5）

表 5-5 变频器的模拟量控制任务评价表

评价内容	评价点	评分标准	分数	得分
电气原理图	图样符合电气规范、完整	设计不完整、不规范，每处扣 2 分	10	
I/O 分配表	准确、完整，与原理图一致	分配表不完整，每处扣 2 分	10	
程序设计	指令简洁，满足控制要求	程序设计不规范，指令有误每处扣 5 分	20	
电气线路安装	线路安装美观，符合工艺要求	安装不规范，每处扣 5 分	20	
通电前检查	通电前测试符合规范	检查不规范，人为短路扣 10 分	10	
系统调试	设计达到任务要求，试车成功	第一次调试不合格，扣 10 分 第二次调试不合格，不得分	20	
职业素质素养	团队合作、创新意识、安全等	过程性评价，综合评估	10	
合计			100	

5. 任务拓展

查询 G120 关于模拟量调速的其他宏，并测试。

5.7 知识技能巩固练习

一、简答题

1. 什么是模拟量信号，与数字量信号的区别是什么？
2. 传感器和变送器的区别和联系是什么？
3. 简述 PLC 对模拟量的处理过程。
4. 如何实现模拟量数值与工程量数值之间的转换？
5. 为什么工程上多采用电流传输控制信号？

二、编程与实践

1. 编程实现对 0～10V 信号的采集和显示。
2. 某个压力传感器的量程为 0～0.1MPa，转换成对应的电压信号为 0～5V，设转换后地址 IW64 中的数值为 N，尝试求以 Pa 为单位的压力值。

3. 现有一水塔，当水位高于 4m 的时候，水泵停止抽水；当水位低于 1m 的时候，水泵开始启动抽水。设液位变送器量程 0～10m，输出信号为 4～20mA。编写程序实现以上功能。

4. 使用 S7-1200 PLC 模拟量输出功能控制输出电压值，每按一次按钮 I0.0，电压输出增加 1V，直到 10V，并用电压表指示。编写程序实现以上功能。

5. 有一个系统，模拟量输入通道地址为 IW64，温度变送器测量范围是 0～100℃，要求将实时温度值存入 MD50 中。有一个阀门由模拟量输出通道 QW64 控制，其开度范围是 0～100%，开度值在 MD100 中设定，编写程序实现以上功能。

6. 用 S7-1200 PLC 进行数字滤波。某系统采集一路模拟量（温度），温度变送器的测量范围是 0～100℃，要求对温度值进行数字滤波，算法是：把最新的三次采样数值相加，取平均值，即是最终温度值，当平均值温度超过 85℃时报警。设每 100ms 采集一次温度。设计电气原理图并编程实现以上功能。提示：采用 OB30 进行周期事件控制。

第6章　S7-1200 PLC 以太网通信与应用

当前，新一轮科技革命和产业变革蓬勃兴起，工业经济数字化、网络化、智能化发展成为第四次工业革命的核心内容。工业互联网是第四次工业革命的重要基石和关键支撑，为其提供具体实现方式和推进抓手。利用工业互联网将原有工厂改造升级为智能工厂，不仅能帮助企业减少用工量，还能促进制造资源配置和使用效率提升。

PLC 作为工业自动化的核心设备，凭借自身强大的通信技术不断推进工业互联网应用的落地，也推动着生产向柔性制造、敏捷制造和绿色制造等方向发展，倍增放大生产线价值。因此，我们学习和掌握一定的工业通信技术对于处理和解决现场设备通信问题具有非常重要的意义。

本章主要介绍 S7-1200 PLC 的 S7、开放式用户通信（OUC）及 PROFINET IO 等以太网通信技术及应用。

通过本章的学习和实践，应努力达到如下目标：

知识目标

① 了解 S7-1200 PLC 所支持的通信类型和实现方法。
② 了解和掌握 S7-1200 PLC 以太网通信功能和连接资源。
③ 掌握 S7-1200 PLC 的 S7 通信和 OUC 实现方法。
④ 掌握 PROFINET IO 通信的特点和应用方法。
⑤ 掌握 S7-1200 PLC 与 MCGS 触摸屏通信过程和方法。

能力目标

① 能根据控制要求对系统进行网络设计和组网。
② 能使用 S7 通信协议建立连接，并使用 PUT/GET 指令完成数据访问编程。
③ 能采用 TCP 方式实现两个 CPU 之间的 OUC。
④ 能实现 S7-1200 PLC 之间的 PROFINET IO 通信，正确设置通信参数。
⑤ 能实现 S7-1200 PLC 与 MCGS 触摸屏的通信组态、变量连接和系统联调。

素养目标

① 形成多种方式解决问题的思维方式，创新实践的工程意识。
② 养成严谨、细致、乐于探索实践的职业习惯。
③ 培养应用技能服务生产生活、科技创造美好的职业情怀。
④ 通过职业技能训练任务实施，培养团队协作共同体意识。

6.1 S7-1200 PLC 支持的通信类型

西门子 S7-1200 PLC 的 CPU 上集成有以太网通信接口，还可以增加通信模块进行扩展通信功能，下面简要介绍一下通信的种类和实现的方式。

1) CPU 本体上集成有一个或两个以太网接口，用来实现以太网通信功能。S7-1200 PLC 的以太网通信常用的有下列几种：

① S7 通信。S7 通信协议是西门子一种私有协议，是 S7 系列 PLC 基于 MPI、PROFIBUS 和工业以太网的一种优化通信协议。

② 开放式用户通信。包含 TCP（传输控制协议）、ISO-on-TCP、UDP（用户数据报协议）及 Modbus TCP 通信等。其中 TCP 通信能通过 TCON、TSEND、TRCV 指令实现不同 CPU 之间的数据交换。

③ PROFINET 通信。通过这种方式能实现传输速率高、内容多的通信；它是一种专有的工业以太网协议，与其他以太网协议并不兼容。

2) 通过扩展的通信模块能实现其他方式的通信。

① 通过 CM1243-5 和 CM1242-5，能实现 PROFIBUS-DP 的主从通信方式。

② 通过 CM1241 RS422/485、CM1241 RS232 或 CB1241 RS485 能实现串口通信，主要包括 USS 通信、Modbus 通信、自由口通信等。

3) 通过扩展的分布式 I/O 能实现通信端口的扩展。

① 通过分布式 I/O ET200MP，能实现对 PROFIBUS-DP 通信接口的扩展。

② 通过分布式 I/O ET200SP，能实现对 PROFINET 通信接口的扩展。

6.2 S7-1200 PLC 以太网通信

6.2.1 S7-1200 PLC 以太网通信概述

西门子工业以太网可应用于单元级、管理级的网络，其通信数据量大、传输距离长。西门子工业以太网可同时运行多种通信服务，例如 PG/OP 通信、S7 通信、开放式用户通信（Open User Communication，OUC）和 PROFINET 通信。S7 通信和开放式用户通信为非实时性通信，它们主要应用于站点间数据通信。基于工业以太网开发的 PROFINET 通信具有很好的实时性，主要用于连接现场分布式站点。

S7-1200 CPU 本体上集成了一个 PROFINET 通信口（CPU 1211C ~ CPU 1214C）或者两个 PROFINET 通信口（CPU 1215C ~ CPU 1217C），支持以太网和基于 TCP/IP 和 UDP 的通信标准。这个 PROFINET 物理接口支持 10/100Mbit/s 的 RJ45 口，支持电缆交叉自适应。

（1）直接连接 当 S7-1200 PLC 与一个编程设备、一个 HMI 或另外一台 S7-1200 PLC 通信时，直接使用网线连接两个设备即可，如图 6-1 所示。

图 6-1 网线直连示意图

（2）交换机连接　当两个以上的设备进行通信时，需要使用交换机实现网络连接。CPU1215C 和 CPU1217C 内置的双端口以太网交换机可连接两个通信设备。用户也可以选择使用西门子 CSM1277 的 4 端口交换机或 SCALANCE X 系列交换机连接多个 PLC 或 HMI 等设备，如图 6-2 所示。

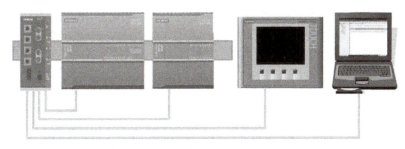

图 6-2 多个设备的交换机连接示意图

6.2.2 S7-1200 CPU 以太网通信功能和连接资源

1. 通信功能

（1）PG 通信　使用 TIA 博途软件对 CPU 进行在线连接、上传下载程序、测试和诊断时使用的就是 CPU 的 PG 通信功能。

（2）HMI 通信　S7-1200 PLC 的 HMI 通信可用于连接西门子精简面板、精致面板、移动面板以及一些带有 S7-1200 PLC 驱动的第三方 HMI 设备。

（3）用于 S7-1200 PLC 与 S7-1200 PLC 之间的以太网通信方式

1）采用 TCP/ISO-on-TCP/UDP 三种开放式用户通信。

2）采用 S7 协议通信。

3）采用 PROFINET IO 实现智能 IO 设备（主从组网）。

采用开放式用户通信，最好使用紧凑型指令 TSEND_C 和 TRCV_C，它们除了发送或接收功能外，还可以建立和断开连接。开放式用户通信可以使用 ISO-on-TCP 连接、TCP 连接或 UDP 连接，连接参数采用图形方式进行配置和组态。

（4）S7-1200 PLC 与 S7-300/400 PLC 采用 ISO-on-TCP 和 TCP 连接的以太网通信　S7-300/400 PLC 需要配置以太网模块，或使用集成有以太网接口的 CPU，S7-1200 PLC 调用 TSEND_C 和 TRCV_C 指令，S7-300/400 PLC 调用 AG_SEND 和 AG_RCV 指令。双方都需要组态连接，通信伙伴为"未指定"。

（5）S7-1200 PLC 与 S7-300/400 PLC 采用 S7 连接的以太网通信　在 S7 通信中，

S7-1200 PLC 可以作为客户机或服务器，当它作为服务器时，不需要对它的 S7 通信组态和编程。S7-300/400 PLC 在通信中作为客户机，需要用 STEP 7 的网络组态工具 NetPro 建立 S7 单向连接，调用 PUT 和 GET 指令来实现通信。

（6）S7-1200 PLC 与 S7-200 PLC 采用 S7 连接的以太网通信　S7-200 需要配置以太网模块 CP243-1，S7-200 的以太网接口在 S7 通信中只能用作服务器；而 S7-1200 CPU 在通信中用作客户机。

（7）基于以太网的 OPC 通信（WinCC 7.3/7.4 版本有直接驱动协议）　西门子的上位计算机组态软件 WinCC 在 7.3 之前的版本不能直接访问 S7-1200 PLC，需要用软件 SIMATIC NET 的 OPC 功能来解决这一问题。为了实现 OPC 通信，需要安装西门子的通信软件 SIMATIC NET。

（8）S7-1200 与第三方支持 PROFINET 通信的仪器仪表通信　如果第三方支持 PROFINET 通信，可以从供应商处下载“GSDML”文件。将其导入设备目录后，数据应自动映射到 PLC I/O 过程映像（地址空间）。

2. 连接资源

在 S7-1200 CPU 进行以太网通信时，通信设备的数量受到通信连接资源的限制。在 TIA 博途软件中，选择一个在线连接的 CPU，巡视窗口中选择“诊断→连接信息”，查看 PLC 站点连接资源的在线信息，如图 6-3 所示。

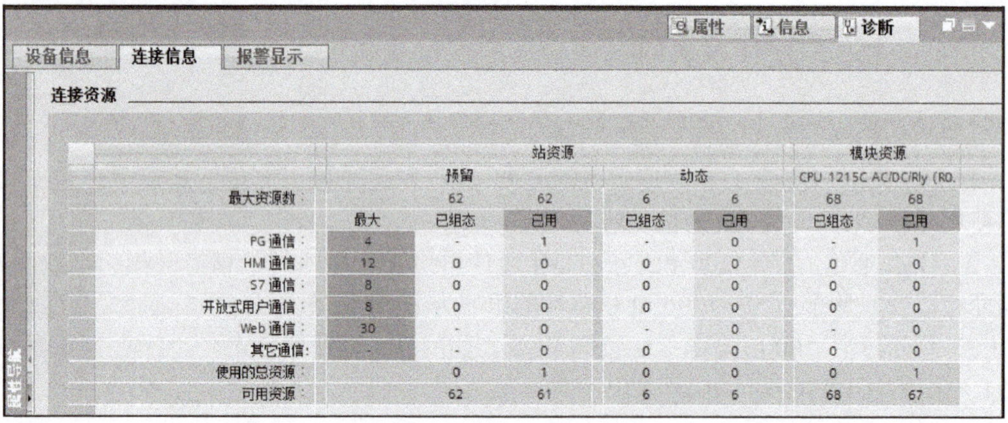

	站资源					模块资源	
		预留		动态		CPU 1215C AC/DC/Rly (R0.	
最大资源数：		62	62	6	6	68	68
	最大	已组态	已用	已组态	已用	已组态	已用
PG 通信：	4	-	1	-	0	-	1
HMI 通信：	12	0	0	0	0	0	0
S7 通信：	8	0	0	0	0	0	0
开放式用户通信：	8	0	0	0	0	0	0
Web 通信：	30	-	0	-	0	-	0
其它通信:	-	-	0	0	0	0	0
使用的总资源：		0	1	0	0	0	1
可用资源：		62	61	6	6	68	67

图 6-3　S7-1200 CPU 在线连接资源

每个 CPU 最多可支持 68 个特定的连接资源，其中 62 个连接资源为特定类别通信的资源，6 个为动态连接资源，可根据需要扩展 S7、OUC 等通信连接资源。

❖ **注意：**连接是指两个通信伙伴之间为了执行通信服务建立的逻辑链路，而不是指两个站之间用物理媒介（例如电缆）实现的连接。连接资源并不等于连接个数，例如“PG 通信”最大分配了 4 个资源，并不是可以连接 4 个 PG 设备。

由于西门子 S7-1200 PLC 支持的以太网通信较多，下面仅对 PLC 之间的 S7 通信和 OUC 进行介绍。

6.2.3 S7-1200 CPU 的 S7 通信

1. S7 通信简介

S7-1200 CPU 与其他 S7-1200/1500/300/400 CPU 通信可采用多种通信方式，但是最常用、最简单的还是 S7 通信。S7-1200 的 PROFINET 通信口可以作为 S7 通信的服务器端或客户端（CPU V2.0 及以上版本）。S7-1200 仅支持 S7 单边通信，仅需在客户端单边组态连接和编程，而服务器端只准备好通信的数据即可。

2. S7 通信组态方式

进行 S7 通信需要使用组态的 S7 连接进行数据交换，S7 连接可单端组态或双端组态。

（1）单端组态 只需在通信的发起方（S7 通信客户端）组态一个连接到伙伴方的未指定的 S7 连接，伙伴方（S7 通信服务器）无需组态 S7 连接，常用于不同项目 CPU 之间的通信。

（2）双端组态 需要在通信双方都进行连接组态，常用于同一项目中 CPU 之间的通信。

3. 不同项目中 S7-1200 CPU 间的 S7 通信举例（单端组态）

【实例 6-1】S7-1200 CPU 与 S7-1200 CPU 的 S7 通信（单端组态）。通信服务器端为 CPU 1215C（AC/DC/Rly），客户端为 CPU 1212C（DC/DC/DC），通信任务要求如下：

不同项目中
S7-1200 间的
S7 通信举例
（单端组态）

1）S7-1200 CPU 客户端将通信数据区 DB1 块中的 5B 数据发送到 S7-1200 CPU 服务器端的接收数据区 DB1 块中。

2）S7-1200 CPU 客户端将 S7-1200 CPU 服务器端发送数据区 DB2 块中的 5B 数据读取到 S7-1200 CPU 客户端的接收数据区 DB2 块中。

【解】（1）PLC 连接与数据传送关系 根据任务要求，PLC 连接与数据传送关系如图 6-4 所示。

采用 S7 通信时，只需在客户端编程组态，服务器端准备通信数据。

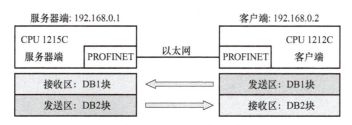

图 6-4 实例 6-1 PLC 连接与数据传送关系

（2）客户端 PLC 的 S7 连接组态

1）创建项目。使用 TIA 博途软件创建一个名为"S7_One_Side_Client"的新项目，并通过"添加新设备"组态 S7-1200 站 Client，选择 CPU1212C DC/DC/DC V4.4；在"PROFINET 接口"属性中，为 CPU 添加新子网，并设置 IP 地址 192.168.0.2 和子网掩码 255.255.255.0。启用 CPU 属性中的系统和时钟存储字节 MB1 和 MB0。

2）添加 S7 连接。在网络视图中为 PLC_1 添加未指定的 S7 连接，创建 S7 连接的操作，如图 6-5 所示。

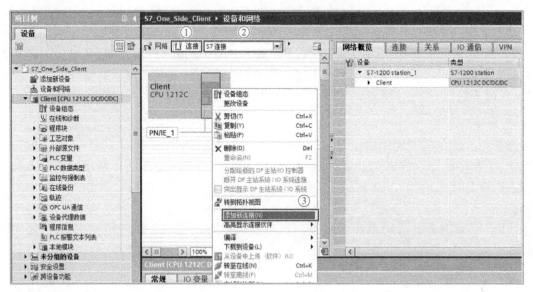

图 6-5　添加 S7 连接

① 单击"连接"按钮。
② 在下拉列表中选择"S7 连接"。
③ 单击 PLC_1 的 CPU 图标，鼠标右键在弹出的快捷菜单中选择"添加新连接"。

如图 6-6 所示，在弹出的"添加新连接"对话框中选择"未指定"（①），单击"添加"按钮（②）后，将会创建一条"未指定"的 S7 连接（③）。

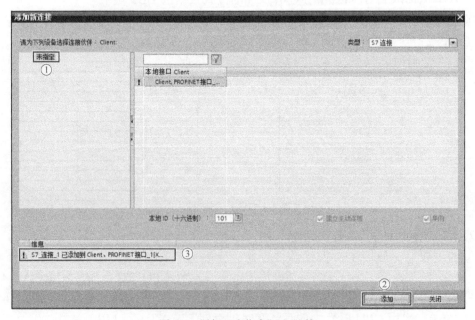

图 6-6　添加"未指定"S7 连接

单击"关闭"按钮返回,创建的 S7 连接将显示在网络视图右侧"连接"表中。在巡视视图中,在新创建的 S7 连接属性中设置伙伴 CPU 的 IP 地址为 192.168.0.1,如图 6-7 所示。

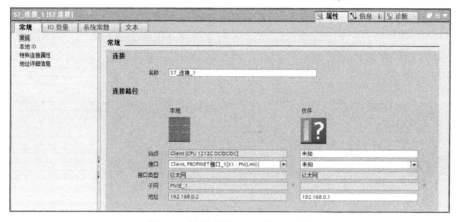

图 6-7 设置伙伴 CPU 的 IP 地址

在 S7 连接属性的"本地 ID"中,可以查询到本地连接 ID,该 ID 用于标识网络连接,需要与 PUT/GET 指令中的 ID 参数一致,如图 6-8 所示。

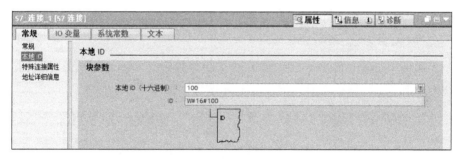

图 6-8 S7 连接的本地 ID

在 S7 连接属性的"特殊连接属性"中,建立未指定的连接,连接侧为主动连接,这里 Client 是主动连接,如图 6-9 所示。

图 6-9 特殊连接属性

在S7连接属性的"地址详细信息"中，需要配置伙伴方TSAP（Transport Service Access Point，传输服务访问点）。伙伴TSAP设置值与伙伴CPU类型有关。更详细设置可参考S7-1200 PLC系统手册或TIA博途软件的帮助信息。伙伴CPU侧TSAP可能设置值如下。

伙伴为S7-1200/1500：03.00或03.01。

伙伴为S7-300/400：03.02或03.XY，XY取决于CPU所在的机架号和插槽号。

本实例中，伙伴CPU为CPU1215C，因此伙伴方TSAP可设置为03.00或03.01，如图6-10所示。

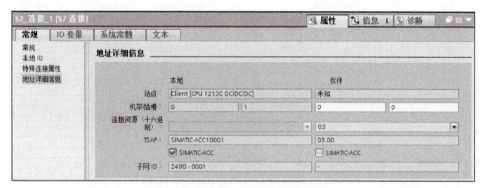

图6-10 设置伙伴TSAP

成功建立S7连接是PUT/GET指令数据访问成功的先决条件。连接建立后，就可以通过GET指令获取伙伴CPU的数据，通过PUT指令发送数据给伙伴CPU。

（3）客户端PLC的软件编程

1）编辑通信数据块。在客户端创建发送和接收数据块DB1和DB2，定义成5B的数组，如图6-11所示。数据块的属性中，需要选择非优化块访问。

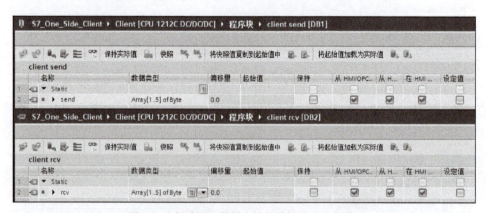

图6-11 创建用于数据交换的数据块（客户端）

2）软件编程。在OB1中，调用"通信"→"S7通信"中的"GET"指令，读取伙伴CPU的数据"server send".send并保存到"client rcv".rcv，如图6-12所示。

调用"通信"→"S7通信"中的"PUT"指令，将本地数据"client send".send发送到"server rcv".rcv，如图6-13所示。

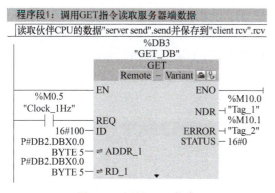

图 6-12 调用 GET 指令

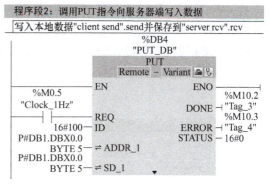

图 6-13 调用 PUT 指令

PUT 和 GET 功能块参数意义见表 6-1 和表 6-2。

表 6-1 PUT 功能块参数意义

PUT 指令参数	参数值示例	参数意义
REQ	=%M0.5	上升沿触发执行
ID	=W#16#100	连接号,创建连接时的本地连接号
ADDR_1	=P#DB1.DBX0.0 BYTE 5	发送到通信伙伴数据区的地址
SD_1	=P#DB1.DBX0.0 BYTE 5	本地发送数据区
DONE	=%M10.2	为 1 时,发送完成
ERROR	=%M10.3	为 1 时,有故障发生
STATUS	=%MW12	状态代码

表 6-2 GET 功能块参数意义

GET 指令参数	参数值示例	参数意义
REQ	=%M0.5	上升沿触发执行
ID	=W#16#100	连接号,创建连接时的本地连接号
ADDR_1	=P#DB2.DBX0.0 BYTE 5	从通信伙伴数据区读取数据的地址
RD_1	=P#DB2.DBX0.0 BYTE 5	本地接收数据区
NDR	%M10.0	为 1 时,接收到新数据
ERROR	=%M10.1	为 1 时,有故障发生
STATUS	=%MW22	状态代码

（4）客户端 PLC 程序下载　组态配置与程序编写完成后,将客户端程序下载到 Client 的 CPU 中。

（5）服务器端 PLC 的组态　单端组态的 S7 连接通信中,S7 通信服务器侧无须组态 S7 连接,也无须调用 PUT/GET 指令,所以本例 Server 只需进行设备组态,而无需相关通信编程。

1）设备组态。打开 TIA 博途软件,创建一个名为"S7_One_Side_Server"的新项目,并将 PLC_1(CPU 1215C)添加到项目中。在"PROFINET 接口"属性中,为 CPU 添加新子网,并设置 IP 地址 192.168.0.1 和子网掩码 255.255.255.0。在"防护与安全"属性的"连接机制"中激活"允许来自远程对象的 PUT/GET 通信访问"。

2)创建数据块并下载组态。创建用于数据交换的数据块,如图 6-14 所示。数据块的属性中,需要选择非优化块访问。

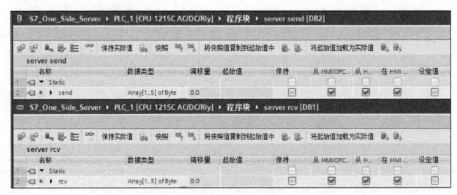

图 6-14　创建用于数据交换的数据块(服务器端)

(6)通信测试　在网络视图中,选择 PLC 站点和"转至在线"模式,在"连接"选项卡中可以对 S7 通信连接进行诊断。打开并监视程序的运行情况,修改 Server 端发送区变量,观察 Client 端数据接收区变化;修改 Client 端发送区变量,观察 Server 端数据接收区变化,如图 6-15 所示。

图 6-15　S7 通信数据传送监控

4. 相同项目中 S7-1200 CPU 间的 S7 通信举例(双端组态)

【实例 6-2】在同一个 TIA 博途项目中使用两台 S7-1200 PLC(CPU 1215C),CPU 之间通过双端组态方式创建 S7 连接。

【解】(1)硬件设备组态　打开 TIA 博途软件,创建一个名为"S7_Two_Side"的新项目,并将 PLC_1(CPU 1215C)和 PLC_2(CPU 1215C)添加到项目中。在"PROFINET 接口"属性中,为 CPU 添加子

相同项目中 S7-1200 间的 S7 通信举例(双端组态)

网，并分别设置 PLC_1 的 IP 地址为 192.168.0.1，PLC_2 的 IP 地址为 192.168.0.2，子网掩码为 255.255.255.0。

PLC_1 启用属性中的系统和时钟存储字节 MB1 和 MB0。PLC_2 在"防护与安全"属性的"连接机制"中激活"允许来自远程对象的 PUT/GET 通信访问"。

（2）组态 S7 连接　在网络视图中单击"连接"按钮，在按钮右边下拉列表中选择"S7 连接"，选择 CPU1 图标，鼠标右键快捷菜单选择"添加新连接"，如图 6-5 所示。在弹出"创建新连接"对话框中，选择指定伙伴 PLC_2（CPU1215）（①），单击"添加"按钮（②）后，即可创建双端组态的 S7 连接（③），如图 6-16 所示。

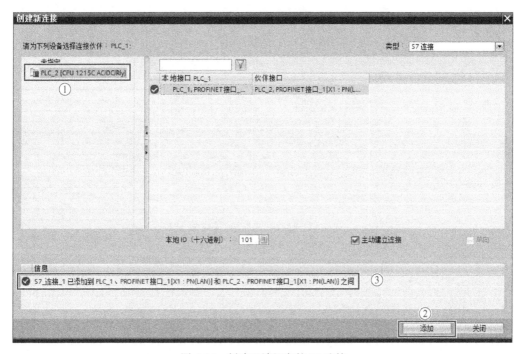

图 6-16　创建双端组态的 S7 连接

单击"关闭"按钮返回，创建的 S7 连接将显示在网络视图右侧"连接"表中。在巡视视图中，在新创建的 S7 连接中组态 S7 连接的属性，如图 6-17 所示。

（3）编写程序　与单端组态实例相同，双端组态的 S7 连接通信中，只在 PLC_1 中组态 S7 连接并调用 PUT/GET 指令。PLC_2 只需进行设备组态，在"防护与安全"属性的"连接机制"中激活"允许来自远程对象的 PUT/GET 通信访问"，而无需相关通信编程。

（4）下载组态和程序　分别下载 PLC_1 和 PLC_2 的组态和程序。

（5）通信测试　在网络视图中，选择任一站点和"转至在线"模式，在"连接"选项卡中可以对 S7 通信连接进行诊断。监视程序的运行情况，修改 PLC_1 的发送区数据，观察 PLC_2 接收区数据的变化；修改 PLC_2 的发送区数据，观察 PLC_1 的接收区数据变化。

图 6-17 组态双端 S7 连接属性

6.2.4 S7-1200 CPU 的 OUC

1. OUC 简介

开放式用户通信（Open User Communication，OUC）是一种程序控制式通信方式，主要特点是传输数据结构具有较高的通信灵活性，同时此种通信方式只受用户程序的控制，可以方便地建立和断开事件驱动的连接，甚至在运行期间也可以修改连接。

对于具有集成 PN/IE 接口的 CPU，可使用 TCP（Transmission Control Protocol，传输控制协议）、ISO-on-TCP 和 UDP（User Datagram Protocol，用户数据报协议）连接协议进行开放式用户通信。通信伙伴可以是两台 SIMATIC PLC，也可以是 SIMATIC PLC 和第三方设备。

在开放式用户通信中，一台 PLC 调用 TSEND_C 或 TSEND 发送数据，另一台 PLC 调用 TRCV_C 或 TRCV 接收数据，只能在程序 OB（例如 OB1）中调用这些指令，这一点在使用时要注意。

2. 不同项目 S7-1200 PLC 间 OUC 举例

同一项目中两台 PLC 之间 OUC 与不同项目中两台 PLC 之间通信相比，组态步骤更为简单，TCP、ISO-on-TCP 和 UDP 组态和编程方法区别也不大。下面以 TCP 方式为例介绍不同项目中两个 CPU 之间的 OUC。

【实例 6-3】将 PLC_1 数据块中的数据通过以太网发送到 PLC_2 数据块中，PLC_1 接收来自 PLC_2 数据块中的数据。

【解】PLC_1 作为 OUC 本地站，调用 TSEND_C 指令将 PLC_1 的数据传送到 PLC_2，PLC_2 作为 OUC 伙伴，调用 TRCV_C 指令接收 PLC_1 发送过来的数据。

（1）PLC_1 组态编程

1）设备组态。打开 TIA 博途软件，创建一个名为"OUC_Tcp_One_Side_本地"的新项目，并将 PLC_1（CPU 1215C）添加到项目中。在"PROFINET 接口"属性中，为 CPU 添加新子网，并设置 IP 地址为 192.168.0.1，子网掩码为 255.255.255.0。启用 CPU 属性中的系统和时钟存储字节 MB1 和 MB0。

2）PLC_1 端的通信编程。

步骤一：新建用于数据交换的数据块"OUC 数据块 [DB3]"，数据块结构如图 6-18 所示。

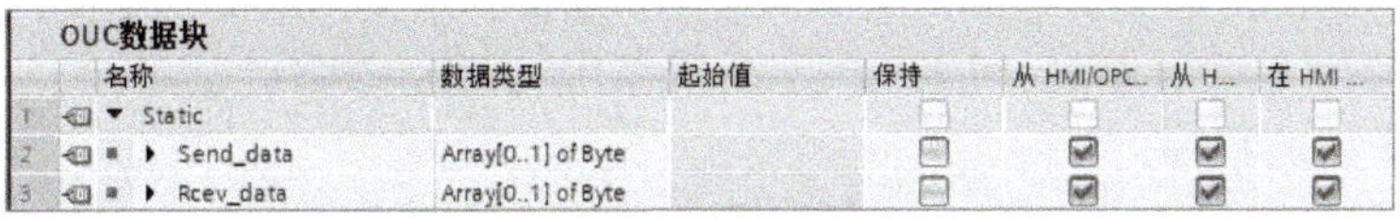

图 6-18 创建用于 OUC 的数据块

打开 PLC_1 的 OB1，从右侧指令窗口中选择"通信"中的"开放式用户通信"下的 TSEND_C 指令，自动跳出"调用选项"对话框，单击"确定"按钮，自动生成背景块 TSEND_C_DB。

步骤二：配置 TSEND_C 连接参数，TSEND_C 指令的连接参数是建立两台 CPU 连接及实现数据通信的方法定义，需要进行配置。单击 TSEND_C 指令，打开"属性\组态\连接参数"选项，接下来配置 TSEND_C"连接参数"，如图 6-19 所示。

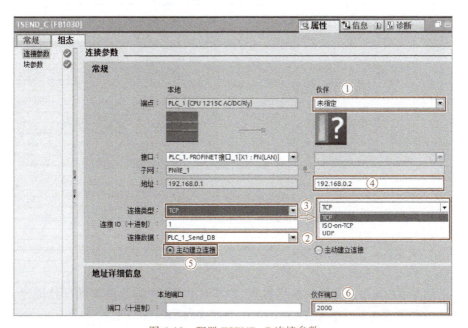

图 6-19 配置 TSEND_C 连接参数

① 通信伙伴不在同一个项目，伙伴选择"未指定"，如果通信伙伴在同一个项目，则选择指定伙伴。

② 在"连接数据"选择"新建"时，系统将自动创建一个连接数据块 PLC_1_Send_DB。

③ 在"连接类型"中选择"TCP"，其他选项还有 ISO-on-TCP 和 UDP。

④ 设置伙伴方 IP 地址为 192.168.0.2。

⑤ 选择 TCP 客户端，本例 PLC_1 为客户端，选择"主动建立连接"。

⑥ "伙伴端口"定义通信双方的端口号，如果"连接类型"选择"ISO on TCP"，则需要设定 TSAP 地址（ASCII 码形式）。本地 PLC 为客户端时，则需要设置服务器侧的"伙伴端口"。

本实例中，① "伙伴"处选择"未指定"，如果通信双方是同一个项目中同一子网下的两个设备，则"伙伴"处可以选择指定的通信伙伴。

步骤三："连接参数"配置完毕，单击"块参数"选项，配置块参数。TSEND_C 指令块的输入、输出参数配置完毕后，程序编辑器中的指令将会同步更新，图 6-20 所示为块参数配置完毕后的程序。

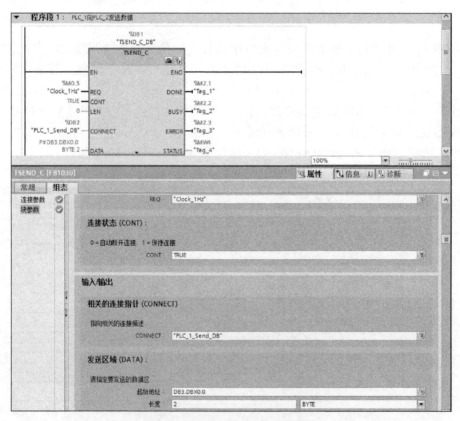

图 6-20　配置 TSEND_C 块参数

在请求信号 REQ 的上升沿，根据参数 CONNECT 指定的数据块的连接描述，启动数据发送任务。发送成功后，参数 DONE 在一个扫描周期内容为 1。

CONT（Bool）：为1时建立和保持连接，为0时断开连接，接收缓冲区的数据会消失。连接被成功建立时，参数 DONE 在一个扫描周期内为1。CPU 进入 STOP 模式时，已有的连接被断开。

DATA：其实参 P#DB3.DBX0.0 BYTE 2 是指针寻址方式，该地址是数据区的绝对地址，BYTE 2 表示发送数据的字节数。也可采用"OUC 数据块 .Send_data"寻址。

DONE（Bool）：为1时表示任务执行成功，为0时任务未启动或正在运行。

BUSY（Bool）：为0时任务完成，为1时任务尚未完成，不能触发新的任务。

ERROR（Bool）：为1时执行任务出错，字变量 STATUS 中是错误的详细信息。

步骤四：在 OB1 中调用接收指令 TRCV 并组态参数。

由于接收数据和发送数据使用同一连接，因此我们使用不带连接管理的 TRCV 指令。调用 TRCV 指令及组态参数如图 6-21 所示。

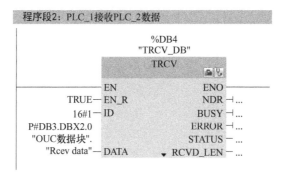

图 6-21　调用 TRCV 指令及组态参数

其中，"EN_R"参数为1，表示准备好接收数据；ID 号为1，使用的是 TSEND_C 的连接参数中的"连接 ID"地址；"DATA"为 "OUC 数据块 "."Rcev data"，表示接收的数据区。

> ❖ **注意**：本地 PLC 使用 TSEND_C 指令发送数据，在通信伙伴站（远程站）必须使用 TRCV_C 指令接收数据。在进行双向通信时，由于使用同一连接，因此本地调用 TSEND_C 指令发送数据和 TRCV 指令接收数据；同时在伙伴站上调用 TRCV_C 接收数据和 TSEND 发送数据。TSEND 和 TRCV 指令只需进行块参数的设置。

（2）PLC_2 组态编程

1）设备组态。打开 TIA 博途软件，创建一个名为"OUC_Tcp_One_Side_伙伴"的新项目，并将 PLC_2（CPU 1215C）添加到项目中。在"PROFINET 接口"属性中，为 CPU 添加新子网，并设置 IP 地址为 192.168.0.2，子网掩码为 255.255.255.0。

2）PLC_2 端的通信编程。

步骤一：新建用于数据交换的数据块"OUC 数据块 [DB3]"。在 OB1 中打开 PLC_2 的 OB1，从右侧指令窗口中选择"通信"中的"开放式用户通信"下的 TRCV_C 指令，自动跳出"调用选项"对话框，单击"确定"按钮，自动生成背景块 TRCV_C_DB。

步骤二：配置 TRCV_C 连接参数，TRCV_C 指令的连接参数是建立两台 CPU 连接及实现数据通信的方法定义，需要进行配置。单击 TRCV_C 指令，打开"属性\组态\连接参数"选项。

配置 TRCV_C "连接参数",如图 6-22 所示。"连接类型"选择"TCP",与"OUC_Tcp_One_Side_本地"PLC_1 相同。

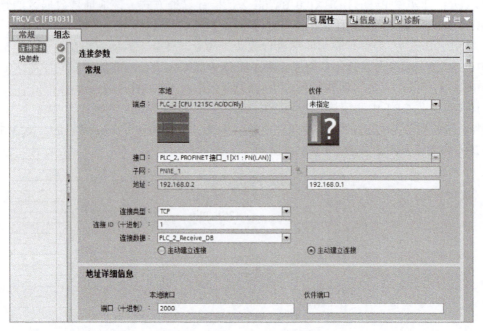

图 6-22 配置 TRCV_C 连接参数

步骤三:"连接参数"配置完毕,单击"块参数"选项,配置块参数。
步骤四:调用发送指令 TSEND 并组态参数,如图 6-23 所示。

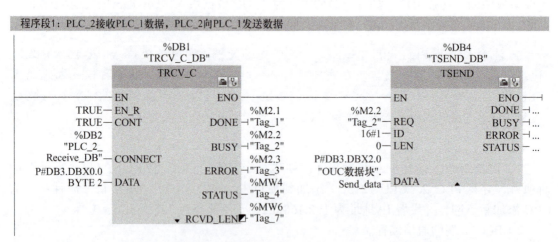

图 6-23 配置 TRCV_C 和 TSEND 指令

(3)通信测试 在网络视图中,选择 PLC 站点和"转至在线"模式,在"连接"选项卡中可以对通信连接进行诊断。

修改 PLC_1 的 "OUC 数据块 ".Send_data 为 "AA" 和 "BB",观察 PLC_2 的 "OUC 数据块 ".Rcev_data 数据的变化,修改 PLC_2 的 "OUC 数据块 ".Send_data 的数据为 "11"

和 "22"，观察 PLC_1 的 "OUC 数据块 ".Rcev_data 数据的变化，如图 6-24 所示。

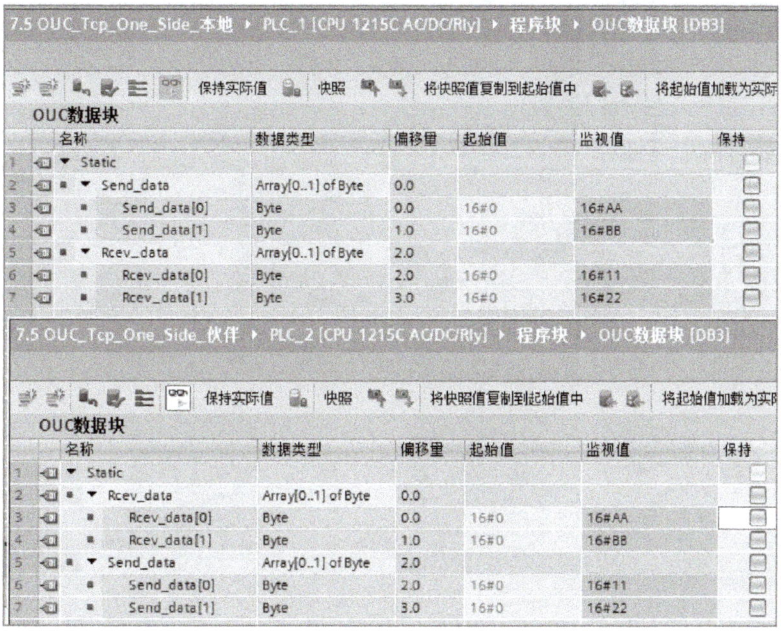

图 6-24 监控 OUC 数据

6.3 S7-1200 PROFINET IO 通信

6.3.1 PROFINET IO 通信简介

PROFINET IO 通信主要用于模块化、分布式控制，通过以太网直接连接现场设备（IO-Device）。PROFINET IO 通信过程采用生产者/消费者模型进行数据交换，主要包括两种设备：IO 控制器（IO Controller）和 IO 设备（IO-Device）。

1）IO 控制器：PROFINET IO 系统的主站，一般来说是指 PLC 的 CPU 模块。IO 控制器执行各种控制任务，如执行用户程序、与 IO 设备进行数据交换、处理各种通信请求等。

2）IO 设备：PROFINET IO 系统的从站，由分布于现场的、用于获取数据的 IO 模块组成。

IO 控制器既可以作为数据的生产者，向组态好的 IO 设备输出数据，也可以作为数据的消费者，接收 IO 设备提供的数据。对于 IO 设备也与此类似，它消费 IO 控制器的输出数据，也作为生产者，向 IO 控制器提供数据。

例如，一个 CPU 1215C 和一个 ET200SP 的分布式子站就可以构成一个 PROFINET IO 系统，其中 CPU 1215C 是 IO 控制器，ET200SP 是 IO 设备。

在 PROFINET IO 系统中，IO 控制器 A 也可以作为另一个 IO 控制器 B 的 IO 设备，这种情况下，IO 控制器 A 称为智能设备。图 6-25 所示为 PROFINET IO 的网络构成。

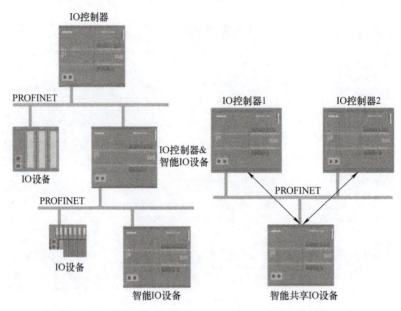

图 6-25　PROFINET IO 的网络构成

一个 PROFINET IO 系统可以有多个 IO 控制器，如果多个 IO 控制器要访问同一个 IO 设备的相同数据，则必须将 IO 设备组态成"共享设备"。

6.3.2　PROFINET IO 的主要特点

1）通信过程简单。如两台西门子 S7-1200 PLC 使用 PROFINET 通信时，一台作为 PROFINET IO 控制器，另一台作为 PROFINET IO 设备，且 PROFINET 通信不使用通信指令，只需要配置好数据传输地址，就能够实现数据的交互。

2）专有知识保护。组态现场设备（IO-Device）后，要通过 GSD 文件方式集成在 TIA 博途项目中，其 GSD 文件以 XML 格式保存，且不能通过 STEP 7 项目来传输，这样用户程序的专有技术可得以保护。

6.3.3　PROFINET IO 通信应用实例

S7-1200 CPU V4.0 及以上版本开始支持智能 IO 设备功能。本小节实例中介绍 S7-1200 CPU 之间如何进行智能设备 PROFINET 通信，分别在相同项目和不同项目下进行组态，测试环境见表 6-3。

表 6-3　设备角色及地址

模块	设备类型	设备名称	IP 地址
CPU 1215C（AC/DC/Rly）V4.2	IO 控制器	PLC1	192.168.0.1
CPU 1212C（DC/DC/DC）V4.4	智能 IO 设备	IO-Device	192.168.0.2

【实例 6-4】S7-1200 CPU 之间的 PROFINET IO 通信（相同项目下）。

【解】1. 项目创建及通信组态

（1）创建新项目　打开 TIA 博途软件，创建新项目"PROFINET_Same_Proj"，添加两台 1200 PLC（一台作为 IO 控制设备，一台作为 IO 设备），并配置以太网地址等信息。

（2）操作模式配置　本实例 CPU 1212C 作为智能 IO 设备，需要将其操作模式改为 IO 设备，并且分配给对应 IO 控制器，配置所需的传输区，如图 6-26 所示。

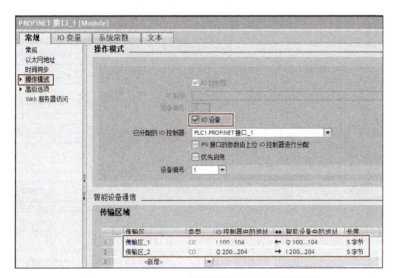

S7-1200 CPU 之间的 PROFINET IO 通信（相同项目下）

图 6-26　CPU 1212C 操作模式配置（相同项目）

传输区配置说明：传输区 _1 中 CPU 1212C 将 QB100～QB104 共 5B 的数据发送给 CPU 1215C，存储在 IB100～IB104；传输区 _2 中 CPU 1215C 将 QB200～QB204 共 5B 的数据发送给 CPU 1212C，存储在 IB200～IB204。

如果激活"PN 接口的参数由上位 IO 控制器进行分配"复选框，可指定在上位 IO 控制器的项目中设置介质冗余、优先启动、传输速率等接口和端口的几乎所有功能；如果不激活，可指定在 IO 控制器的项目中设置智能设备的更新时间、看门狗时间、伙伴端口、拓扑等功能。

需要强调的是，一旦激活"PN 接口的参数由上位 IO 控制器进行分配"复选框，则该智能设备将不再可以同时作为 IO 控制器使用。

2. 项目编译、下载、测试

分别编译、下载两个 PLC 项目，双击打开"设备和网络"后，可以监控 PLC 之间的连接状态，如图 6-27 所示。在监控表中添加传输区数据地址，手动为发送数据区（Q 区）赋值，监控发送和接收数据区的传输结果，如图 6-28 所示。

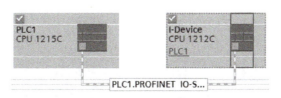

图 6-27　PROFINET 连接状态监控

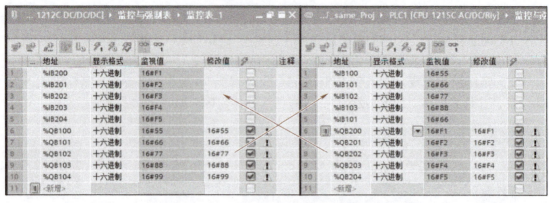

图 6-28 PROFINET 通信测试结果（相同项目）

❖ **说明**：传输区只能设置为 I 区与 Q 区，如果用户想要传送 M 存储区或 DB 中的数据，采用 MOVE 指令将数据进行移动操作即可。

【**实例 6-5**】S7-1200 CPU 之间的 PROFINET IO 通信（不同项目下）。

【**解**】1. 项目创建及通信组态

（1）创建项目　分别创建两个不同项目，一个项目添加 CPU 1215C，另一个项目添加 CPU 1212C，按照表 6-3 中各个设备以太网地址选项分别设置子网、IP 地址以及设备名称。

S7-1200 CPU 之间的 PROFINET IO 通信（不同项目下）

（2）从站操作模式设置　本实例 CPU 1212C 作为智能 IO 设备（从站），需要将其操作模式改为 IO 设备，由于控制器未在同一项目，这里选择"未分配"，如图 6-29 所示。

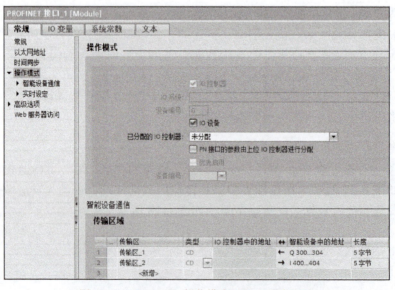

图 6-29 CPU 1212C 操作模式配置（不同项目）

需要注意的是，不同项目下，IO 控制器的传输地址需要在主站项目下才能分配。

2. 从站导出 GSD 文件

从站（CPU 1212C）项目编译后，要导出 GSD 文件，如图 6-30 所示。

这里需要注意，导出 GSD 之前需要正确编译项目的硬件配置，不然导出选项是灰色的，无法选择。导出 GSD 文件选项可以由用户设置 GSD 文件名称的标识部分（GSD 文件名称的版本、厂商、日期等部分为默认设置），然后选择存储路径并导出文件。注意导出的 GSD 文件不要修改文件名称，不然会造成无法导入项目中。

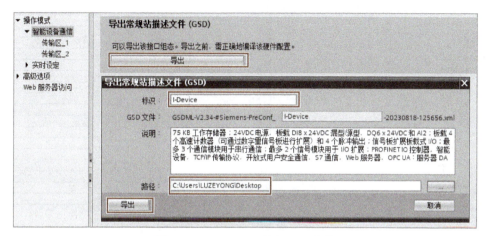

图 6-30　CPU 1212C 导出 GSD 文件

3. 主站导入 GSD 文件

进入主站（CPU 1215C）项目管理 GSD 文件视图，选择存储 GSD 文件的源路径，在路径下选择需要安装的文件进行安装，如图 6-31 所示。

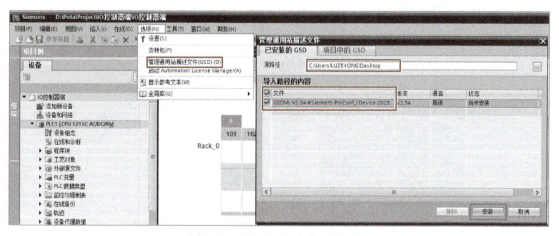

图 6-31　CPU 1215C 安装 GSD 文件

4. 主站添加智能 IO 设备

在主站 CPU 1215C 项目中，进入硬件目录，在其他现场设备列表中找到安装的智能 IO 设备，如图 6-32 所示。将此设备用鼠标拖动添加到网络视图中，添加完成后，进入

图 6-33 所示以太网配置视图，检查智能 IO 设备的设备名称是否与源项目中名称一致（注意一定要保证名称一致），检查无误后，单击"未分配"，选择控制器 PLC1，分配给控制器后会自动分配地址。

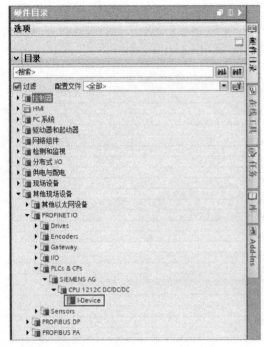

图 6-32　硬件目录中的 GSD 设备　　　　图 6-33　I-device 以太网配置视图

在图 6-33 中，双击"I-device"硬件，进入设备概览视图，修改传输区 _1 和传输区 _2 的地址信息，如图 6-34 所示。

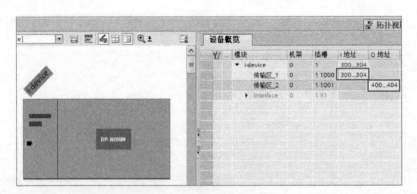

图 6-34　修改传输区地址信息

5. 项目编译、下载、测试

分别编译、下载两个 PLC 项目，在监控表中添加传输区数据地址，手动为发送数据区（Q 区）赋值，监控发送和接收数据区的传输结果，如图 6-35 所示。

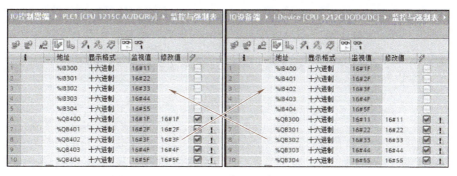

图 6-35　PROFINET 通信测试结果（不同项目）

6.4　S7-1200 PLC 与 HMI 间的通信

6.4.1　HMI 简介

HMI 是 Human Machine Interface 的缩写，称为"人机接口"，也叫人机界面。工控现场一般采用触摸屏作为人机界面，用于现场操作人员与控制系统之间进行人机交互。它包含 HMI 硬件和相应的专用画面组态软件，一般情况下，不同厂商的 HMI 硬件使用不同的画面组态软件，连接的主要设备是 PLC。

用于设备监控的产品还有监控组态软件，如 WinCC、iFIX、组态王等，这类组态软件是运行于 PC 硬件平台、Windows 操作系统下的一个通用工具软件产品。而 HMI 往往安装于现场的 PLC 控制柜上，方便工程人员操作和使用。

1. HMI 的主要功能

HMI 的主要功能如下：
1) 设备工作状态显示，如指示灯、按钮、文字、图形、曲线等。
2) 数据、文字输入操作，打印输出。
3) 生产配方存储，设备生产数据记录。
4) 报警处理及记录。
5) 简单的逻辑和数值运算。
6) 提供丰富的接口，如串口、以太网口等，方便与设备互连。

2. HMI 的开发过程和工作原理

（1）HMI 的组态　用户需要用计算机上运行的组态软件对 HMI 进行组态，如图 6-36 所示。应用组态软件可以设计生成满足用户需求的人机交互画面，在画面的图形元件中可以关联 PLC 中的变量，动态地显示生产流程。通过各种输入方式，便于现场操作人员将命令或设定值通过 HMI 传送给 PLC。

（2）编译和下载项目文件到 HMI　HMI 项目组态完成后，通过组态软件进行编译，生成可以执行的文件。编译成功后，通过网络通信接口（如以太网口）将项目文件下载到 HMI 的存储器中，并投入运行。

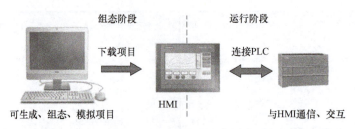

图 6-36 HMI 开发和工作过程

（3）HMI 的运行阶段　当 HMI 投入运行后，通过组态信息与 PLC 自动交换信息，从而实现通过 HMI 监控 PLC 的功能。

3. HMI 的特点和产品

HMI 使用直观方便，易于操作，用户可以在 HMI 的屏幕上生成满足自己要求的触摸式按键。画面上的按钮和指示灯可以取代相应的硬件元件，减少 PLC 需要的 I/O 点数，降低系统的成本，提高设备的性能和附加值。

一般 PLC 厂商都有触摸屏产品，如西门子、施耐德、AB、台达、汇川等。也有专门生产触摸屏的公司，如昆仑通态 MCGS、威纶通、步科、显控等。

下面以国产 MCGS 触摸屏为例，简要介绍 S7-1200 PLC 与其通信的开发过程。关于 MCGS 的详细使用方法参考厂商官方文档。

6.4.2　S7-1200 PLC 与 MCGS 触摸屏通信

MCGS 触摸屏是北京昆仑通泰自动化公司推出的面向一般工业应用的触摸屏产品。产品外形如图 6-37 所示。

图 6-37 MCGS 触摸屏外形

MCGS 嵌入版是基于 MCGS 触摸屏基础上开发的专门应用于嵌入式计算机监控系统的组态软件，通过对现场数据的采集处理，以动画显示、报警处理、流程控制和报表输出等多种方式向用户提供解决实际工程问题的方案，在自动化领域有着广泛的应用。

下面通过一个实例来介绍 MCGS 嵌入版软件的组态方法。

【实例 6-6】S7-1200 PLC 与 MCGS 触摸屏通信的应用举例。

控制要求：S7-1200 PLC 与 MCGS 触摸屏建立通信连接，通过触摸屏上的虚拟按键控制实现电动机起保停控制功能。

【解】首先编写用于测试的 PLC 程序，然后组态 MCGS。

1. 编写 PLC 端控制程序

在之前的章节中，我们曾编写了电动机起保停程序，在此程序的基础上，再加入 HMI 控制的变量。在本实例中，采用 M 区作为 HMI 控制电动机的中间变量。本实例中 PLC 程序如图 6-38 所示。

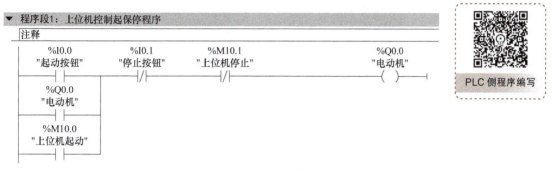

图 6-38 上位机控制起保停程序

为了使 S7-1200 PLC 与 MCGS 正常通信，还需要在 CPU 模块属性的"连接机制"中"允许来自远程对象的 PUT/GET 通信访问处"打钩。

2. 设置 MCGS 触摸屏的 IP 地址

设置 IP 地址需要对触摸屏断电重启，重启过程中快速单击触摸屏的任意位置，就会出现 MCGS 的启动界面，然后单击"系统维护"→"设置系统参数"→"IP 地址"设置 IP 地址（本例中设置为 192.168.0.10），如图 6-39 所示。设置完成后，单击"OK"按钮，然后返回到初始界面，重启触摸屏即可。

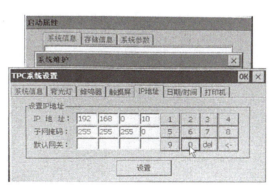

图 6-39 MCGS 触摸屏 IP 地址的设置

3. 新建 MCGS 项目并组态通信

1）双击"MCGSE 组态环境"图标，启动 MCGS 嵌入版软件，单击"文件"→"新建工程"新建工程项目，并对 MCGS 进行选型，如图 6-40 所示。

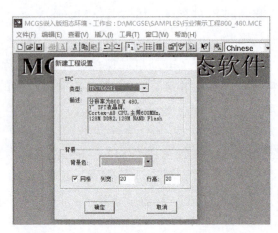

MCGS 变量创建和画面设计

图 6-40 新建 MCGS 工程

打开后的工作台窗口如图 6-41 所示，包括主控窗口、设备窗口、用户窗口、实时数据库和运行策略等选项卡。

2）在设备窗口中，添加驱动程序。MCGS 组态软件可以与多种 PLC、仪器仪表进行通信，在使用时，根据所连接的设备，添加相应的驱动程序。

单击"设备窗口"标签，然后选择"设备组态"，在弹出的设备组态窗口中有设备管理工具箱，单击"设备管理"按钮，选择增加 S7-1200 PLC 的驱动程序，如图 6-42 所示。

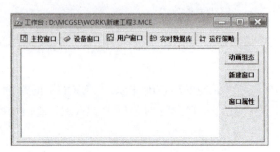

图 6-41 MCGS 工作台窗口

图 6-42 增加 S7-1200 PLC 驱动程序

接下来，在设备工具箱中双击新增的 S7-1200 PLC 驱动程序，添加到设备组态窗口，如图 6-43 所示。

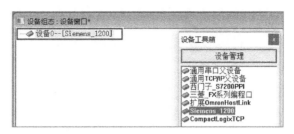

图 6-43　添加 Siemens_1200 设备

双击图 6-43 中的"设备 0",进入设备编辑窗口,如图 6-44 所示。在该窗口中,可以指定通信双方的 IP 地址和通信协议等,还可以组态变量通道和连接变量。建议先对读写 PLC 的变量进行编辑。

图 6-44　设备编辑窗口

3)组态通信变量。首先删除默认的通道连接,选中索引 1~8,单击"删除设备通道"按钮,然后单击"增加设备通道"按钮,为触摸屏选择连接变量。我们选择的连接变量为 M10.0、M10.1 以及 Q0.0。

以添加 Q0.0 地址为例,介绍增加设备通道的方法。图 6-45 为"添加设备通道"对话框。在"通道类型"下拉列表框中选择"Q 输出继电器";"通道地址"栏输入"0",代表 Q 映像区的第 0 区;"数据类型"中选择"通道的第 00 位",即 Q0.0。因为只读取 Q0.0 一个数据,因此通道个数为"1"。读写方式根据需要确定即可。

203

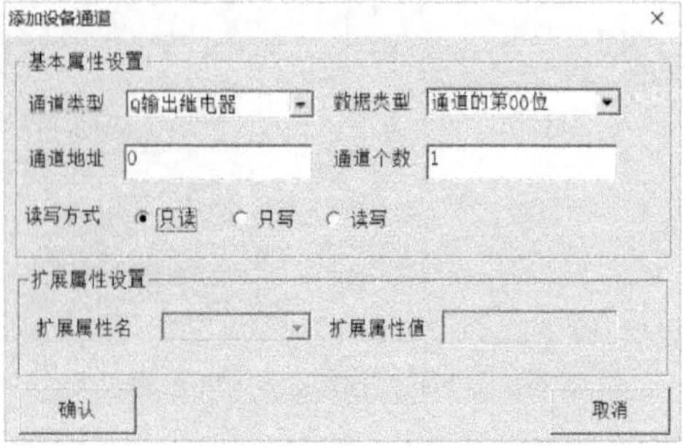

图 6-45 添加设备通道

❖ **说明**：在 MCGS 通道类型中，只有 I、Q、M 和 V，没有 DB 数据块。如果想要读写 S7-1200 PLC 的数据块中的数据，首先要将数据块的"优化的块访问"取消，在通道类型中选择"V 数据存储器"。比如想要读取 DB1.DBD8 中的一个 REAL 型数据，那么通道地址应填写"1.8"，数据类型选择"32 位浮点数"即可。

"连接变量"一列，为 M10.0、M10.1 以及 Q0.0 指定连接变量，即 MCGS 和 PLC 的中间变量，通过中间变量，可读写 PLC 变量。如图 6-46 所示，在 Q0.0 对应的"连接变量"空白处双击，在弹出的窗口中"选择变量"栏输入中间变量名"电动机"，然后单击"确认"按钮。

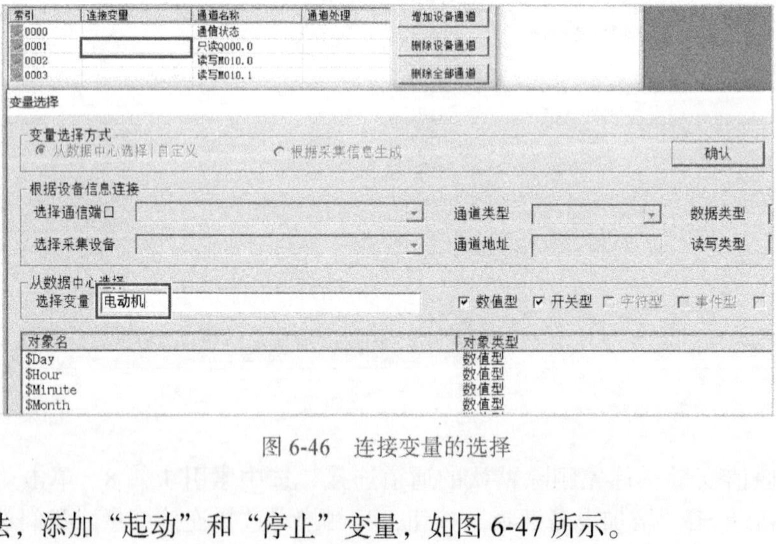

图 6-46 连接变量的选择

依此方法，添加"起动"和"停止"变量，如图 6-47 所示。

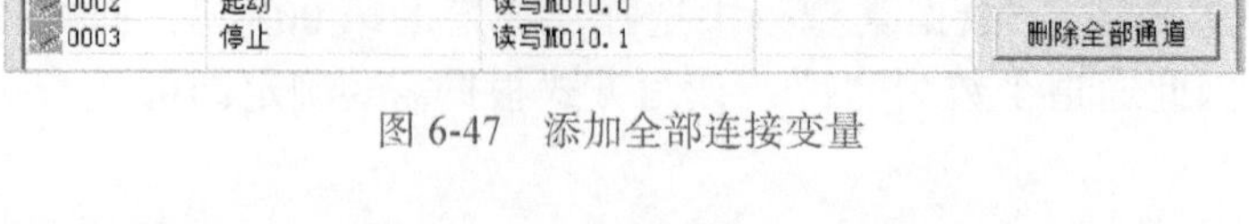

图 6-47 添加全部连接变量

4）设置通信双方的 IP 地址和通信协议。如图 6-48 所示，MCGS 与 S7-1200 PLC 通信时，仅需指定双方的 IP 地址即可，其余保持默认。本地为触摸屏，远端为 PLC。

图 6-48 设置通信双的 IP 地址

设置完 IP 地址后，单击右侧的"确认"按钮，在弹出的对话框中选择"全部添加"即可。

MCGS 变量连接与通信测试

4. 制作画面并连接变量

1）制作监控画面。单击 MCGS 软件菜单栏中的"窗口"，选择"工作台"窗口。然后切换到"用户窗口"，单击"新建窗口"，创建一个用于监控的画面窗口。在画面窗口中，利用绘图工具栏，绘制监控画面，如图 6-49 所示。

图 6-49 MCGS 监控画面制作

2）连接变量。首先为按钮连接变量，双击"起动"按钮，弹出其属性设置对话框，如图 6-50 所示。属性设置包括基本属性、操作属性、脚本程序和可见度属性。用户可以在基本属性中为按钮的外观进行设置，如文字效果、按钮类型等。按钮的动作要在操作属性中设置。

进入"操作属性"界面,为按钮组态动作类型。在"数据对象值操作"中,选择"按1松0",并指定变量为"起动",如图6-51所示。依次操作,设置"停止"按钮。

图6-50 标准按钮的属性设置

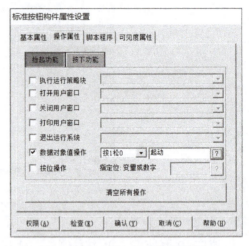

图6-51 标准按钮的操作属性设置

为指示灯连接变量时,双击指示灯,进入其属性设置界面。在"动画连接"中,为填充颜色选择连接表达式,这里首先要删除"@开关量",然后选择变量"电动机",如图6-52所示。

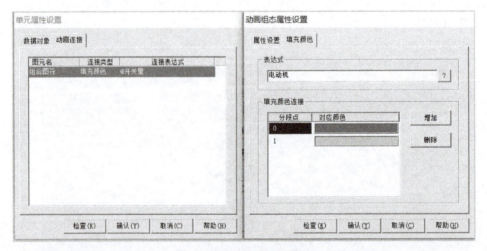

图6-52 指示灯的属性设置

5. 下载 PLC 程序和 MCGS 工程,进行通信测试

MCGS 工程下载方法:单击菜单栏的"工具",选择下拉菜单中的"下载配置",将下载模式调整为"连机运行",输入触摸屏的 IP 地址 192.168.0.10 后,单击"工程下载"按钮,如图6-53所示。

第 6 章　S7-1200 PLC 以太网通信与应用

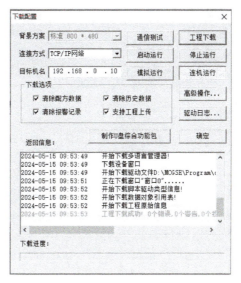

图 6-53　MCGS 工程下载

通信测试结果如图 6-54 所示。

图 6-54　MCGS 与 S7-1200 PLC 通信测试结果

6.5　职业技能训练 7：S7-1200 PLC 间的通信组态与调试

专业知识目标

- 掌握 S7-1200 以太网通信的硬件组态。
- 掌握 S7-1200 以太网通信的指令应用和调试方法。

207

职业能力目标
- 能设计制定设备层联网方案。
- 能够完成 PLC 的通信测试。
- 能够根据控制要求编写控制程序并进行调试。

素质素养目标
- 规范操作、注重质量和安全的职业素养。
- 一丝不苟、精益专注的匠心精神。

1. 任务要求

电动机的远程起停控制：工程现场中，甲方的一台 S7-1200 PLC（PLC_1）通过以太网发出起停信号时，乙方的一台 S7-1200 PLC（PLC_2）接收到信号，并起停一台电动机，PLC_2 向 PLC_1 反馈电动机的运行状态信号。

2. 任务分析

本任务是利用以太网通信方式，通过远程 PLC 控制本地 PLC 运行的典型应用。由任务要求可知，两台 PLC 分别由甲方和乙方控制，因此 PLC 控制程序处于不同的项目中。由前文所述可知，可以选择 S7 通信、OUC 或者 PROFINET 等通信方式。

在任务的分析基础上，首先要进行以太网通信网络规划，然后进行 PLC 控制原理图的设计和连接，最后组态通信和编程调试。

3. 任务实施

（1）以太网通信网络规划 根据任务要求，两台 PLC 通过以太网通信的连接如图 6-55 所示。

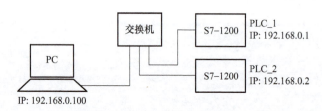

图 6-55 两台 PLC 通过以太网通信的连接

（2）PLC 控制原理图设计和连接 根据任务要求，分别设计 PLC_1 和 PLC_2 的接线图。PLC_1 端主要为外部输入，包括起停输入开关等；PLC_2 端主要包括电动机输出和热故障输入部分，PLC_2 反馈给 PLC_1 的信号包括电动机运行状态和电动机热故障状态两个信号。请读者自行设计 PLC 接线图并完成电路连接。

（3）通信方式的选择 不同项目中 S7-1200 PLC 间的通信方式可以选择 S7 通信、OUC；如 CPU 版本均在 V4.0 及以上，也可以选择 PROFINET 通信方式。

（4）通信组态 注意选择的通信方式和组态方法一一对应，可参考本章中的实例部分。如果满足 PROFINET 通信方式，首选 PROFINET 通信。

（5）下载并调试程序 在硬件接线、软件编程完成后，对程序进行编译下载，进行试运行。CPU 进入循环扫描状态，等待执行程序。

1）再检查一次连接好的 PLC 输入输出接线。

2）将程序下载至双方 PLC 中，使 PLC 进入运行状态。

3）使 PLC 进入梯形图监控状态。

4）在 PLC_1 端通过起停按钮控制 PLC_2 中的电动机起停，并观察 PLC_2 反馈信号是否正确。

4. 任务评价

在强化知识和技能的基础上，任务评价以 PLC 职业资格能力要求为依据，帮助读者建立工业控制系统设计的基本概念和工程意识。设计完成后，由各组间互评并由教师给予总评。

（1）检查内容

1）检查电气原理图、I/O 分配表等材料是否齐全。

2）检查控制电路是否正确连接。

3）检查网络连接情况，是否存在网络断开等情况。

4）监测控制系统运行情况，有无异常。

（2）评价标准（见表 6-4）

表 6-4　S7-1200 间以太网通信任务评价表

评价内容	评价点	评分标准	分数	得分
电气原理图	图样符合电气规范、完整	设计不完整、不规范，每处扣 2 分	10	
I/O 分配表	准确、完整，与原理图一致	分配表不完整，每处扣 2 分	10	
程序设计	指令简洁，满足控制要求	程序设计不规范，指令有误每处扣 5 分	20	
电气线路安装	线路安装美观，符合工艺要求	安装不规范，每处扣 5 分	20	
通电前检查	通电前测试符合规范	检查不规范，人为短路扣 10 分	10	
系统调试	设计达到任务要求，试车成功	第一次调试不合格，扣 10 分 第二次调试不合格，不得分	20	
职业素质素养	团队合作、创新意识、安全等	过程性评价，综合评估	10	
合计			100	

5. 任务拓展

采用其他通信方式完成本训练任务的设计并测试。

6.6　知识技能巩固练习

一、简答题

1. S7-1200 CPU 以太网通信有哪几种方式？

2. S7-1200 开放式通信包括哪几种方式？

3. 什么是连接资源？

4. 客户机和服务器在 S7 通信中各有什么作用？

5. S7-1200 作为 S7 通信的服务器时，在安全属性方面需要做什么设置？

二、编程和实践

1. 在两台西门子 S7-1200 PLC 中，PLC_1 的 IP 地址为 192.168.0.1，PLC_2 的 IP 地址为 192.168.0.2，现在要通过 S7 通信方式将 PLC_2 的输入 I0.0～I0.3 送到 PLC_1 的 Q0.4～Q0.7。

2. 在两台西门子 S7-1200 PLC 中，PLC_1 的 IP 地址为 192.168.0.1，PLC_2 的 IP 地址为 192.168.0.2，现在通过 S7 通信方式将 PLC_1 某个 DB 中 100B 的数据传送到 PLC_2 的 DB 中。

3. 现有两台 PLC，一台 CPU 1215C（PLC_1，V4.4）和一台 CPU 1214C（PLC_2，V4.3）。要求从 PLC_1 的 MB10 发送 1B 到 PLC_2 的 MB20；从 PLC_2 的 MB30 发送 1B 到 PLC_1 的 MB40。选择合适的通信方式，实现以上功能（不在同一项目中）。

4. 用以太网通信实现 PLC_1 上的按钮 SB1 控制 PLC_2 上的 QB0 输出端的 8 盏指示灯，使它们以流水灯形式依次点亮，即每按一次按钮 SB1，PLC_2 上的指示灯向左或向右流动点亮一盏灯。

5. 使用 MCGS 设计模拟交通信号灯控制系统。

第 7 章　S7-1200 PLC 在运动控制中的应用

二十大报告中提出，推动制造业高端化、智能化、绿色化发展。在制造业发展进程中，运动控制技术是适应现代高科技需要而发展起来的先进控制技术，也是高端产品开发过程中不可或缺的关键手段。运动控制应用场合非常多，如多轴数控机床、工业机器人、立体仓库操作机及各种包装机械、输送机械等，其典型的控制对象是步进电动机和伺服电动机。

西门子 S7-1200 PLC 集成了工艺功能，可以实现对步进电动机或伺服电动机的控制。本章主要内容包括 S7-1200 PLC 的运动控制功能、步进电动机及驱动器、工艺对象"轴"的组态与调试等，并对运动控制指令做了详细介绍。读者可以通过最后的技能训练任务，掌握以步进电动机为被控对象的运动控制系统基本组成和开发调试方法。

通过本章的学习和实践，应努力达到如下目标：

知识目标

① 了解运动控制系统的组成和功能。
② 了解 S7-1200 PLC 运动控制功能和实现方法。
③ 掌握步进电动机的电路连接、驱动器参数设置知识。
④ 掌握博途软件中工艺对象的组态和调试方法。
⑤ 掌握 S7-1200 PLC 运动控制指令和编程方法。

能力目标

① 能根据要求绘制步进电动机控制系统的 PLC 原理图。
② 能完成步进电动机控制系统的安装与检测。
③ 能在博途环境中对工艺对象进行组态和基本调试。
④ 能应用运动控制相关指令编制程序，控制对象按要求进行定位与移动。
⑤ 能通过小组合作分析解决在运动控制系统调试中出现的各种问题。

素养目标

① 养成良好的安全规范操作的职业习惯。
② 具备对工作认真负责、精益求精的责任意识。
③ 形成团结互助、勇于创新的工匠精神。
④ 具备不断探究、自主学习的工程意识。

7.1 S7-1200 PLC 运动控制功能

7.1.1 运动控制系统及组成

1. 运动控制及其应用

运动控制（Motion Control）是自动化的一个分支，也可以称作电力拖动控制（Control of Electric Drive）。运动控制往往是针对产品或者系统而言，包含机械、软件、电气等模块，例如机器人、无人机、运动平台等。运动控制是对机械运动部件的位置、力矩、速度、加速度等进行实时控制和管理，使其按照预期的运动轨迹和参数进行运动的一种控制方式。

运动控制在工业自动化领域的应用非常广泛，比如工业机器人、机床产品、雕刻机、半导体、物料转移等相关行业。如今，运动控制几乎在每一个自动化平台以及高端装备都得到了广泛应用。

2. 运动控制系统基本架构

以滑动工作台控制系统为例，一个典型的运动控制系统的架构主要由上位机、运动控制器、功率驱动器、电动机、执行机构和反馈检测装置等部分组成，如图7-1所示。

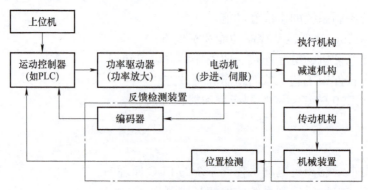

图 7-1 运动控制系统的基本架构

（1）上位机　在运动控制中通过使用上位机实现对系统的完全控制，如编辑和监视运动控制程序。在许多情况下，上位机还可以提供高级的数据分析和可视化功能。

（2）运动控制器　运动控制器用以生成轨迹点（期望输出）和闭合位置反馈环。许多控制器也可以在内部闭合一个速度环。

运动控制器主要分为三类，分别是PC-Based、专用控制器、PLC。其中，PC-Based运动控制器在电子设备、机床等被广泛使用；应用专用控制器的代表行业是风电、光伏、机器人、成型机械等；PLC则多应用于橡胶、汽车、冶金等行业。

（3）功率驱动器　功率驱动器包括伺服控制器和步进控制器，可将来自运动控制器的控制信号（通常是速度、位置和转矩信号）转换为更高功率的电流或电压信号。更为先进的智能化驱动器可以自身闭合位置环和速度环，以获得更精确的控制效果。

（4）执行机构　执行机构包括电动机、液压泵、气缸、线性执行机等，配合减速和传动机构来驱动机械设备运行。

（5）反馈检测装置　反馈检测装置包括光电编码器、旋转变压器或光栅等设备，用来反馈执行器速度和位置，以实现闭环控制。

作为全能型产品，使用 PLC 作为控制器进行运动控制，具有成本低、容易维护等优点，在中低端运动控制场合比较适用，常见的使用场景包括包装生产线、装配工业等。在复杂运动控制场合如快速反应、多轴协同、轨迹生成和运动插补方面往往使用专用的运动控制系统，如多轴联动加工、高端数控机床等场合。在复杂应用方面，西门子的 SIMOTION 运动控制产品系列具有较大优势。

7.1.2　S7-1200 PLC 的运动控制功能

TIA 博途软件中集成了 S7-1200 PLC 的运动控制功能，可对步进电动机和伺服电动机进行高效控制。S7-1200 PLC 可以实现运动控制的基础在于集成了高速计数口、高速脉冲输出口等硬件和相应的软件功能。尤其是 S7-1200 PLC 在运动控制中使用了轴的概念，通过对轴的组态，包括硬件接口、位置定义、动态特性、机械特性等相关的指令块（符合 PLCopen 规范）组合使用，可以实现绝对位置、相对位置、点动、转速控制及自动寻找参考点的功能。

1. 运动控制的实现方式

SIMATIC S7-1200 PLC 使用工艺对象或者基本定位指令 FB284 可以对步进电动机和伺服电动机进行速度和位置控制。其中，S7-1200 CPU 工艺对象支持三种方式控制伺服、步进驱动器，连接方式如图 7-2 所示。

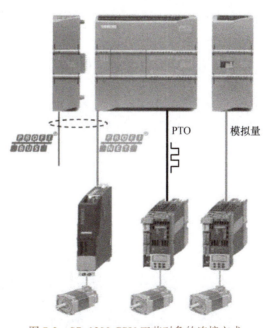

图 7-2　S7-1200 CPU 工艺对象的连接方式

（1）PROFIdrive 方式　S7-1200 PLC 通过基于 PROFIBUS/PROFINET 的 PROFIdrive 方式与支持 PROFIdrive 的驱动器连接，进行运动控制。PROFIdrive 定义了一个运动控制模型，其中包含多种设备。设备之间通过预设的接口及报文进行数据交换，这些报文被称为 PROFIdrive 消息帧。每个消息帧都有标准结构，可以根据具体应用，选择不同的消息帧。通过 PROFIdrive 消息帧可以传送控制字、状态字、设定值及实际值。

（2）PTO 方式　PTO 全称是"Pulse Train Output"，也就是"脉冲串输出"。通过 CPU 本体或信号板输出占空比为 50% 的高速脉冲串给驱动器来控制伺服或步进电动机的转速。以 CPU 1212C DC/DC/DC 为例，它总共支持四路脉冲串输出（Pusle1～Pusle4），每一路脉冲信号支持四种 PTO 方式：脉冲 A 和方向 B、脉冲上升沿 A 和脉冲下降沿 B、A/B 相移以及 A/B 相移 - 四倍频。

（3）模拟量方式　该方式以模拟量信号作为伺服驱动器的给定信号，通过模拟量的信号变化控制伺服电动机转速。以 SINAMICS V90 PN 为例，其驱动器可以接收 ±10V 的速度给定信号。此外，模拟量运动控制方式必须构成闭环系统，可以使用高速计数器或者总线的方式将编码器的信号反馈给 CPU。

本章主要以 PTO 方式介绍 S7-1200 PLC 的运动控制功能，其他控制方式的具体应用请读者自行查看西门子官方技术手册或相关书籍。

2. 用于运动控制的硬件组件

用于运动控制的硬件组件包括 CPU 模块、信号板、PROFINET 接口、驱动装置和编码器等。

（1）CPU 模块　S7-1200 CPU 兼具 PLC 的功能和通过脉冲接口控制步进电动机和伺服电动机的运动控制功能；运动控制功能负责对驱动器进行监控。

DC/DC/DC 型的 CPU 模块上配备有用于直接控制驱动器的板载输出。继电器输出型的 CPU 需要使用信号板来控制驱动器。

（2）信号板　可以使用信号板为 CPU 添加其他输入和输出。如果需要，还可将数字量输出用于控制驱动器的脉冲和方向输出。对于继电器输出型的 CPU，无法通过板载输出来输出高频脉冲信号。如果在这些 CPU 中使用 PTO，必须使用具有晶体管输出型的信号板。

（3）PROFINET 接口　用于在 CPU 与编程设备之间建立在线连接，除了 CPU 的在线功能外，附加的调试和诊断功能也可用于运动控制。

（4）驱动装置和编码器　驱动装置用于控制轴的运动，编码器提供轴的闭环位置控制的实际位置。

3. 与运动控制相关的 CPU 输出

S7-1200 CPU 提供了一个脉冲输出和一个方向输出，通过脉冲接口对步进电动机驱动器或伺服电动机驱动器进行控制。脉冲输出为驱动器提供电动机运行所需的脉冲，方向输出则用于控制驱动器的行进方向。

脉冲输出和方向输出具有特定的信号分配关系。CPU 板载输出或信号板输出可用作脉冲输出和方向输出。在设备组态期间，可以在"属性"选项卡的脉冲发生器（PTO/PWM）中，选择激活板载输出或信号板输出。PTO/PWM 输出信号波形如图 7-3 所示。其中，PTO 信号占空比固定为 50%；PWM 信号占空比可调。

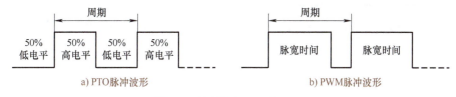

图 7-3 高速脉冲 PTO 和 PWM

表 7-1 中列出了脉冲输出和方向输出的地址分配情况。

表 7-1 S7-1200 PLC 运动控制输出信号分配

PTO 编号	输出位置	脉冲	方向
PTO0	板载 I/O	Q0.0	Q0.1
	信号板 I/O	Q4.0	Q4.1
PTO1	板载 I/O	Q0.2	Q0.3
	信号板 I/O	Q4.2	Q4.3
PTO2	板载 I/O	Q0.4①	Q0.5①
	信号板 I/O	Q4.0	Q4.1
PTO3	板载 I/O	Q0.6②	Q0.7②
	信号板 I/O	Q4.2	Q4.3

注：该表适用于 CPU 1211C、CPU 1212C、CPU 1214C 以及 CPU 1215C PTO 功能。
① CPU 1211C 本体无 Q0.4 ~ Q0.7，因此这些输出不能在 CPU 1211C 中使用。
② CPU 1212C 本体无 Q0.6、Q0.7，因此这些输出不能在 CPU 1212C 中使用。

❖ 需要注意的是，如果已选择 PTO 并将其分配给某个轴，固件将通过相应的脉冲发生器和方向输出接管控制。在实现上述控制功能接管后，将断开过程映像和输出间的连接。虽然用户可通过用户程序或监视表写入脉冲发生器和方向输出的过程映像，但所写入的内容不会传送到输出。

4. S7-1200 PLC 的轴资源

在大多数多轴传动系统应用中，要使各轴之间保持一定的同步运行关系。例如，多轴机械臂需要多台电动机无缝地协同运行才能做出特定的动作。通常说的"几轴"就是指控制几台电动机，可以简单理解为一个"轴"控制一台伺服电动机或步进电动机。

S7-1200 PLC 运动控制轴的资源个数是由 S7-1200 PLC 硬件能力决定的，不是由单纯地添加 IO 扩展模块来扩展的。表 7-1 显示了每种 CPU 的开环控制资源个数。

表7-2 S7-1200 CPU 轴资源

CPU 型号		CPU 轴总资源数量	CPU 本体上最大轴数量	添加信号板后最大轴数量
CPU 1211C	DC/DC/DC	4	4	4
	DC/DC/Rly		0	4
	AC/DC/Rly		0	4
CPU 1212（F）C	DC/DC/DC	4	4	4
	DC/DC/Rly		0	4
	AC/DC/Rly		0	4
CPU 1214（F）C	DC/DC/DC	4	4	4
	DC/DC/Rly		0	4
	AC/DC/Rly		0	4
CPU 1215（F）C	DC/DC/DC	4	4	4
	DC/DC/Rly		0	4
	AC/DC/Rly		0	4
CPU 1217C	DC/DC/DC	4	4	4

从表7-2中可以看出，添加 SB（信号板）并不会超过 CPU 的总资源限制数。对于 DC/DC/DC 类型的 CPU 来说，添加信号板可以把 PTO 的功能移到信号板上，CPU 本体上的 DO 点可以空闲出来作为其他功能。而对于 Rly（继电器）输出类型的 CPU 来说如果需要使用 PTO 功能，则必须添加相应型号的 SB（信号板）。

目前为止，S7-1200 CPU 的最大的脉冲轴个数为 4，该值不能扩展，如果客户需要控制多个轴，并且对轴与轴之间的配合动作要求不高，可以使用多个 S7-1200 CPU，这些 CPU 之间可以通过以太网的方式进行通信。

5. 输出频率范围

S7-1200 CPU 组态方式为 PTO 时，可提供最高频率为 100kHz 的 50% 占空比的高速脉冲输出，可以对步进电动机或伺服驱动器进行开环控制和定位控制。其中，CPU 1217C 还可提供 4 路 1MHz 的差分信号。

组态信号板为 PTO 时，可提供的脉冲输出最高频率为 200kHz。

❖ 信号板中 200kHz 的 DQ 点支持低电平有效的输出，如果 CPU 有低电平有效的输出需求的话，只能使用信号板。

7.2 步进电动机及驱动器

7.2.1 步进电动机

1. 步进电动机的基本工作原理

步进电动机又称为脉冲电动机,是一种将电脉冲转化为角位移的执行机构。通俗一点讲,当步进驱动器接收到一个脉冲信号时,它就驱动步进电动机按设定的方向转动一个固定的角度(步进角)。图 7-4 可以帮助读者理解步进电动机的基本工作原理。

步进电动机工作原理简介

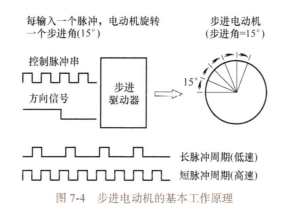

图 7-4 步进电动机的基本工作原理

每输入一个控制脉冲,电动机就会按照既定的角度旋转一步,这个角度叫作步进角(或步距角),如图 7-4 中的步进角为 15°。步进角取决于电动机的结构和驱动方式,有各种各样的角度。以两相混合式步进电动机为例,步进角一般为 1.8°。

当两相绕组都通电励磁时,电动机输出轴将静止并锁定位置。如果其中一相绕组的电流发生了变向,则电动机将顺着一个既定方向旋转一步(1.8°)。对于步进角为 1.8°的两相步进电动机,旋转一周需 200 步。

2. 步进电动机的结构与选型

(1) 基本结构　步进电动机的基本结构和装配图如图 7-5 所示。

步进电动机主要由定子和转子两部分构成,其结构和普通电动机有所区别。定子和转子铁心由软磁材料或硅钢片叠成凸极结构,定子、转子磁极上均有小齿,如图 7-6 所示。定子有 6 个磁极,定子磁极上套有星形联结的三相控制绕组,每两个相对的磁极为一相,组成一相控制绕组。当某一相线圈通电时,在磁场的作用下,该相定子小齿与转子小齿对齐。当下一相线圈通电时,转子转动,也使小齿相互对齐。各相线圈轮流通电时,步进电动机就会连续动作。

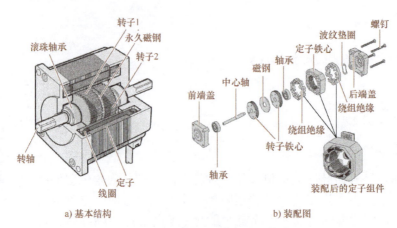

图 7-5 步进电动机的基本结构和装配图

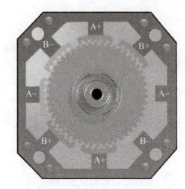

图 7-6 步进电动机的定子与转子结构

（2）步进电动机选型　步进电动机都会有额定转矩这一参数，在进行电动机选型的时候，我们需要根据厂商提供的电动机的矩频曲线来确定在应用所需的转速下，所选电动机是否能提供足够的转矩。

目前，市场上步进电动机产品多是以基座尺寸来划分的。不同机座尺寸的步进电动机所能提供的输出功率不一样。一般来说，机座尺寸越大，能够提供的转矩越高。步进电动机的体积可以小到花生粒，也可以大到如机座尺寸为 145mm×145mm 的大体积步进电动机。

在步进电动机的所有机座尺寸中，常用的机座尺寸是 42mm×42mm 以及 57mm×57mm，国内称 42 步进电动机和 57 步进电动机。

（3）步进电动机接线　不同的步进电动机接线有所不同，如两相步进电动机出线形式有 4 线、6 线和 8 线，参照说明书进行接线即可。以步科 2S42Q-0240 为例，接线图如图 7-7 所示，两相绕组的 4 根引出线，分别接到步进驱动器的电动机接口 A+、A- 以及 B+、B-。

图 7-7 2S42Q-0240 电动机及接线图

7.2.2 步进电动机驱动器

与普通的交流异步电动机或直流电动机不同,步进电动机不能直接接到工频交流或直流电源上工作,而必须使用专用的步进电动机驱动器来驱动。驱动器由脉冲发生控制单元、功率驱动单元、保护单元等组成。可以说,驱动器和步进电动机是一个有机的整体,步进电动机的运行性能是电动机和驱动器二者配合所反映的综合结果。

1. 驱动器接口

下面以雷赛 DM542 两相步进驱动器为例,介绍驱动器接口和接线。如图 7-8 所示,步进驱动器的接口包括供电接口、电动机接口、控制接口以及用于细分和电流选择的拨码开关。

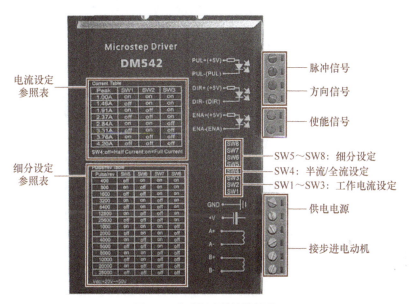

图 7-8 步进驱动器接线端子

2. 驱动器接线

(1) 强电接口　强电接口见表 7-3。

表 7-3　DM542 两相步进驱动器强电接口

名称	功能
GND	直流电源地
+V	直流电源正极,范围为 20～50V,推荐值为 DC 24～48V
A+、A-	电动机 A 相线圈
B+、B-	电动机 B 相线圈

(2) 控制信号接口　控制信号包括脉冲、方向、使能等,具体功能见表 7-4。

表 7-4　DM542 两相步进驱动器控制信号功能

名称	功能
PUL+ （+5V）	脉冲控制信号：脉冲上升沿有效；PUL+ 为脉冲信号正极；PUL− 为脉冲信号负极；为了可靠响应脉冲信号，脉冲宽度应大于 1.2μs。如采用 +12V 或 +24V 时需串电阻
PUL− （PUL）	
DIR+ （+5V）	方向信号：高/低电平信号，为保证电动机可靠换向，方向信号应先于脉冲信号至少 5μs 建立。电动机的初始运行方向与电动机的接线有关，互换任一相绕组（如 A+、A− 交换）可以改变电动机初始运行的方向，DIR− 高电平时为 4～5V，低电平时为 0～0.5V
DIR−（DIR）	
ENA+ （+5V）	使能信号：此输入信号用于使能或禁止。ENA+ 接 +5V，ENA− 接低电平（或内部光电耦合器导通）时，驱动器将切断电动机各相的电流使电动机处于自由状态，此时步进脉冲不被响应。当不需要此功能时，使能信号端悬空即可
ENA−（ENA）	

　　DM542 驱动器采用差分式接口电路，适用于差分信号输入。驱动器支持共阴极或共阳极接线方式。典型接口电路示意图如图 7-9 所示。当采用 PLC 作为控制器时，如果 PLC 的晶体管输出模块的输出形式为高电平有效（例如西门子 CPU 1212C DC/DC/DC 本体），选择共阴极接法；如果输出形式为低电平有效（例如三菱 QY40P 漏型输出模块），选择共阳极接法。

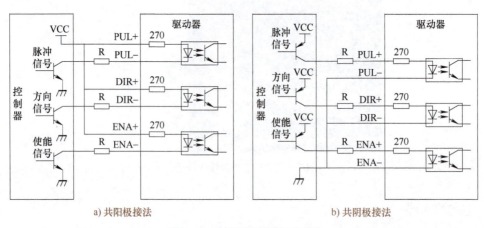

a) 共阳极接法　　　　　　　　　　　　b) 共阴极接法

图 7-9　步进驱动器接口电路

❖ **注意**：VCC 值为 5V 时，不用串接电阻 R；VCC 值为 12V 时，R 为 1kΩ，大于或等于 1/4W 电阻；VCC 值为 24V 时，R 为 2kΩ，大于或等于 1/4W 电阻。

　　（3）电流、细分拨码开关设定　　DM542 驱动器采用 8 位拨码开关设定动态电流、静止半流、细分、以及实现电动机参数和内部调节参数的自整定。

　　1）工作（动态）电流设定。对于同一电动机，工作电流设定值越大时，电动机输出力矩越大，但电流大时，电动机和驱动器的发热也比较严重。用户可以通过拨码开关 SW1、SW2、SW3 位来设置驱动器的输出相电流（有效值）。各开关位置对应的输出电流见表 7-5。

表 7-5　DM542 工作电流设定

输出峰值电流 /A	输出均值电流 /A	SW1	SW2	SW3
1.00	0.71	on	on	on
1.46	1.04	off	on	on
1.91	1.36	on	off	on
2.37	1.69	off	off	on
2.84	2.03	on	on	off
3.31	2.36	off	on	off
3.76	2.69	on	off	off
4.20	3.00	off	off	off

注：驱动器输出均值电流设定最大不要超过电动机额定电流的 1.5 倍。电流设定后运转电动机 15～30min，如电动机温升太高（>70℃），则应降低电流设定值。

2）静止（静态）电流设定。静态电流可用 SW4 拨码开关设定，off 表示静态电流设为动态电流的一半，on 表示静态电流与动态电流相同。一般用途中，应将 SW4 设成 off，减少电动机和驱动器的发热，提高可靠性。脉冲串停止后约 0.4s，电流自动减至一半左右（实际值的 60%），发热量理论上减至 36%。

❖ **注意**：某些步进驱动器只给出了输出峰值电流选项，则用户可以按峰值电流进行设定。通常驱动器的最大峰值电流要略大于电动机标称额定电流，如驱动器电流设定过小，则在负载比较大时会丢步。

3）细分设定。细分是驱动器将上位机发出的每个脉冲按驱动器设定细分倍数后对电动机进行控制。简单地说，就是电动机的步距角按照细分倍数进行缩小。DM542 细分设定见表 7-6。

比如，1.8° 步距角的步进电动机，如细分倍数设置为 8，则每个脉冲电动机转动 1.8°/8=0.225°。没有细分之前每转一圈驱动器输出 200 个脉冲；细分后，驱动器需要输出 200×8=1600 个脉冲，步进电动机才转一圈。用户可以根据步进驱动器上的细分表设置拨码开关，设置细分。

表 7-6　DM542 细分设定

细分倍数	输出脉冲 / 圈	SW5	SW6	SW7	SW8
1	200	on	on	on	on
2	400	off	on	on	on
4	800	on	off	on	on
8	1600	off	off	on	on
16	3200	on	on	off	on
32	6400	off	on	off	on
64	12800	on	off	off	on

(续)

细分倍数	输出脉冲/圈	SW5	SW6	SW7	SW8
128	25600	off	off	off	on
5	1000	on	on	on	off
10	2000	off	on	on	off
20	4000	on	off	on	off
25	5000	off	off	on	off
40	8000	on	on	off	off
50	10000	off	on	off	off
100	20000	on	off	off	off
125	25000	off	off	off	off

4) 参数自整定功能。若SW4在1s之内往返拨动一次，驱动器便可自动完成电动机参数和内部调节参数的自整定；在电动机、供电电压等条件发生变化时应进行一次自整定，否则，电动机可能会运行不正常。注意此时不能输入脉冲，方向信号也不应变化。

由上述步进驱动器接线及参数设置过程可以看出，精准、细致对于工程人员是极其重要的品质，不能在任何细节上出错。我们要主动通过一些较为复杂的工作任务来磨炼耐心与细心的品质，并养成质量要求高标准的行为习惯。

7.3 工艺对象"轴"的组态与调试

S7-1200 PLC 的运动控制在组态上引入了"轴"工艺对象的概念，"轴"工艺对象就是实际轴的映射，用来驱动管理和使用如 PTO 实现对设备的控制。"轴"工艺对象用于组态机械驱动器的数据、驱动器的接口、动态参数以及其他驱动器属性。

7.3.1 工艺对象"轴"组态

"轴"工艺对象是用户程序与驱动的接口。工艺对象从用户程序中收到控制命令，在运行时执行并监视执行状态。"驱动"表示步进电动机驱动器或者伺服驱动器加脉冲接口转换器的机电单元。驱动是由PLC产生脉冲来控制"轴"工艺对象的。运动控制功能指令块必须在轴对象组态完成后才能使用。

工艺对象轴组态过程

1. S7-1200 PTO 硬件配置与组态

S7-1200 CPU 本体或信号板可输出4路PTO或PWM脉冲用于运动轴。在CPU属性中，选择"PTO1/PWM1"，勾选"启用该脉冲发生器"，再通过脉冲选项选择PTO或PWM脉冲，如图7-10所示。

第 7 章　S7-1200 PLC 在运动控制中的应用

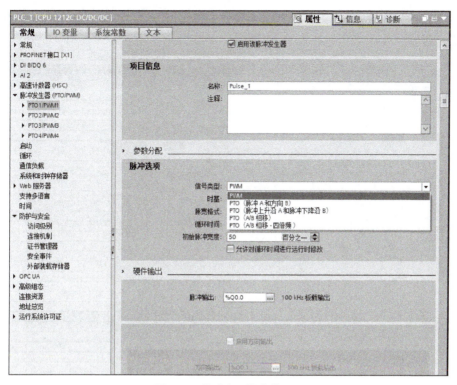

图 7-10　脉冲发生器参数配置

一旦设置为 PTO 后，则需要设置输出源为集成输出或板载 CPU 输出（如果使用具有继电器输出的 PLC，则必须将信号板用于 PTO 的输出），并设置其他参数，如时基、脉冲宽度格式、循环时间等。如选用 PTO1（脉冲 + 方向），则默认脉冲输出为 Q0.0、方向输出为 Q0.1。

2. 组态工艺对象"轴"

以开环运动控制为例，通过 PTO（脉冲串输出）在 PLC 和驱动器上组态和连接开环轴。STEP 7 为"轴"工艺对象提供组态工具、调试工具和诊断工具，如图 7-11 所示。

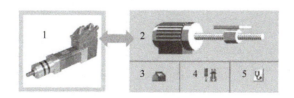

图 7-11　STEP 7 调试"轴"工具

1—驱动器　2—工艺对象　3—组态　4—调试　5—诊断

"轴"组态主要定义轴的工程单位（如脉冲数 / 秒、转 / 分钟），软硬件限位，启动 / 停止速度，加减速，参考点等。

进行参数组态前，需要添加工艺对象，具体操作为：选择"项目树"→"工艺对象"→"新增对象"选项，双击该选项弹出"新增对象"对话框，选择"Motion Control"

选项下的" TO_PositioningAxis",在名称文本框中输入对象名称,选择轴对象数据块编号,单击"确定"按钮确认,如图 7-12 所示。

图 7-12　新增工艺对象

在创建"轴"对象后,即可在项目树的"工艺对象"中找到"轴_1",并选择"组态"菜单即可,如图 7-13 所示。

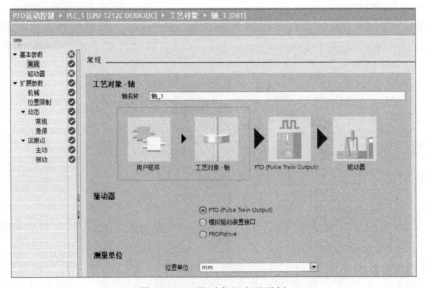

图 7-13　工艺对象组态目录树

(1) 基本参数配置

1) 常规选项。在常规配置中，主要选择驱动器的信号来源，这里选择"PTO"。测量单位包括毫米、米、英寸、英尺、脉冲数、度。

2) 驱动器。驱动器相关参数主要对硬件接口进行组态配置。如图 7-14 所示，可以选择脉冲输出来源、类型及其输出地址。

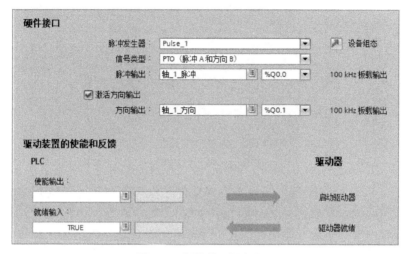

图 7-14　硬件接口组态配置

在驱动装置的使能和反馈选项中，可以为驱动器组态"使能输出"和"就绪输入"。一般驱动器的使能是默认的，因此"使能输出"可以不设置。选择"就绪输入"为设置驱动系统的正常输入点，当驱动设备正常时会给出一个开关量输出，并接到 CPU 中，告知运动控制器驱动器正常与否。有些驱动器不提供这种接口，则可将此参数设为"TRUE"。

(2) 扩展参数配置

1) 机械。机械组态参数如图 7-15 所示。选项"电机每转的脉冲数"为电动机旋转一周所产生的脉冲个数；选项"电机每转的负载位移"为电动机旋转一周后，生产机械所产生的位移。这里的单位与图 7-13 中所选择的单位一致；选项"所允许的旋转方向"可以指定电动机运行的方向，如在调试中定义的正方向与实际相反，可以在"反向信号"处打钩调整。

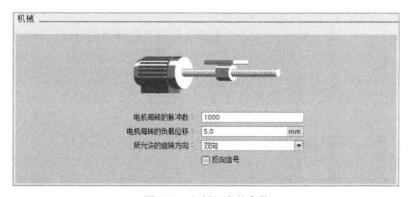

图 7-15　机械组态的参数

2）位置限制。图 7-16 为位置限制组态信息。

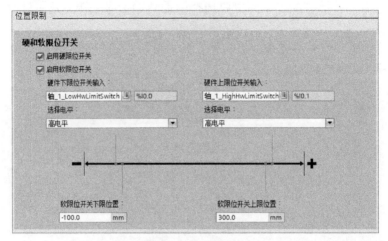

图 7-16 位置限制组态

在 S7-1200 PLC 运动控制中，可以设置硬件限位开关和软件限位开关。如使能机械系统的硬件限位功能，在轴到达硬件限位开关时，"轴"将使用急停减速斜坡停车。如使能机械系统的软件限位功能，此功能通过程序或者组态定义系统的极限位置。在轴到达软件限位开关时，轴运动将被停止。工艺对象报故障，在故障被确认后，轴可以恢复在工作范围内的运动。

选择电平为限位点有效电平，分为高电平有效和低电平有效两种。

3）动态。动态常规参数包括速度、加速度和急停参数。图 7-17 所示为动态常规参数组态设置，包括速度限值的单位、最大转速、起动/停止速度及时间信息。最大转速由 PTO 输出的最大频率和电动机允许的最大速度共同限定；加/减速度与加/减速时间这两组数据，只要定义其中任意一组，系统会自动计算另外一组数据，这里的加/减速度与加/减速时间需要用户根据实际工艺要求和系统本身特性调试得出。

激活加加速度限值可以降低在加速和减速斜坡运行期间施加到机械上的应力，加速度和减速度的值不会突然改变，而是根据设置的滤波时间逐渐调整。

急停参数组态如图 7-18 所示。在该窗口中可以组态轴的急停减速时间，当轴出现错误时或禁用轴时，可以以此减速度将轴制动至停止状态。

4）回原点。回原点分为主动回原点和被动回原点两种方式。

主动回原点指可以按一定的速度运行至原点，到原点后降低速度，依我们设定的速度寻找参考点。运动控制指令"MC_Home"指令输入参数 Mode=3 时，会启用主动回原点，此时会按照组态的速度去寻找原点开关信号。主动回原点的参数组态设置如图 7-19 所示。

① 输入归位（原点）开关：设置原点开关的 DI 点，输入必须具有硬件中断功能，另外还需设置电平信号。

② 允许硬限位开关处自动反转：如果在主动回原点的过程中碰到硬限位开关，轴将以组态的减速度（不是急停减速）制动，然后反向检测原点信号；如果未激活反向功能且在主动回原点的过程中轴达到硬限位开关，轴将因错误而终止回原点过程并以急停减速度对轴进行制动。

第 7 章　S7-1200 PLC 在运动控制中的应用

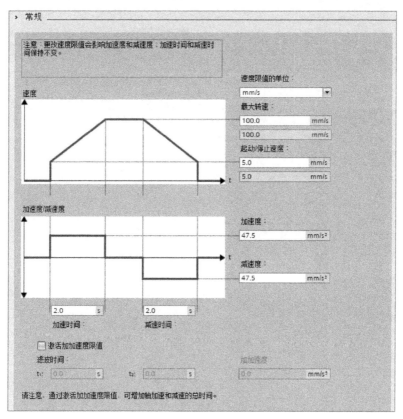

图 7-17　动态常规参数组态设置

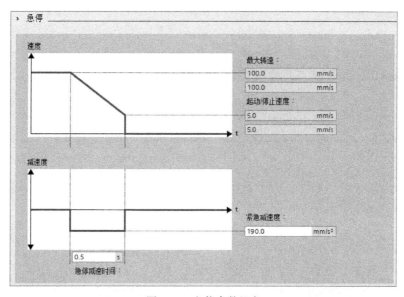

图 7-18　急停参数组态

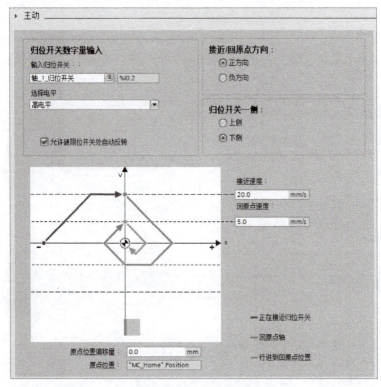

图 7-19 主动回原点参数组态设置

③ 接近/回原点方向：设置寻找参考点的起始方向，也就是说触发了寻找原点功能后，轴是正方向还是反方向开始寻找原点。

④ 归位开关一侧：如图 7-20 所示，"上侧"是指轴完成回原点指令后，轴的左边沿停在参考点开关的右侧边沿；"下侧"指轴完成回原点指令后，轴的右边沿停在参考点开关的左侧边沿。

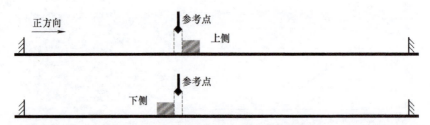

图 7-20 归位开关的上侧和下侧规定

⑤ 接近速度/回原点速度：前者表示寻找参考点（原点）的起始速度，寻找参考点为高速；后者表示最终接近原点开关的速度，寻找参考点为低速；当轴第一次碰到原点开关有效边沿后的运行速度就是回原点速度，回原点速度小于接近速度。

下面以接近方向为正方向，停靠侧为上侧来说明回原点的过程。设接近速度 = 10.0mm/s，参考速度（回原点速度）=2.0mm/s。

当程序以 Mode=3 触发 MC_Home 指令时，轴以"接近速度 10.0mm/s"向右（正方向）运行寻找原点开关；当轴碰到参考点的有效边沿，切换运行速度为"参考速度 2.0mm/s"

继续运行；当轴的左边沿与原点开关有效边沿重合时，轴完成回原点动作。

以上示例的主动回原点过程如图 7-21 所示。

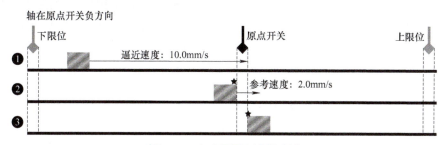

图 7-21　主动回原点过程示例

⑥ 原点位置偏移量：该值不为零时，轴会在离原点开关一段距离（该距离就是偏移量）处停下来，把该位置标记为原点位置值。该值为零时，轴会停在原点开关边沿处。

被动回原点指被动原点必须使用其他运动控制指令（如 MC_MoveRelative）来执行到达原点开关所需的运动，运动控制指令"MC_Home"的输入参数"Mode=2"时，会启动被动回原点。到达原点开关的组态侧时，将当前的轴位置设置为参考点（原点）位置。参考点位置由运动控制指令"MC_Home"的 Position 参数指定。

7.3.2　轴调试面板的使用

调试面板是 S7-1200 PLC 运动控制中一个重要的工具，在对硬件进行组态后，一般使用"轴控制面板"来测试 TIA 博途软件中关于轴的参数和实际设备接线等是否正确。

轴调试面板的使用

在 TIA 博途软件左侧项目树的工艺对象中新增工艺对象后选择"调试"。阅读弹出的警告信息后，单击"是"按钮，进入到轴控制面板，如图 7-22 所示。

图 7-22　轴控制面板主区域

下面对轴控制面板中的主要功能做简要介绍：

1）轴的启用和禁用：相当于 MC_Power 指令的"Enable"端。

2）命令在这里分成三大类，即点动、定位和回原点。定位包括绝对定位和相对移动功能。回原点可以实现 Mode 0（绝对式回原点）和 Mode 3（主动回原点）功能。

3）根据不同的运动命令，设置运行速度、加/减速度等参数。

4）每种运动命令的操作包括正/反方向设置、停止等。

5）轴的状态位，包括了是否有回原点完成位。

6）错误确认按钮，相当于 MC_Reset 指令的功能。

7）轴的当前值，包括轴的实时位置和速度值。

在使用"轴调试面板"进行调试时，可能会遇到轴报错的情况，我们可以参考"诊断"信息来定位报错原因，如图 7-23 所示。

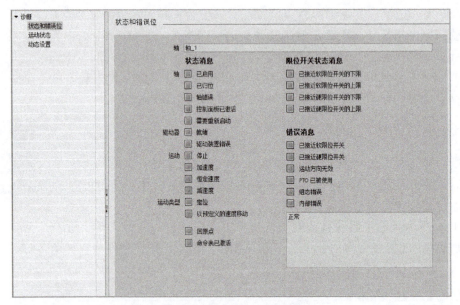

图 7-23　控制面板的诊断界面

通过轴调试面板测试成功后，我们就可以根据工艺要求，编写运动控制程序实现自动控制。

7.4　S7-1200 PLC 运动控制指令

用户可在 TIA 博途中对定位轴和命令表工艺对象进行组态。S7-1200 CPU 使用这些工艺对象来控制用于控制驱动器的输出。在用户程序中，可以通过运动控制指令来控制轴，也可以启动驱动器的运动命令。

通过工艺指令可以获得一系列运动控制指令，具体为：MC_Power 启用/禁用轴；MC_Reset 确认错误；MC_Home 使轴回原点，设置参考点；MC_Halt 停止轴；MC_MoveAbsolute 绝对定位轴；MC_MoveRelative 相对定位轴；MC_MoveVelocity 以速度预设值移动轴；MC_MoveJog 在点动模式下移动轴；MC_CommandTable 按运动顺序移动轴命令；MC_ChangeDynamic 更改轴的动态设置；MC_WriteParam 写入工艺对象的参数；MC_ReadParam 读取工艺对象的参数。

7.4.1 运动控制指令的操作说明

1）在项目中创建 FB，在博途软件右侧"指令"的"工艺"中找到运动控制指令文件夹"Motion Control"，可以看到所有的 S7-1200 PLC 运动控制指令。可以使用拖拽或双击的方式在程序段中插入运动指令，如图 7-24 所示。下面以 MC_Power 指令为例，说明用拖拽方式如何添加 Motion Control 指令。

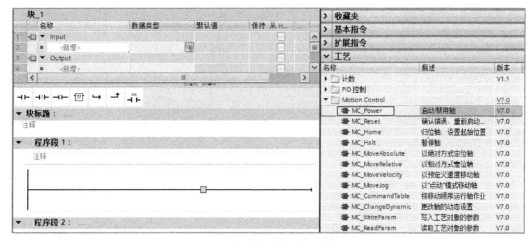

图 7-24　运动控制指令树及其调用

Motion Control 指令插入程序中时需要指定背景数据块，如图 7-25 所示，可以选择手动或自动生成 DB 的编号。如果在 FB 中调用，建议选择"多重实例"。

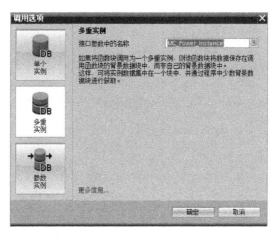

图 7-25　MC_Power 指令背景数据块

2）运动控制指令的背景 DB 如果选择"单个实例"，则在"项目树"→"程序块"→"系统块"→"程序资源"中可以找到。用户在调试时可以直接监控该 DB 中的数值；如果选择"多重实例",则可以在FB接口区找到并调用。

3)轴工艺对象数据块及变量读写。每个轴的工艺对象都一个背景DB,用户可以通过右击"轴_1[DB1]"→"打开DB编辑器",打开这个背景DB,如图7-26所示。用户可以对DB中的数值进行监控或读写。

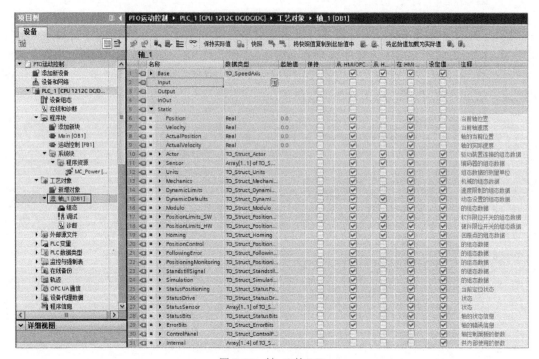

图7-26 轴_1的DB

以实时读取"轴_1"的当前位置为例,如图7-27所示,轴_1的DB号为DB1,用户可以在OB1调用MOVE指令,在MOVE指令的IN端输入:DB1.Position,则博途软件会自动把DB1.Position更新成:"轴_1".Position。人机界面可以实时显示该轴的实际位置。

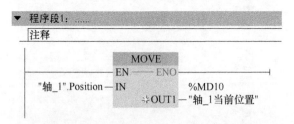

图7-27 轴_1位置信息的调用

4)部分S7-1200 PLC运动控制指令有一个Execute触发引脚,该引脚需要用上升沿触发。触发上升沿有两种方式:

① 用上升沿指令 |P|。

② 使用常开触点指令,该触点在实际应用中成为一个上升沿信号,例如用户通过触摸屏的按钮来操作控制,该按钮的有效动作为上升沿触发。

7.4.2 运动控制指令简介

S7-1200 PLC 运动控制指令比较多，指令参数也比较复杂，限于篇幅，这里只介绍常用的指令和参数，详细参数请参考 TIA 博途软件的帮助信息。

1. MC_Power 指令

轴在运动之前必须先被使能，使用运动控制指令"MC_Power"可集中启用或禁用轴。如果启用了轴，在程序里将一直调用，并且要在其他运动控制指令之前调用并使能。如果禁用了轴，则用于该轴的所有运动控制指令都将无效，并将中断当前的所有作业。图 7-28 为 MC_Power 指令。

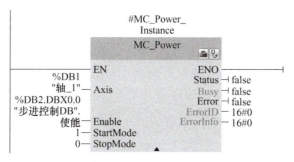

图 7-28 MC_Power 指令

需要注意的是，每个 Motion Control 指令下方都有一个黑色三角形，展开后可以显示该指令的所有输入/输出引脚。展开后的指令引脚有灰色的，表示该引脚是不经常用到的指令引脚。指令右上角有两个快捷按钮，可以快速切换到轴的工艺对象参数配置界面和轴的诊断界面。

（1）MC_Power 指令的输入引脚

① EN：该输入端是 MC_Power 指令的使能端，不是轴的使能端；因此直接连接左母线。

② Axis：轴名称，即工艺对象所组态的轴名称。

③ Enable：轴使能端。

Enable=0：根据 StopMode 设置的模式来停止当前轴的运行；Enable=0 时无法启用 Motion Control 的所有指令。

Enable=1：如果组态了轴的驱动信号，则 Enable=1 时将接通驱动器的电源。

④ StartMode：控制模式选择。

StartMode=0：表示速度控制模式。

StartMode=1：表示位置控制模式。

⑤ StopMode：轴停止模式。

StopMode=0：紧急停止，按照轴工艺对象参数中的"急停"速度或时间来停止轴。

StopMode=1：立即停止，PLC 立即停止发脉冲。

StopMode=2：带有加速度变化率控制的紧急停止。如果用户组态了加速度变化率，则轴在减速时会把加速度变化率考虑在内，减速曲线变得平滑。

（2）MC_Power 指令的输出引脚
① ENO：使能输出。
② Status：轴的使能状态位。Status=0 时，所有的 Motion Control 指令无法使用禁用轴。
③ Busy：标记 MC_Power 指令是否处于忙状态。
④ Error：标记 MC_Power 指令是否产生错误，如有错误时，Error=1。
⑤ ErrorID：当 MC_Power 指令产生错误时，用 ErrorID 表示错误号（具体错误请查看指令帮助信息）。
⑥ ErrorInfo：当 MC_Power 指令产生错误时，用 ErrorInfo 表示错误信息（具体错误请查看指令帮助信息）。

2. MC_Reset 指令

图 7-29 所示的 MC_Reset 指令为错误确认，即如果存在一个需要确认的错误，则可通过上升沿激活 Execute 端进行复位。使用 MC_Reset 指令前，必须已将需要确认的未决组态错误的原因消除（例如，通过将"轴"工艺对象中的无效加速度值更改为有效值）。

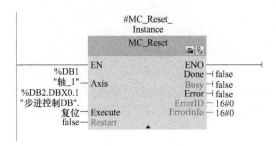

图 7-29　MC_Reset 指令

MC_Reset 指令常用参数如下：
（1）MC_Reset 指令输入引脚
① EN：该输入端是 MC_Reset 指令的使能端。
② Axis：轴名称。
③ Execute：MC_Reset 指令的启动位，用上升沿触发。
④ Restart：当 Restart=0 时，用来确认错误；当 Restart=1 时，将轴的组态从装载存储器下载到工作存储器（只有在禁用轴的时候才能执行该命令）。
（2）MC_Reset 指令输出引脚
除了 Done 指令，其他输出引脚类似于 MC_Power 指令，这里不再赘述。
Done：表示轴的错误已确认。该位 =1 的状态取决于 Execute 错误确认引脚为 1 的时间；如果采用上升沿，那就只接通一个扫描周期。

3. MC_Home 指令

轴回原点由运动控制语句"MC_Home"启动，如图 7-30 所示。在回原点期间，参考点坐标设置在定义的轴机械位置处。如轴做绝对位置定位前，一定要触发 MC_Home 指令。

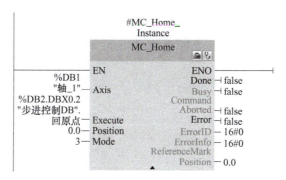

图 7-30 MC_Home 指令

回原点模式共有 4 种：

① Mode=3，主动回原点。在主动回原点模式下，运动控制语句"MC_Home"执行所需要的参考点逼近，将取消其他所有激活的运动。

② Mode=2，被动回原点。在被动回原点模式下，运动控制语句"MC_Home"不执行参考点逼近，不取消其他激活的运动。逼近参考点开关必须由用户通过运动控制语句或由机械运动执行。

③ Mode=0，绝对式直接回原点。无论参考凸轮位置为何，都设置轴位置，不取消其他激活的运动。立即激活"MC_Home"语句中"Position"参数的值可作为轴的参考点和位置值。轴必须处于停止状态时，才能将参考点准确分配到机械位置。

④ Mode=1，相对式直接回原点。无论参考凸轮位置为何，都设置轴位置，不取消其他激活的运动。适用参考点和轴位置的规则：新的轴位置 = 当前轴位置 + "Position"参数的值。

4. MC_Halt 指令

图 7-31 所示的 MC_Halt 指令为停止轴的运动。每个被激活的运动指令都可由该指令停止。上升沿使能 Execute 后，轴会立即按照组态好的减速曲线停车。

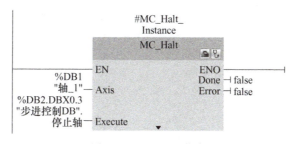

图 7-31 MC_Halt 指令

常用该指令来停止通过 MC_MoveVelocity 指令触发的轴的运行。

5. MC_MoveAbsolute 指令

图 7-32 所示的 MC_MoveAbsolute 指令为绝对位置移动，使轴以某一速度进行绝对位置定位。在使能绝对位置指令之前，轴必须回原点。因此，MC_MoveAbsolute 指令之前必须有 MC_Home 指令。

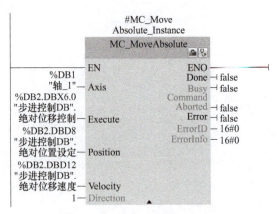

图 7-32 MC_MoveAbsolute 指令

① Execute：MC_MoveAbsolute 指令启动位，用上升沿触发，也可以用触点触发。
② Position：绝对目标位置值，即相对于原点的位置。
③ Velocity：绝对运动的速度，启动/停止速度≤Velocity≤最大速度。
④ Direction：轴的运行方向，1 从正方向逼近目标，2 从负方向逼近目标。
⑤ Done：达到绝对目标位置时，该位为 1。

6. MC_MoveRelative 指令

图 7-33 所示的 MC_MoveRelative 指令表示相对位置移动。它的执行不需要建立参考点，只需要定义运行距离、方向及速度。当上升沿使能 Execute 端后，轴按照设置好的距离与速度运行，其方向由距离值的符号决定。

① Distance：相对于轴当前位置移动的距离，该值通过正/负数值来表示距离和方向。
② Velocity：相对运动的速度，启动/停止速度≤Velocity≤最大速度。

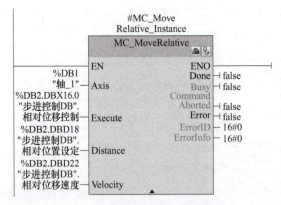

图 7-33 MC_MoveRelative 指令

7. MC_MoveVelocity 指令

图 7-34 为 MC_MoveVelocity 指令（速度运行指令），即使轴以预设的速度运行。运行方向可通过 Velocity 的引脚来决定；若需要停止时，可通过 MC_Halt 停止轴运行指令停止，或把速度设置为 0；该指令在运行中只有速度，没有位置，但可指定正反运行方向。

第 7 章　S7-1200 PLC 在运动控制中的应用

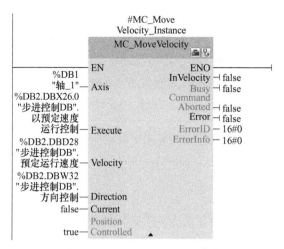

图 7-34　MC_MoveVelocity 指令

指令输入端：

① Velocity：轴的速度。

② Direction：方向数值。

Direction=0：旋转方向取决于参数"Velocity"值的符号。

Direction=1：正方向旋转，忽略参数"Velocity"值的符号。

Direction=2：负方向旋转，忽略参数"Velocity"值的符号。

③ Current。

Current=0：轴按照参数"Velocity"和"Direction"值运行。

Current=1：轴忽略参数"Velocity"和"Direction"值，轴以当前速度运行。

需要注意的是，可以设定"Velocity"数值为 0.0，触发指令后轴会以组态的减速度停止运行，相当于 MC_Halt 指令。

8. MC_MoveJog 指令

图 7-35 为 MC_MoveJog 指令（点动指令），即在点动模式下以指定的速度连续移动轴。在使用该指令的时候，正向点动和反向点动不能同时触发。

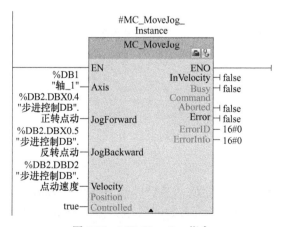

图 7-35　MC_MoveJog 指令

指令输入端：

① JogForward：正向点动，不是用上升沿触发，JogForward 为 1 时，轴运行；JogForward 为 0 时，轴停止。类似于按钮功能，按下按钮，轴就运行，松开按钮，轴停止运行。

② JogBackward：反向点动，使用方法参考 JogForward。

需要注意的是，在执行点动指令时，保证 JogForward 和 JogBackward 不会同时触发，可以用逻辑进行互锁。

③ Velocity：点动速度设定。

需要注意的是，Velocity 数值可以实时修改，实时生效。

9. MC_WriteParam 指令

图 7-36 为 MC_WriteParam 指令（写参数指令），可在用户程序中写入或更改轴工艺对象和命令表对象中的变量。

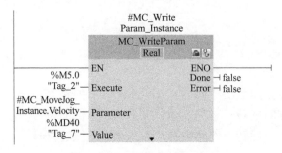

图 7-36　MC_WriteParam 指令

指令输入端：

① Parameter：输入需要修改的轴工艺对象的参数，数据类型为 VARIANT 指针。

② Value：根据"Parameter"数据类型输入新参数值所在的变量地址。

需要注意的是，使用时要选择写参数的数据类型，如图 7-36 中为"Real"。

10. MC_ReadParam 指令

图 7-37 为 MC_ReadParam 指令，即读参数指令，可在用户程序中读取轴工艺对象和命令表对象中的变量。

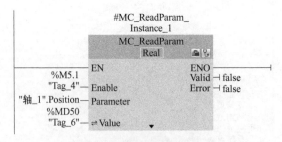

图 7-37　MC_ReadParam 指令

图 7-37 读取的是轴的实际位置值，读到的数值放在"Value"中。

需要注意的是，使用时要选择读参数的数据类型，如图 7-37 中为"Real"。

7.4.3 运动控制指令的选择应用

在实际应用中，我们要对步进或伺服电动机进行控制，根据控制要求的不同，要合理选择运动控制指令。下面列举了常用的运动功能和所选择的指令，供读者参考。

1. 点动功能

点动功能至少需要 MC_Power、MC_Reset 和 MC_Jog 指令。

2. 相对距离运行

需要 MC_Power、MC_Reset、MC_MoveRelative 和 MC_Halt 指令。

3. 绝对运动功能

绝对运动功能需要 MC_Power、MC_Reset、MC_Home、MC_MoveAbsolute 和 MC_Halt 指令。

在触发 MC_MoveAbsolute 指令前需要轴有回原点完成信号才能执行。

4. 以预设速度连续运行

需要 MC_Power、MC_Reset、MC_MoveVelocity 和 MC_Halt 指令。

7.5 职业技能训练 8：S7-1200 PLC 通过 PTO 方式控制步进电动机

专业知识目标
- 掌握步进电动机的基本原理和控制方法。
- 掌握 S7-1200 PLC 脉冲输出功能和工艺轴的组态方法。
- 掌握 S7-1200 PLC 运动控制指令应用和调试方法。

职业能力目标
- 能够根据要求完成位置控制系统（步进、伺服）的方案设计和原理图的绘制。
- 能编写步进电动机控制程序。
- 能够完成 PLC 与步进系统的调试。
- 能够完成步进系统与其他站点的数据通信。

素质素养目标
- 规范操作、注重质量和安全的职业素养。
- 一丝不苟、精益专注的匠心精神。

1. 任务要求

现有一套步进电动机实验模组，如图 7-38 所示。要求使用 S7-1200 PLC 对步进电动机进行初步调试。调试要求：能够通过触摸屏实现步进电动机的回原点、点动控制、绝对位置控制、相对位置控制和以匀速运动等功能，且无论模组处于何种运动方式下，按下停止按钮，模组立即停止。触摸屏上能够实时显示电动机的运行速度和位置。

2. 任务分析

本任务是通过 S7-1200 PLC 调试步进电动机，基本涵盖了步进电动机的主要动作功能。此任务可分为下面几部分：

1）PLC 的选型与配置。根据要求，我们选择带晶体管输出型的 PLC，如 CPU 1212C（DC/DC/DC），启用脉冲输出功能。

2）步进电动机及驱动器接线配置。根据具体的实验设备，设计步进电动机接线图，连接步进电动机和驱动器。根据电动机和模组情况设置驱动器参数，如电动机电流、细分等。

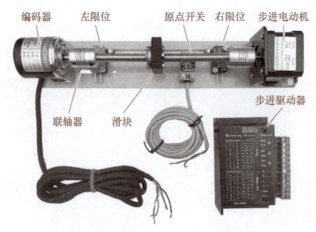

图 7-38 步进电动机实验模组

3）根据控制要求做出 I/O 分配表，设计电气控制原理图。主要完成 PLC 到驱动器的接线图设计，以及 PLC 输入信号的接入，如原点开关、限位开关等。

4）在 TIA 博途环境中组态和配置工艺轴，并完成面板调试。

5）创建功能块，编写步进电动机控制程序。参考本书中对运动指令的介绍，添加相应的运动指令功能块，并连接控制变量。

6）人机界面的开发。选择 MCGS 触摸屏或西门子精简面板设计人机界面，并连接 PLC 变量。

7）下载调试程序。下载 PLC 程序和人机界面工程文件，并进行系统联调。

3. 任务实施

1）PLC 选型与配置。如前所述，选择 CPU1212C（DC/DC/DC），启用脉冲输出功能，参考图 7-10。

2）步进电动机及驱动器接线配置。参考第 7.2 节对步进驱动器进行参数设置；根据步进电动机说明书完成步进电动机和驱动器的连接。供参考的驱动器接线图如图 7-39 所示。其中，驱动型号为 Kinco 3M458；步进电动机型号为 Kinco 3S57Q-04079。

3）根据控制要求做出 I/O 分配表，设计电气控制原理图。读者自行完成 I/O 分配表设计，并参考图 7-39 绘制完成 PLC 控制原理图。

4）工艺轴组态。创建 TIA 博途项目，并添加工艺轴，根据步进电动机模组机械特性配置工艺轴参数。用户可参考第 7.3.1 小节内容。

5）创建功能块，编写步进电动机控制程序。在创建控制程序时，建议使用 DB（数据块）或 M 区变量作为功能块的输入。图 7-40 所示为控制变量组态示例。

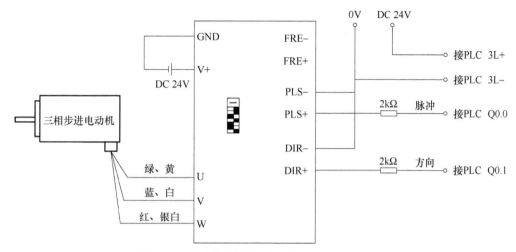

图 7-39　驱动器接线图参考示例（Kinco 3M458）

图 7-40　控制变量组态示例

6）人机界面开发。设计合理美观、功能完整的人机界面，并正确连接变量。参考的人机界面如图 7-41 所示。

7）下载并调试程序。在硬件接线、软件编程完成后，对程序进行编译下载，进行试运行。CPU 进入循环扫描状态，等待执行程序。

① 再检查一次连接好的 PLC 输入输出接线。
② 将程序下载到 PLC 中，使 PLC 进入运行状态。
③ 将人机界面工程下载到触摸屏，并启动运行。
④ 通过人机界面调试步进电动机，注意要保证停止功能完好，确保安全。
⑤ 对步进电动机模组进行整体调试，注意人身和设备安全。

241

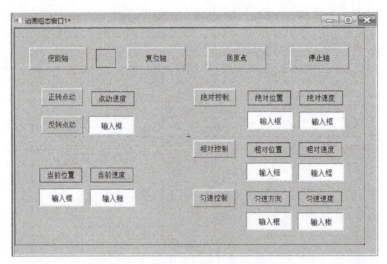

步进电动机控制
HMI 设计与调试

图 7-41　人机界面设计参考示例（MCGS）

4. 任务评价

在强化知识和技能的基础上，任务评价以 PLC 职业资格能力要求为依据，帮助读者建立工业控制系统设计的基本概念和工程意识。设计完成后，由各组间互评并由教师给予总评。

（1）检查内容

1）检查电气原理图、I/O 分配表等材料是否齐全。

2）检查控制电路是否正确连接。

3）检查网络连接情况，是否存在网络断开等情况。

4）监测控制系统运行情况，有无异常。

（2）评价标准（见表 7-7）

表 7-7　PLC 控制步进电动机任务评价表

评价内容	评价点	评分标准	分数	得分
电气原理图	图样符合电气规范、完整	设计不完整、不规范，每处扣 2 分	20	
I/O 分配表	准确、完整，与原理图一致	分配表不完整，每处扣 2 分	10	
程序设计	指令简洁，满足控制要求	程序设计不规范，指令有误每处扣 5 分	10	
人机界面设计	设计美观，满足操作要求	设计规划不当，酌情扣分	10	
电气线路安装	线路安装美观，符合工艺要求	安装不规范，每处扣 5 分	10	
通电前检查	通电前测试符合规范	检查不规范，人为短路扣 10 分	10	
系统调试	设计达到任务要求，试车成功	第一次调试不合格，扣 10 分；第二次调试不合格，不得分	20	
职业素质素养	团队合作、创新意识、安全等	过程性评价、综合评估	10	
合计			100	

7.6 知识技能巩固练习

一、简答题

1. 什么是运动控制？其应用场合是什么？
2. 简述运动控制系统的一般架构组成。
3. S7-1200 CPU 工艺对象支持哪三种方式控制伺服、步进驱动器方式？
4. 什么是步进电动机？其基本工作原理是什么？
5. 什么是步进驱动器的细分？
6. S7-1200 PLC 都有哪些运动控制指令？其用途分别是什么？

二、编程和实践

1. 利用步进电动机模组编程实现如下功能：按下按钮 SB1，步进电动机起动并正转，松开按钮 SB1，步进电动机停止运动；按下按钮 SB2，步进电动机起动并反转，松开按钮 SB2，步进电动机停止运动。

2. 利用步进电动机模组编程实现如下功能：按下起动按钮 SB1，步进电动机立即寻找原点，找到原点后，立即正方向移动 100mm；5s 后，自动返回原点；然后向负方向移动 50mm；最后返回原点，电动机停止运行。

参考文献

[1] 赵丽君，路泽永 . S7-1200 PLC 应用基础 [M]. 北京：机械工业出版社，2020.
[2] 向晓汉 . PLC 编程手册 [M]. 北京：化学工业出版社，2021.
[3] 向晓汉 . 西门子 S7-1500 PLC 完全精通教程 [M]. 北京：化学工业出版社，2018.
[4] 廖常初 . S7-1200 PLC 编程及应用 [M]. 4 版 . 北京：机械工业出版社，2021.
[5] 赵春生 . 西门子 S7-1200 PLC 从入门到精通 [M]. 北京：化学工业出版社，2021.
[6] 李长久 . PLC 原理及应用 [M]. 2 版 . 北京：机械工业出版社，2018.
[7] 王时军，等 . 零基础轻松学会西门子 S7-1200[M]. 北京：机械工业出版社，2014.
[8] 侍寿永 . 西门子 S7-1200 PLC 编程及应用教程 [M]. 北京：机械工业出版社，2018.
[9] 西门子（中国）有限公司 . S7-1200 可编程控制器产品样本 [Z]. 2019.
[10] 西门子（中国）有限公司 . S7-1200 可编程控制器系统手册 V4.6[Z]. 2022.
[11] 侯艳霞，李秋芳，姜洪有 . PLC 应用技术项目式教程 [M]. 北京：机械工业出版社，2022.
[12] 王猛，杨欢 . PLC 编程与应用技术 [M]. 3 版 . 北京：北京理工大学出版社，2022.
[13] 牟明朗 . S7-1200 PLC 应用技术 [M]. 北京：科学出版社，2021.
[14] 西门子（中国）有限公司 . STEP7 和 WinCC Engineering V18[Z]. 2022.